普通高等院校仪器仪表类专业规划教材
江苏省仪器仪表学会教育专委会审定

工程测量误差 与数据处理

卜雄洙　编著
陈熙源　主审

U0305071

国防工业出版社

·北京·

内 容 简 介

本书为测控技术与仪器专业的技术基础教科书,是在原误差理论与数据处理课程大纲基础上吸收了国外教科书的编写思想以及国内教学实践的经验总结后编写的。主要任务是为从事工程实验的学生在全面完成从实验设计到得出结论这一过程提供理论指导,并使他们根据实验结果分析实验成败的经验教训。全书共六章。内容为:测量的基本知识;误差理论的概率论基础;数据处理方法;测量不确定度及其分析;最小二乘法及其应用;试验设计。

本书可供理工科大学本专科生、研究生和工程技术人员作为教材或从事工程实验数据处理时参考。

图书在版编目(CIP)数据

工程测量误差与数据处理 / 卜雄洙编著 . —北京:
国防工业出版社,2015.5
普通高等院校仪器仪表类专业规划教材
ISBN 978 - 7 - 118 - 09948 - 5

Ⅰ. ①工… Ⅱ. ①卜… Ⅲ. ①工程测量—高等学
校—教材 Ⅳ. ①TB22

中国版本图书馆 CIP 数据核字(2015)第 098955 号

※

国防工业出版社出版发行

(北京市海淀区紫竹院南路23号 邮政编码100048)
三河市腾飞印务有限公司印刷
新华书店经售
*
开本 787×1092 1/16 印张 15 字数 358 千字
2015 年 5 月第 1 版第 1 次印刷 印数 1—3000 册 定价 29.50 元

(本书如有印装错误,我社负责调换)

国防书店:(010)88540777 发行邮购:(010)88540776
发行传真:(010)88540755 发行业务:(010)88540717

普通高等院校仪器仪表类专业规划教材

编 委 会

主 任	陈熙源	（江苏省仪器仪表学会）
副主任	李伯全	（江苏大学）
	卜雄洙	（南京理工大学）
委 员	高 翔	（南京邮电大学）
	邱自学	（南通大学）
	潘雪涛	（常州工学院）
	许桢英	（江苏大学）
	周 严	（南京理工大学）
	江 剑	（南京理工大学）

前　言

本书是根据 21 世纪对理工科院校人才培养目标,在南京理工大学多年使用的工程实验理论基础教材的基础上,结合多年来的教学实践经验,以及参阅国内外有关资料和优秀教材整理编写而成的。

本教材的指导思想是给予学生以正确的计量学概念及实验测试工作的基本程序,误差分析与数据处理和实验结果表述的方法以及对实验工作预见与规划的能力。教材的最后一章编入了试验设计,目的是使学生掌握如何经济地、科学地安排试验并进行数据统计分析这一技术。同时在附录中简要介绍目前流行的 Matlab 和与本门课相关函数和实例等,解决本课程中各实例计算量大的问题,节省的时间用于结果分析之中,即实验成败的经验教训。

本教材先修课为高等数学、概率论与数理统计和线性代数。为使未学过概率论与数理统计的学生也能阅读本书并使用本教材的有关概念、公式,增加了第 2 章。对于已有此方面前修课基础的学生,教学时数可以酌减。

编者始终认为应用应该比繁琐的证明放在更重要的位置,力求通过少量精选的例题来说明这些公式的应用,希望能够对学生起到举一反三的作用。作业题也是精选的,但留有扩展的余地,有些题可供不同学生使用而无重复,集合起多个答案后还能反映出统计规律的特点。条件好的学校可以提供少量由学生自行设计的方案进行实验,兼做作业之用。

在编写过程中参阅了许多国内外同行撰写的文献资料,在此向这些作者深表谢意。东南大学仪器科学与工程学院陈熙源教授在百忙中对本书做了认真细致的审查,并提出了许多宝贵意见,在此一并致谢。同时,编者的研究生们为本书的完成付出了辛勤的劳动,在此表示衷心的感谢。

江苏省仪器仪表学会教育专委会、国防工业出版社和南京理工大学对本书的出版给予了大力支持,在此深致谢忱。由于水平所限,书中有不当之处,敬请读者批评指正。

目　录

第1章
测量的基本知识

1.1　测量及其分类

1.1.1　测量的意义

科学实验中,为取得对客现事物的数量概念,必须进行测量。为得到事物的某种特性的数值表征的实验过程称为测量。它是人类获得客观世界的定量信息的重要手段,是科学实验的不可分割的组成部分。有时把测量和试验的综合称为测试。

测量的最基本的形式是比较,将待测的未知量和预定的标准作比较。测量所得出的量值表示为数值和计量单位的乘积。为使测量结果具有普遍的科学意义,需要满足两个条件:

(1)用作比较的标准必须是精确已知的,得到公认的;

(2)实施测量的测量系统必须工作稳定,经得起检验。

由于测量对科学研究和工程技术的各行各业有重要意义,与国民经济发展有密切关系,因此有必要建立研究测量方法和测量工具的专门学科,测量技术的状态很大程度上反映了一个国家的经济发展和科学技术的水平。

1.1.2　测量的分类

可以从不同的角度对测量进行分类。如按被测量的状态分类,可分为静态测量和动态测量。静态测量是指对测量过程中不随时间变化的物理量进行测量;动态测量是指对在测量过程中随时间变化的物理量进行测量。又如按被测量的类别分类,把测量分为长度测量、时间测量、温度测量、压力测量等。除此之外,为便于分析测量过程中产生的误差,还有以下几种分类形式。

1. 按取得测量结果的方式分类

实践中常按取得测量结果的方式对测量结果进行分类,把测量分为直接测量、间接测量和组合测量。

1)直接测量

无需经过函数计算,直接通过测量仪器得到被测量值的测量称为直接测量。它又可分为直接比较和间接比较两种:

(1)直接比较。直接把被测量和标准作比较的测量方法称为直接比较。如长度测量是最简单的直接比较。直接比较的一个显著特点是被测量和标准量是同一种物理量。

（2）间接比较。利用仪器仪表把被测物理量的变化变换为与之保持已知函数关系的、能为人的感官感受的另一种物理量的变化，再进行比较得到被测量值的测量方法称为间接比较。温度计测温、弹簧秤测力等都属间接比较。

2）间接测量

在直接测量基础上，根据已知函数关系计算出待测量值的测量称为间接测量。如用定距测时法测量弹丸速度便是间接测量的典型例子。

3）组合测量

对待测物理量的不同组合进行直接测量，再通过求解方程组得出被测量值的测量称为组合测量。例如已知铂电阻的电阻值和温度之间有以下函数关系：

$$R_t = R_0 (1 + at + bt^2) \tag{1-1}$$

式中　　R_t——t℃时铅电阻的电阻值；

　　　　R_0——0℃时铅电阻的电阻值；

　　　a,b——铂电阻的电阻温度系数。

为测量铂电阻的温度系数，要先测出不同温度下的电阻值，再通过求解方程组得出 a 和 b 的量值。

评定测量结果中所包含的随机误差的数据处理方法决定于测量结果的的获取方式。一般来说，直接测量数据的处理方法基于随机样本的参数估计；间接测量数据的处理还需借助于误差传递法则；而组合测量的数据处理普遍使用最小二乘法估计。

2. 按测量条件变化与否分类

根据测量条件是否发生变化，测量可分为等精密度测量和不等精密度测量。

1）等精密度测量

等精密度测量，指在测量过程中测量仪器、测量方法、测量条件和操作人员都保持不变。因此，对同一被测量进行的多次测量结果可认为具有相同的信赖程度，应按同等原则对待。

2）不等精密度测量

不等精密度测量，指测量过程中测量仪器、测量方法、测量条件或操作人员某一因素或某几因素发生变化，使得测量结果的信赖程度不同。对不等精密度测量的数据应按不等权原则进行处理。

3. 按有无机械接触分类

根据被测工件的表面与测量仪器的测量头之间是否有机械接触，可以把测量分为接触测量和非接触测量。

接触测量是指测量仪器的测量头与被测工件表面直接接触并存在有测量力的测量。对于具有精密表面或者表面容易损伤的工件，不适合用接触测量，必须使用不带任何测量力的非接触测量方法，一般来讲利用成像原理的光学法测量都属于非接触测量，并且相对来讲具有较高的测量精度。

4. 按测量结果的要求分类

根据对测量结果的要求不同，测量可分为工程测量和精密测量。

1）工程测量

工程测量指对测量误差要求不高的测量。用于这种测量的设备和仪器的灵敏度和准确度比较低，对测量环境没有严格要求。因此，对测量结果只需给出测量值。

2）精密测量

精密测量指对测量误差要求比较高的测量。用于这种测量的设备和仪器应具有一定的灵敏度和准确度,其示值误差的大小一般需经计量检定或校准。

5. 按被测量的属性分类

根据被测量的属性,测量可分为电量测量和非电量测量

1）电量测量

电量测量指电子学中有关量的测量。包括:表征电磁能的量,电流、电压、功率、电场强度、噪声等;信号特征的量,如频率、相位、波形参数等;元件和电路参数的量,网络特性的量,如带宽、增益、带内波动、带外衰减等。

2）非电量测量

非电量测量指非电子学中量的测量,如压力、温度、湿度、气体浓度、机械力、速度、加速度等非电学参数的测量。

综上所述,其测量的分类框图如图 1 - 1 所示。

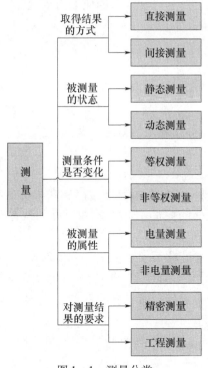

图 1 - 1　测量分类

1.2　测量误差的定义及其分类

1.2.1　误差的普遍性

在生产实践、科学研究和社会生活中,实际遇到的量大都不是绝对精确的。其原因,一是因

为我们观察的结果不可能没有误差,而这些误差值的大小,取决于观察者的能力和经验。无论观察者的实验技术多么高超,经验多么丰富,误差总不可能完全避免。二是即使测量者对测量工作做得十分情细、完善,而周围环境因素(如温度、湿度、气压、光照强度、电磁场等)的微小波动和变化,仍不可避免地要引入误差。一切从事科学实验的人们都公认这一事实,可表述为下列误差公理:**测量结果都具有误差,误差自始至终存在于一切科学实验和测量过程之中。**

由于误差存在的必然性和普遍性,人们不断深入研究测量过程中产生的误差以及数据处理方法,归纳起来研究误差意义有以下三点:

(1)正确地认识误差的性质、特点和产生的原因,充分利用测量数据所提供的信息,以便减小和消除产生误差的因素及其对测量结果的影响,保证测量精度和测量的合理性。

(2)在误差理论的基础上,研究正确处理测量数据的方法,合理地评价测量结果,以便在一定的条件下获得最为接近真值的最后结果。

(3)在理论指导下,正确地选择测量方法和安排测量程序,合理地设计或使用仪器,以便在最经济的条件下得到理想的符合要求的测量结果。

总之,随着人们对误差研究的深入和采取相应的有效措施,可以使存在于科学实验和测量结果中的误差得到减小或消除。

1.2.2 误差的定义

本书中所用误差一词均指测量误差,其定义为

$$测量误差 = 测量值 - 真值 \tag{1-2}$$

这一定义排除了其他应该称为偏差的概念。例如:生产某零件的实际值与标称值之差,实测某个量的值与理论计算值之差等。在这些例中的后一个值都不能认为是真值。尤其是常有人将理论计算值作为测量所得值是否准确的依据,这是完全错误的,违背了实践是检验真理的唯一标准的基本原理。不少书中用射击偏差作为比喻来说明准确度、精密度,固然有一定形象的效果,其实也是错误的。靶心的位置并非真值,过靶孔的位置倒是实实在在地有一个真值,每一发子弹与目标中心之间的距离只能称为射击偏差。

在上述定义中,用一个关系式联系了三个量。这里就产生了一个矛盾,即当只有测量结果时,如何确定误差与真值的问题。如果不能确定其一,也就无从计算另一个量值。真值是一个理想的概念,它是在该量被观测时本身所具有的真实大小,从测量角度讲,不可能确切获知。在实际中,下列几种情况认为真值可知:

(1)定义值。例如规定的基本量和辅助量的单位,视当时复现这些单位的条件而具有最高的精度,实际上仍依赖于人类每一历史阶段的认识水平,并随认识的提高而不断修改。

(2)计量标准器所复现的量值(其最高等级在我国常称为基准)相对于低一等级的计量标准器,可以认为充分接近于真值,称为约定真值。推而广之,只要对于给定目的,被认为充分接近真值,都可以作为约定真值。

(3)实际值经过测量表明能满足规定准确度的量值,也可作为约定真值。

修正了系统误差的算术平均值,就是一种实际值。这时不限定为计量标准器,但也失去了量值传递的权力,只用在与固定值、理论值或相互之间比较。

另外,一个量本身在某一任意时刻都只有一个真值。当同时用不同测量仪器或方法对其测量所得的结果,可以借以比较彼此之间的偏差。替代测量法也是利用了这一点。同时性是很重

要的,而同时的概念则是相对于该量变化的快慢而言的。

总之,真值的认识是在一个无限过程中逐步接近的,不是一步接近的。

修正值定义为误差的相反数,即

$$修正值 = (-1) \times 误差 = 真值 - 测量值$$

于是有

$$测量值 + 修正值 = 真值$$

这个式子的理解也只能是相对意义的,即由测量结果加上修正值后,可以得到更接近理想的结果。要值得注意的一点是,修正值的应用是在该标准器被校准以后,用来校准或测量其他量值的时候。即使加上了修正值,它仍然不具备高一级标准器的精度等级和权威,也不能承担高一级标准器的职能,只能说它是称职而已。

1.2.3　误差的表示方法

误差值可以有下列几种表示方法:

(1) 绝对误差

即按式(1-2)原定义写出的表示方法,它具有数值、计量单位以及符号,表现为数字和单位的乘积。适合于同一量级的同种量的测量结果的误差比较和单次测量结果的误差计算。

【例 1-1】　某机加工车间加工一批直径为 20mm 的轴,抽检两根轴的直径,其测量结果分别为 19.9mm 和 19.8mm,两根轴的绝对误差分别为

$$\delta_1 = 19.9mm - 20mm = -0.1mm$$
$$\delta_2 = 19.8mm - 20mm = -0.2mm$$

【例 1-2】　一个 10g 的三等标准砝码,经二等标准砝码计量检定得到误差为 -0.002g,则该砝码的修正值就是 +0.002g,则实际值为

$$10g + 0.002g = 10.002g$$

(2) 相对误差

由于绝对误差用于不同量级的同种量误差间的比较有困难,如用一长度计量器具测量真值分别为 100cm 和 10cm 的两个物体长度值,测量结果分别为:

物体 1 测得值为 100.1cm,其绝对误差为 0.1cm;

物体 2 测得值为 10.1cm,其绝对误差为 0.1cm。

两物体的绝对误差均为 0.1cm,但显然物体 1 的测量精度更高些,为此引入相对误差。其定义为

$$相对误差 = 绝对误差 \div 真值 \tag{1-3}$$

当误差值较小时,有近似式

$$相对误差 \approx 误差 \div 测量结果$$

相对误差具有确定的大小和正负号,但无计量单位,通常情况下,常用百分数(%)、千分数(‰)或百万分数(ppm)表示。

【例 1-3】　真值 =2.000mA,测量结果 1.989mA,则

$$绝对误差 = 1.989 - 2.000 = -0.011(A)$$
$$相对误差 = (-0.011) \div 2.000 = -0.0055 = -0.55\% = -5.5‰ = -5500ppm$$

（3）引用误差

它是一个具有相对误差的形式的绝对误差,用于具有连续刻度和多挡量程的测量仪器的误差表示。其定义为:仪器示值误差与特定值(也称引用值,如仪器的量程或标称范围的最高值)之比,通常用百分数表示。即

$$引用误差 = \frac{示值误差}{特定值} \tag{1-4}$$

其中,仪器的示值误差表示的是仪器的指示值与被测量的实际值之差。

国家标准和国家计量技术规范将某些专业的仪器仪表,按引用误差的大小分为若干准确度等级。例如,电表测量用仪器设备(0.1 级精度最高,5 级精度最低)的等级分为 0.1,0.2,0.5,1.0,1.5,2.5,5.0 等 7 个等级。符合某一个等级 S,说明该仪表在整个测量范围内,各示值点的引用误差均不超过 S%,同时也只有在仪表整个测量范围内,各示值点的引用误差不超过 S% 时,才能确定该仪表符合 S 级。

图 1-2 是一电流表的度盘示意图,如果在示值 20A 处有示值误差 0.5A,满量程为 50A,则引用误差为 0.5/50 = 1%。

图 1-2　电流表度盘

把整个量程范围内的最大示值误差与其满量程最大指示值之比称为最大引用误差。

【例 1-4】　一块 0.5 级测量范围为 0~150V 的电压表,经更高等级标准电压表校准,在示值为 100.0V 时,测得实际电压(相对真值)为 99.4V,问该电压表是否合格?

解:示值为 100.0V 时的绝对误差为

$$\delta = 100.0V - 99.4V = -0.6V$$

该电压表的引用误差为

$$引用误差 = \frac{-0.6}{150} = -0.4\%$$

0.5 级电压表允许的引用误差为 0.5%,因 |-0.4%| < 0.5%,所以该电压表合格。

【例 1-5】　有一块测量范围为 -0.1MPa ~ +0.1MPa,2.5 级的压力真空表,在进行计量校准时,各示值点上最大允许误差是多少?

解:该压力真空表在 -0.1MPa ~ +0.1MPa 范围内各示值点上的引用误差不应超过 2.5%,则各示值点上允许误差的最大示值误差应为

$$\delta \leqslant 2.5\% \times [0.1 - (-0.1)] = 0.05(MPa)$$

（4）分贝误差

分贝误差是具有绝对误差形式的相对误差,定义为

$$分贝误差 = 20\lg(测得结果 \div 真值)dB \tag{1-5}$$

当所测值为广义功时,对数前乘的因子用 10。

【例 1-6】　真值为 2.000mA,测量结果 = 1.989mA,则

$$分贝误差 = 20\lg(1.989 \div 2.000) = -0.048(dB)$$

分贝误差与相对误差关系:在数值上前者约为后者的 20lge 或 10lge 倍(e = 2.7182818···)即 8.69 倍或 4.34 倍。

在无线电、声学等计量中常用分贝误差来表示相对误差。

1.2.4　测量误差的来源分析

研究测量误差必须掌握误差的来源,弄清楚在测量的全过程中,哪些环节、哪些因素会给测量带来误差。

由于被测对象是千差万别的,从而决定了测量仪器和测量方法也是千差万别的。对于某项具体的测量而言,各有其特殊的误差来源。不同的测量,仪器误差的具体原因也不相同。因此,在这里不是研究某项具体测量的具体误差来源,而是从千差万别的测量中找出误差来源的共性,作为每项测量工作分析误差来源的指导原则。

测量误差的来源,应从测量的共性中去寻求。对被测量的实际量值的确定,无论哪类测量,必须具备复现量值单位的标准器具以及相应的仪器仪表(包括必要的辅助设备)。同时,测量工作又必然在某个特定的环境里,由测量人员按照一定的测量方法来完成。因此,测量误差从总体上讲有测量装置(包括标准器具、仪器仪表等)、测量方法、测量环境、测量人员四个来源。

(1)器具误差。由于测量仪器(计量器具)本身所具有的不准确性带来的误差。它包括设计原理误差,制造和安装误差,调整误差(倾斜误差、零位误差),附件误差等。

(2)方法误差。由测量方法和计算方法不完善所引起的误差。如使用了某些简化假设下的数学模型;又如电学测量中引线电阻上的压降往往未在测量结果的表达式中得到反映等。

(3)环境误差。测量时环境状态变化所引起的误差。如果这种变化在规定的工作条件允许范围以内称为基本误差,若超出了这一范围,所增加的误差称为附加误差。例如,温度误差、湿度误差、电源电压误差等。

(4)人员误差。测量过程中由于观测者主观判断所引起的误差。如读数误差(包括估读误差,也称内插误差),视差等。

1.2.5　测量误差的性质与分类

在测量中,存在着诸多的测量误差,这些误差均由不同的因素造成的,由于产生的原因不同,以致误差的特征也不同。研究误差的一个重要内容就是要掌握各种误差所具有的特征,只有这样,才能有正确的误差处理方法。根据误差的性质,可将测量误差分为随机误差、系统误差和粗大误差。

(1)随机误差是在实际测量条件下,多次测量同一量值时,误差的绝对值和符号以不可预定的方式变化着的误差。

(2)系统误差是在偏离规定测量条件时或由于测量方法所引入的因素,按某确定的规律变化所引起的误差,包括已定系统误差和未定系统误差。前者指符号和绝对值或规律已经确定的系统误差;后者指符号或绝对值未能确定的系统误差。已定系统误差可以通过修正方法进行消除。

(3)粗大误差是超出规定条件下预期范围的误差,有时简称粗差。处理数据时,这种误差会明显地歪曲测量结果。所以允许剔除少量这种含有粗大误差的数据,但应有充分理由。

必须指出,上述分类定义是排中的,非此即彼的;但某种因素所造成的误差归入哪一类则是变动的。应当理解,从误差定义出发,每一个测量值只有一个误差值。上述种种原因产生的误差都只是构成这个具体的误差值中的一部分。只做一次测量完全无法区别它们各自占有多少比例,以及是否为主要成分。**只有通过多次测量,包括改变条件加以比较,即统计地观察才能得出较为可靠的结论。**

一般说来,各种影响因素都有系统的和随机的成分,而且这种系统性和随机性又随条件而可能互相转化。以温度影响为例,如果在恒温室测量某一物理量,由于恒温条件不可能绝对理想,将显示出较多的随机误差成分。如果两个恒温室的平均温度有 0.5℃ 的差异,则两室所测出的数据就会有系统性的差异。若不加恒温条件而测定某个量时,温度从测第一个数据到最后一个数据有某种显著的升高或降低的趋势,则产生的误差就有较大的系统误差。如果能记录各数据读数时的温度,它就是能通过一定数据处理来确定的已定系统误差,如果未能记录读数时刻的相应温度,它就是未定系统误差。若这种变化的温度时高时低,则随机误差就占了主要地位。又例如在人员误差问题上,操作者未调整零点,但记载了零读数,这时就是一种可修正的已定系统误差,如果因疏忽未记载零读数,则会产生未定系统误差。如若调了零点,而实际上存在着某种零点漂移,则造成的误差的性质就由零点漂移的倾向性来确定。如是缓慢的渐进性的或者周期性的漂移,就是未定系统误差,如是比较急剧的难以确定的变化,就会造成随机误差。而如果这种漂移源于某一突然的外来因素,则又可能造成粗大误差。以观测误差为例,某一工作人员习惯性的视差造成他所读数估值偏高或偏低,但有多人参加判读时,这种误差就可以有某种程度的抵消。所以有些系统误差可以采取随机化测量来抵消,而有些系统误差在进一步判明原因后,采取例如控制更稳定的环境,加强屏蔽,电源滤波和接地,用光调制来抵消背影杂散光干扰等方法可使其减小到更低的量级上。在数据处理上可以利用差分、平滑、滤波、相关等行之有效的方法。无论如何,测量的准确有赖于取得尽可能多的信息,如增加测量次数,同时取得更多环境参数影响量等。另一方面,还可以从方案、方法上考虑,减少测量次数而达到所需测量准确度,从而使完成给定的测量任务花费最小的代价。用好误差理论要紧密联系实际,勇于实践,并且随时具体分析,总结经验。

1.2.6　精度与不确定度

精度属于日常用语,泛指测量结果的可信程度。从计量学与误差理论来看,规范化的术语有准确度、精密度、正确度和不确定度等。

(1)准确度表示测量结果与真值之间的一致程度,反映了测量结果中系统误差与随机误差的综合。若已修正所有已定系统误差,则准确度可以用下面介绍的不确定度来表示。

(2)精密度指在一定条件下进行多次测量时,所得测量结果彼此之间符合的程度,反映测量结果中的随机误差大小的程度。有人将它缩略为精度是不妥当的,是将科学定义的术语与日常用语混同起来,极易产生误解,最好不用此简称。

(3)正确度表示测量结果中系统误差大小的程度,反映了在规定条件下,测量结果中所有系统误差的综合。

(4)不确定度表征合理地赋予被测量之值的分散性,与测量结果相联系的参数。即表征被测量的真值所处值范围的评定,是测量结果中无法修正的部分,反映了被测量值的真值不能肯定的误差范围的一种评定。

准确度和精密度都是以它们的反面即不准确和不精密的程度来表征的。例如,规定准确度为若干个某一计量单位或真值的百分之几时,意思是所测得值与真值之间的差,即误差的绝对值或相对误差的绝对值将不超过这个界限。这种表征方法意味着这个数值越大,准确度或精密度反而越低,即越不准确或不精密。因此,我们总是说准确度或精密度优于某个指标值而不能说高于或大于这个指标值。

最初,这种指标是从误差的极限值概念出发的(从数学分析观点看实际是界而不是极限),即误差决不可能超过的值,用 δ_{lim} 来表示。但若从概率论观点看,任何界限都有可能被超过,只是概率的大小而已,于是不确定度概念便应运而生,逐步为人们所接受,这是一个合乎科学的潮流。

引入“不确定度”的概念,利用测量不确定度的表示来定量评定测量水平或质量,是误差理论发展的一个重要成果。有关与测量不确定度相关的内容,在后面第四章中将详细展开介绍。

按照定义 A 类不确定度分量是统计方法算出的量,根据测量结果的统计分布进行估计,并可用实验标准偏差 s(数学上称为样本标准偏差)及其自由度 ν 来表征。

B 类不确定度分量是用其他方法计算出的分量,根据经验或其他信息进行估计,并可用假设存在的近似的(等效的)“标准偏差”来表征,写作 u。

当有多个不确定度分量时可相应地加上角标,而在求不确定度时可以利用求方和根方法得到。在分析误差时应尽可能利用实测数据,尤其是尽可能多的数据,包括每个参与实验的仪器的校准数据,以及可能产生影响的因素即通称影响量的监测数据。应注意计算公式中哪些因素被略去,这种因素会导致产生未定系统误差的成分,而被忽略的未定系统误差分析往往是对实验精度的极大威胁。

1.3　测量系统及精度指标

1.3.1　测量系统简介

测量系统由为实现一定测量任务的若干测量仪器仪表(计量学上称为计量器具)构成,但不包括为保证测量条件而配备的装备与设施,如恒温箱、稳压器、电源滤波器、照明灯……,除非这些装备与设施上有监控测试条件的仪器。除此以外的统称为环境。

测量系统可以简单到只有一件或几件器具,也可能是经过多次信息变换所需的复杂仪器构成的大系统。一般说来,它可以分解为**传感器、信号调理电路和记录显示器**。它们分别承担着将被测量的量转换为另一种便于调理的量(通常是电学量),将这个量变成适于记录显示器所需要的形式,以及将这些信息转换为人的感官所能接受的形式或者保存下来为以后取用这三项职能。系统的这三部分还可能分成若干级,每一级都有其输入与输出。输入与输出间应该保持某种确定的单值的函数关系。但每一级都不可避免地会引入某些不确定因素,应该力求使其限制在尽可能小的范围之内。在这里首当其冲的是传感器这个信息源,往往决定了测量的基本准确度。尤其,在动态测量中通常要求传感器有良好的线性的动态响应。轻微的非线性关系,在静态可以采取校准的方法(在工程上习惯称为标定);在假设这种非线性关系在动态测量中仍然保持不变可以用来作修正,或者当作在误差允许范围内可忽略的量。不过这常常是有危险的,特别是在大的量值变化率下。近年很多测量工作者致力于动态非线性修正方法的研究,但尚未有普遍性的结论。动态响应是指在不同的量值变化率下,输入量与输出量之间的比例以及时间上的滞后等差异。如果在频域上描写,可以用幅频和相频传递函数来描写,并在一定程度上作补偿性修正。当前这种系统的设计也还只能做到力求静态校准测得的非线性小和幅频特性在所测量的量的有效频谱范围以内相对偏差不太大,相频特性近似与频率成线性关系,接近信号传递的不失真条件,以及有足够的稳定性。从实践看,不同动态测量系统测出的时变曲线会有相当大的差异,补救的办法是采用详细规定某种统一的系统来作特定的动态测量,使所得的数据具有较好的相对可比性。

对调理系统的要求随传感器的性能指标而定,其设计引入的新的误差比传感器固有的误差小一个数量级左右已经足够。过高要求并无必要。值得注意的是不能盲目相信有些仪器的表观分辨率。尤其是在数字化仪表越来越普及的现代,不少号称若干位的模数变换器,其实际不确定度常常会是其分辨率的几倍。例如 12 位二进制(通常记作 12bit)的模数变换器的不确定度常在 0.1% 以上,使用这种仪器应定期加以校准,而这点恰恰常为人所忽略。

显示记录仪器的要求与上述调理系统相仿,也存在分辨率的问题。从设计原则来说,仪器的分辨率应相当或略高于其实际不确定度。以普通指针式仪表为例,精度等级高的,其表盘刻度必须有足够数量的分度以及相应的防止视差的措施,如镜面,足够细的刻度线,足够平直而薄的指针等。但在长度测量、温度测量等用刻度对准方法复现某量值的计量器具则往往相反,刻线数可能很少,间隔可能很大,其对准保证措施很重要,而刻线之间的位置是不宜用作估读的,尤其是非等分间隔时。

总之,使用仪器仪表(计量器具)时应认真阅读其有关规程和使用说明书,弄清其使用条件和读数精度的规定。

实验工作者是通过测量系统的输出来推断被测物理量的量值信息,为此要先行知晓测量系统输入与输出间的函数关系。为得到测量系统的输入-输出关系所进行的实验操作称为标定,标定可分为静态标定和动态标定,本课程只讨论静态标定,它是以工作基准或比被标定测量系统准确度高的各级标准或已知输入源作用于测量系统,得出其输入-输出关系以及相关静态特性指标的实验操作。

1.3.2 测量系统性能指标

测量系统的静态特性精度指标可以用一些有具体明确定义的静态特性指标来描述,它们可由静态标定数据计算,是判断测量系统性能优劣的主要依据,常用到的有灵敏度、迟滞、线性度和重复性等。其定义如表 1-1 所示。

表 1-1 测量系统的静态特性精度指标

静态特性指标	定义
灵敏度	灵敏度是指稳态时传感器输出量 y 和输入量 x 之比,或输出量 y 的改变量和输入量 x 的改变量之比,用 K 表示。对于线性测量系统来讲,灵敏度为一常数
线性度	在规定条件下,测量系统标定曲线与拟合直线间的最大偏差与满量程输出值的百分比称为线性度或非线性误差,用 ΔL 表示
迟滞	迟滞是指在相同的工作条件下,测量系统的正行程特性与反行程特性的不一致程度,用 ΔH 表示

（续）

静态特性指标	定义
重复性	重复性是指在同一工作条件下,测量系统的输出－输入关系的重复一致性或随机性,它可以用表示标定数据离散程度的参数表示,用 ΔR 表示
分辨率	测量系统在规定的测量范围内能够检测出的被测量的最小变化量称为分辨率
测量范围和量程	在允许误差限内,被测量值的下限到上限之间的范围称为测量范围。上限值与下限值的差称为量程

分辨率和精密度、准确度之间的关系如下:

① 要提高仪器的测量精密度,必须提高仪器的分辨率。

② 分辨率与准确度紧密相关,提高仪器的分辨率能提高测量的准确度,但有时又是完全独立不相关。

③ 仪器的分辨率低,一定达不到高精度;但是仪器的分辨率高,也不一定达到高精度;只有相应的分辨率(通常这个分辨率应取仪器精度的 1/3 ~ 1/10,视仪器精度高低而定)才能达到要求的精度。

静态标定是保证测量结果准确可靠具有科学意义的必不可少的步骤,可得测量系统的输入－输出关系,赋予测量系统分度值,可以求出测量系统的静态特性指标,评定测量结果的可信程度,可以消除或减小系统误差,提高测量的正确度。

1.4　有效数字与数字运算

1.4.1　有效数字定义

若某近似数字的绝对误差值不超过该数末位的正负半个单位值时,则从其第一个不是零的数字起至最末一位数的所有数字,都是有效数字。即有效数字是指实际上能测量到的数值,在该数值中只有最后一位是可疑数字,其余的均为可靠数字,它的实际意义在于有效数字能反映出测量时的准确程度,也反映了测量的相对误差。

例如:用最小刻度为 0.1cm 的直尺量出某物体的长度为 11.23cm。

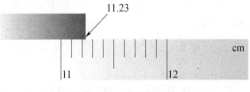

图 1 - 3　直尺测量

显然这个数值的前 3 位数是准确的,而最后一位数字就不是那么可靠,因为它是测试者估计出来的,这个物体的长度可能是 11.24cm,亦可能是 11.22cm,测量的结果有 ±0.01cm 的误差。我们把这个数值的前面 3 位可靠数字和最后一位可疑数字称为有效数字。

在确定有效数字位数时,特别需要指出的是数字"0"来表示实际测量结果时,它便是有效

数字,关于有效数字。有几个问题需要引起注意:

(1) 有效位数与十进制单位的变换无关。例如 1.35g 有 3 位有效数字。如果换成千克作单位,则有 $1.35g = 1.35 \times 10^{-3}kg$;如果换成毫克作单位,则有 $1.35g = 1.35 \times 10^3 mg$。仍是 3 位有效数字,但不能称为 $1.35g = 1350mg$,因为在没有说明情况下,一般都会认为最后的零也是有效数字(变成 4 位有效数字了)。

(2) 数据尾部的"0",不能随意舍掉,也不能随意加上。如不能把 200mm 写成 20cm,因为这样一来有效数字就少了一位;也不能把 20cm 写成 200mm。正确写法是 200mm = 20.0cm 或 20.0cm = 200mm。

例如分析天平称得的物体质量为 7.1560g,滴定时滴定管读数为 20.05mL,这两个数值中的"0"都是有效数字;在 0.006g 中的"0"只起到定位作用,不是有效数字。

(3) 推荐使用科学技术法,其形式为 $K \times 10^n$,其中 $1 \leqslant K < 10$,n 为整数。

例如 $900V = 9.00 \times 10^2 V = 9.00 \times 10^5 mV = 9.00 \times 10^{-1} kV$,在这些变换中,9.00 这几个有效数字始终不变。

1.4.2 有效数字的运算规则

1. 单一运算

(1) 小数的加、减运算

一般来说,若参与运算的数不超过 10 个,则小数位数多的数要比小数位数最少的数的位数多取一位,余者皆可舍去;最后结果的位数应与位数最少者相同。例如,0.21、0.312 和 0.4 三个数相加,0.4 的数值小数点后位数最少,故其它数值也应取小数点后两位,其结果是

$$0.21 + 0.31 + 0.4 = 0.92 \approx 0.9$$

(2) 小数的乘除运算

当两个小数相乘或相除时,有效数字较多的数应比有效数字少的数多保留一位;而运算结果的位数应从第一个不是零的数字算起与位数少者相同。

【例 1-7】 已知:$g = 4\pi^2 \dfrac{L}{T^2}$,其中 $L = 130.4cm$,$T = 2.291s$,求解 g。

解:L 和 T 都有 4 位有效数字,故 g 也保留 4 位有效数字,"4"可看作常数或倍数,不作为运算中判断有效位数依据,π 在运算中可多取一位,在本题中可取 5 位,则

$$g = 4 \times 3.1416^2 \frac{130.4}{2.291^2} = 980.8(cm \cdot s^{-2})$$

(3) 小数的乘方、开方运算

小数乘方或开方时,其运算结果的位数应从第一个不是零的数字算起与运算前的有效数字的位数相同。例如:

$$(0.19)^2 = 0.0361 \approx 0.036$$

其他某些常见函数运算的有效位数规则见表 1-2。

表 1-2 常见函数的有效数运算规则

函数	规则	举例
对数函数:$y = \ln x$	对数函数运算后的尾数取得与真数的位数相同	$y = \ln 1.983 = 0.297322714 = 0.2973$ $y = \ln 1983 = 3.297322714 = 3.2973$

（续）

函数	规则	举例
指数函数:$y=10^x$	指数函数运算后的有效数字可与指数的小数后的位数相同(包括紧接小数点后的零)	$10^{6.25}=1778279.41=1.8\times10^6$ $10^{0.0035}=1.00809161=1.008$
三角函数:$y=\sin x, y=\cos x\cdots$	三角函数的取位随角度的有效数字而定	$y=\sin 30°00=0.5=0.5000$ $y=\cos 20°16'=0.938070461=0.9381$

（4）常数和系数在运算中的有效数字规则

对运算中的某些常数或者倍数,如 π,e,$\sqrt{2}$,$\dfrac{1}{3}$ 等,有效数字可以认为是无限的,但在实际运算中一般应比运算中有效位数最多的多取一位。

当诸多个量进行加、减、乘、除等混合运算时,其结果的有效数字,应与参加运算的诸多数中有效数字最少的相同,在运算过程中可多保留一位有效数字。

2. 复合运算

对于复合运算,中间运算所得数字的位数应比单一运算所得数字的位数至少多取一位(如果是运算量大而又要求高的精密测试,可酌情多取),以保证最后结果的有效数字不受运算过程的影响。比有效数字的位数多取的数字常称为安全数字,有时为了明显,特比有效数字写得小一些,比如 8.53 中的 3。

3. 有效位数的增计

若有效数字的第一位数为 8 或 9,则有效位数可增计一位。

例如,9.53 的有效位数本为三位,但可作四位考虑。因其相对误差约为 0.1%,与 10.15,10.25 等这些具有四位有效数字的数据相对误差相近,有效数字的位数反映测量的相对误差,不能随意舍去或保留最后一位数字。

另外,在求平均值运算中,若是 4 个以上的数求平均值,平均值的有效位数可增加一位。

1.4.3 数值修约及其规则

1. 数值修约

数值修约,是指对数值的位数进行限定性选取的一种处理。在工作中,往往会遇到多位数的数值,但实际需要的却是限定的较少位数(如有效数字的运算过程中数字的取舍),也就是说,没有必要保留多余的位数,即应对数值进行修约。修约间隔可用 10^n 来表示,其中 n 可为零或正负整数。

由于数值修约而引起的误差,称为修约误差或舍入误差。

2. 修约规则

数值的修约规则亦称舍入规则或进舍规则。数值的有效位数或修约间隔确定后,便应将多余的部分适当舍入。常用规则有两种:"偶舍奇入"规则和"4 舍 5 入"规则。

1)"偶舍奇入"规则

这是长期以来较为普遍应用的舍入规则。以修约间隔取为 1,即数值修约到个位数为例进行说明。

（1）被舍数字的第一位小于5，则全部舍去。例如8765.43→8765。

（2）被舍数字的第一位为5且其后的数字为0或无任何数字，当保留数字的末位为偶数或0时，则全部舍去；当保留数字的末位为奇数时，则该奇数加1。例如，1234.5→1234；8765.5→8766。

（3）被舍数字的第一位大于5，或等于5但其后有不为0的数字时，则保留数字的末位加1。例如1234.6→1235；9876.54→9877。

2）"4舍5入"规则

近年来，由于二进制计算机的应用，上述的舍入规则已不甚合适。于是便提出了只要舍去数的首位等于或大于5，则保留数字的末位加1，否则一律舍去的新规则，称之为"4舍5入"规则。

两种规则的区别在于："偶舍奇入"规则第（2）条的依据是偶数结尾的出现概率等于奇数结尾的出现规律；而"4舍5入"规则则没有考虑这种概率抵偿作用。

习题

1-1　比较绝对误差、相对误差和引用误差的异同点。

1-2　分析误差来源必须注意的事项有哪些。

·1-3　分析下列原因造成的测量误差属于什么性质：

（a）由测定单摆的周期计算当地重力加速度用了 $g = 4\pi^2 l/T^2$ 的公式，式中 l 为摆长，T 为周期。

（b）在用水银柱压力计测量大气压力时没有记录当时的环境温度。

（c）用不锈钢砝码在天平上称量了纯金饰物的质量，记录了当时气温和气压以及湿度。

（d）用比亮温度测量方法测量了炽热钢锭的表面温度。

（e）用内阻为有限值的伏特计和安培计测量了某个电阻器的电阻值。

（f）徒工张三车一个图纸规定为 36.50mm ± 0.05mm 直径的轴，用千分尺一量只有36.383mm。

1-4　一个标称值为5g的砝码，经高一等标准砝码检定，知其误差为0.1mg，问该砝码的实际质量是多少？

1-5　一个普通万用表用精密数字电压表校准了它的某一刻度的全部刻线指示值的相对真值。这个万用表在这些刻度上能不能当作精密电压表使用？你根据这点如何理解"现场标定"的意义？

1-6　多级弹道火箭的射程为12000km时，射击偏离预定点不超过1km。优秀射手能在距离50m远处准确地射中直径为2cm的靶心，试评述这两种射击的准确度。

1-7　电压表在测量 10～200V 范围的电压时，其相对误差为0.2%。求该电压表分别在测量180V和60V时的可能最大的绝对误差？

1-8　一个传感器在实验前经过标定，其灵敏度为3.65pC/MPa，在实验后再次标定时，灵敏度变为3.60pC/MPa，如果这个传感器的准确度指标规定为±1%，你怎样认识这次实验测得的数据？

1-9　要测量某冷却装置传热量，需要测量冷却水的总流量和进出口水温之差，温差约4℃。现在有一个很好的标准温度计，刻度到1/10℃，准确度为0.05℃，另有一套以铂丝电阻器为传感器的测温装置,其分辨率为 2×10^{-3} ℃,三位半十进数字显示。你将如何使这项测量做得更准确?

1 - 10　设准确度 S = 0.1 级,上限值为 10A 的电流表经过检定后,最大示值误差在 3A 处,为 + 8mA,问此表合格否?

1 - 11　在测量某传感器的静特性时,遇到压力机漏油,标准压力计示值不断下降,传感器所连接的指示仪表读数也不断下降。有人建议采取操作者二人同时读数方法,你对这种方法怎样评价?

1 - 12　某衰减器的分贝误差为 0.1dB,问该衰减器功率衰减值的相对误差百分数是多少?电压衰减值的相对误差百分数又是多少?

1 - 13　试求:$63.07 + 5.1435 + 2.1250 + 6.62 + 0.0093 = ?$

1 - 14　试求:$d = 2\pi R = 2\pi \times 3.15 = ?$

1 - 15　试求:(a) $\dfrac{2\pi}{0.28} = ?$　(b) $627.86 \times 0.005 = ?$　(c) $\sqrt{0.08614} = ?$　(d) $0.0355^2 = ?$

参考文献

[1] 宋文爱,等. 工程实验理论基础. 北京:兵器工业出版社,2000.

[2] 李金海. 误差理论与测量不确定度评定. 北京:中国计量出版社,2003.

[3] 沈海龙,杨观鸣. 测量误差和数据处理. 南京:南京理工大学,1995.

第2章
误差理论的概率论基础

2.1 随机现象

2.1.1 随机现象的本质和研究方法

在自然界和人类社会中有两类不同的现象。一类是在一定条件下必然会发生或必然不发生的现象。它们具有"若 A 则 B"的确定性格式。例如,在标准大气压(101325Pa)下纯水加热到100℃必然要沸腾;又如,人不能在没有氧气的环境中生存。这类现象即称为确定性现象。

另一类现象的特点是在相同的基本条件下可能出现不同的结果,具有"若 A,可能 B,也可能 C"的不确定格式。例如,枪炮瞄准目标射击,每次射击的弹着点却不尽相同,可能命中,也可能不命中;又如百货公司每天的顾客数和营业额,某一月份历年的平均气温和雨量都呈现一定的偶然性。这类现象称为随机现象。

大量随机现象之所以存在是因为客观世界中事物都是相互联系而又相互制约的,实际观察到的现象的发生和发展受到众多外部因素的影响。枪炮的射击与众多的因素有关,如弹丸的几何形状及质量分布,火药的重量、成分及均匀性,点火与燃烧的状况,弹丸飞行中空气的密度和流动情况,等等,造成了弹着点的不同。随机现象的本质就是由众多的不能控制或未加考虑的微小影响因素联合作用所造成的对主要因果规律的偏离。人们对所观察的现象的控制能力越差,对影响因素的因果关系了解越少,现象将呈现越强烈的不可预知性,即随机性或偶然性。在烧水时如不能准确了解环境气压,不能控制水中所含杂质成分,则水的沸点也将呈现随机性。

随机现象的特点是:

(1) 每次试验(观察)实施之前,不能准确预知结果如何,这种不确定性是随机现象波动的一方面;

(2) 多次重复试验之后得到的大量结果的整体呈现某种规律,称为统计规律性,是随机现象的另一个方面。

随着科学技术的发展,人们不满足于仅仅知晓确定性规律预告的大致结果,还要求能估计那些被忽略的次要因素的联合影响的严重程度和特点,以便更全面地了解和把握客观世界。因此,产生了研究随机现象的专门学科。概率论是研究随机现象数量规律的数学分支。数理统计学伴随着概率论的发展而发展。它研究怎样有效地收集、整理和分析带有随机性的数据,来对所考察的问题作出推断或预测,直至为采取一定决策和行动提供依据和建议。两者关系密切,在很大程度上可以说:概率论是数理统计的基础,数理统计学是概率论的一种应用。但是它们是两个并列的数学分支学科,并无从属关系。必须指出,在用数理统计方法分析带随机性的数据时,从统计模型的选择、实验方案的制定、统计方法的正确使用以至所得结论的恰当解释,都离不开所讨论问题的专业知识。

在现代,概率论、数理统计和计算数学之间出现了一个交叉性、边缘性、应用性的学科分支,这就是概率统计计算,也称计算概率统计。它应用广泛,发展很快。其研究的主要领域包括随机数据的统计分析计算、概率统计模型的随机模拟计算以及它们在数字计算机上具体实现计算的程序包研制等三个相互关联的方面。实验测量与这三者有密切的关系。实验数据受到环境条件、对象自身、仪器对对象的作用等多重的影响,造成各种测量误差。因此实验工作者必须具备一定的这三方面的基础知识,才能得到被测量对象的可靠的定量信息。

2.1.2　随机事件

为研究随机现象以得到关于各种可能结果的信息,要借助随机试验这一手段和方法。如果某试验或观察满足以下三个条件:

(1) 试验在相同的条件下,可以重复进行(非偶然性);

(2) 每次试验前,不能确定哪一个结果将会出现(不确定性);

(3) 每次试验的可能结果不止一个,并且能事先明确试验的所有可能结果(可知性)。则称该试验或观察为随机试验,简称为试验。一般用 E 表示。

在随机试验 E 中,每一种可能出现的结果称为 E 的基本事件或样本点。例如,在掷骰子的试验中,每一个可能出现的点数都是基本事件。而由两个或两个以上的基本事件组成的事件称为复合事件,如射击试验中,弹丸中靶位置的坐标值,或炸点的空间坐标值。

随机试验 E 的全体基本事件组成的集合,称为 E 的基本事件空间,也称作样本空间,记作 S。S 中的元素就是 E 的基本事件。这种随机试验虽然在每次试验前不能预言必定出现哪一种结果,但是在相同基本条件下,我们可以得到这一试验的所有结果。这里基本条件的重复是重要的,并不是一切都是随机的。随机试验的每一种可能出现的结果称为一个基本事件。以抛掷两颗骰子得到的点数为例就可能有 36 种可能的结果,也就是 36 个基本事件。这可以用 (a,b) 来描写,其中 $a = 1,2,\cdots,6$。每个 (a,b) 代表了一个基本事件,称之为样本空间的一个样本点。在二维 $a-b$ 平面上就有 36 个样本点。把随机现象抽象为样本空间,使我们可以运用集合论的工具,通过分析样本空间来研究随机现象的规律性。为此,我们引入一些名词和符号。

随机事件简称事件,它是某种性质的样本点的集合,在掷骰子的例子中,"点数和等于 5"、"点数和小于 4"、"至少有一粒的点数是 3"等等都是随机事件。

在随机试验中必然发生的事件称为必然事件,记作 Ω,相当样本空间的全集;在随机试验中必然不会发生的事件称为不可能事件,记作 $\varnothing$,相当空集。严格地说,必然事件和不可能事件不是随机事件,但在概率论中常把它当作一种特殊的随机事件,可以从极限的概念来理解。

若事件 A 的发生必然导致事件 B 的发生,则称事件 B 包含事件 A,记作 $B \supset A$ 或 $A \subset B$。

事件 A 与事件 B 至少有一个发生,这一事件 C 称为事件 A 与事件 B 的和,记作 $C = A \cup B$。

事件 A 与事件 B 同时发生,这一事件 C 称为事件 A 与事件 B 的交,记作 $C = A \cap B$,或记作 $C = AB$,也称为积。

事件 A 发生而事件 B 不发生,称为事件 A 与事件 B 的差,记作 $C = A - B$。

若 A 与 B 不能同时发生,即有 $A \cap B = \varnothing$,则称 A 与 B 不相容。

若 A 与 B 必有一个,也仅有一个发生,即有 $A \cup B = \Omega$ 及 $A \cap B = \varnothing$,则称这两个事件为对立事件(排中事件),或称 A 与 B 互逆,记作 $A = \bar{B}$ 或 $B = \bar{A}$。

若 A 的出现并不影响事件 B 的出现,则称这两个事件为独立事件。

2.1.3 频率和概率

一个随机现象可能有许多结果,构成若干个随机事件。随机现象的规律性就表现在事件发生的频繁程度具有一定的规律。例如,两个射手进行射击比赛,中靶情况是个随机现象,但在同样 60 发射弹中,好射手命中 10 环的次数就比较差的射手要多。

频率(定义):设随机事件 A 在 n 次试验中出现了 n_A 次,则比值

$$f_n(A) = n_A/n$$

称为事件 A 在此 n 次试验中出现的频率。

将硬币抛掷 n 次,规定出现某一面(例如国徽)的事件为 H,次数为 n_H 曾有前人做过试验留下记录见表 2 – 1。

表 2 – 1　投币出现某一面的次数与频率记载

实验者	n	n_H	$f_n(H)$
蒲丰	4040	2048	0.5069
皮尔逊	12000	6019	0.5016
皮尔逊	24000	12012	0.5005

显然,当试验次数增多时,$f_n(H)$ 逐渐稳定到某个数 0.5。这一事实称为频率的稳定性。它表明该常数反映了随机现象的某种属性,是定义事件概率的基础。

概率(定义):若随机试验次数增多时,事件 A 的频率 $f_n(A)$ 始终在某数附近摆动,且逐渐稳定到该数,则称之为事件 A 的概率,记作 $P(A)$

$$P(A) = \lim_{n \to \infty} f_n(A) = \lim_{n \to \infty} n_A/n \qquad (2-1)$$

概率 $P(A)$ 是一实数,它有三个基本属性:

(1) 非负性。即

$$P(A) \geq 0 \qquad (2-2)$$

(2) 规范性。所有基本事件的概率之和等于 1,即

$$P(\Omega) = 1 \qquad (2-3)$$

(3) 可列可加性。互不相容事件之和的概率等于各事件概率之和,即

$$P(A_1 \cup A_2 \cup \cdots \cup A_n) = \sum_{i=1}^{n} P(A_n) \qquad (2-4)$$

满足上述三条件的数方可称为概率,这点称为概率公理。

条件概率(定义):设 A、B 是随机试验的两个事件,且 $P(A) > 0$,那么在事件 A 已发生的条件下,事件 B 发生的概率称为在事件 A 发生条件下事件 B 发生的条件概率,简称条件概率,记作 $P(B|A)$ 且

$$P(B|A) = P(AB)/P(A) \qquad (2-5)$$

一般说来,$P(B|A) \neq P(B)$;只有当 A 的发生对 B 的发生的概率没有影响,即 A,B 互为独立事件时,才有 $P(B|A) = P(B)$,这时

$$P(AB) = P(A)P(B|A) = P(A)P(B) \qquad (2-6)$$

有限个互相独立事件之交的概率等于这些事件各自的概率之积。$P(B|A)$ 也可简称为"已知 A 时，B 的条件概率"或"B 关于 A 的条件概率"。条件概率同样满足概率公理中的那些性质。

2.2 随机变量及其分布

2.2.1 随机变量

随机变量（定义）：设随机试验 E，其样本空间是 $S = \{e\}$，如果对每个 $e_i \in S$，有一实数 $X(e_i)$ 与其对应，则在 S 上就定义了一个单值实函数 $X(e)$，称为随机变量。简言之，它是由随机事件所决定的数。随机事件可以本身就是定量的，如掷骰子中某一骰子的点数，也可以不是定量的，如抛币中出现的某一个面朝上，但可以人为地加以定量化。令国徽朝上为 A，分值朝上为 $\overline{A}$，显然在此例中两者为对立事件，可以引入变量 X 来标志这两个事件

$$X_A = \begin{cases} 1 & \text{当 } A \text{ 发生} \\ 0 & \text{当 } \overline{A} \text{ 发生} \end{cases}$$

于是 $A = \{X_A = 1\}, \overline{A} = \{X_A = 0\}$。$X_A$ 称为事件 A 的特征随机变量。

引入随机变量的概念后，使随机变量定量化，即把随机现象的各种可能结果化为在数轴上取一定值的随机变量，从而使随机变量的统计规律可用随机变量与其相应的发生概率之间的某种函数关系来表述，为用数学形式描述随机现象创造条件。这在概率论中具有重要意义。

依照取值方式不同，随机变量有离散型和连续型之分。前者如骰子的点数，后者如大批零件检验中的某一尺寸（至少理论上是如此）。

应当指出，随机变量与微积分中的变量有所不同，所以称之为变量是因为它有多个可能取值，究竟取何值事先是不能确定的，随试验结果而异。它是定义在样本空间上的。对于随机变量，我们不仅关心它可能的取值，更关心它取这些值的概率，常常用概率分布来表述随机变量的统计规律，借以区分不同性质的随机变量。

在本章中，将以大写字母表示随机变量，而以小写字母表示其取值。

2.2.2 离散型随机变量

凡其全部可能取值是有限个或可列无限个的随机变量是离散型的。

通常，随机变量的统计规律有两种表示形式。一种是表示出其各个可能取值所对应的概率；另一种是表示出其取值小于某个 X 值范围内的概率。

定义：设离散型随机变量 X 的所有可能取值为 $x_k(k = 1,2,\cdots,N)$，取各个可能值的概率即事件 $\{X = x_k\}$ 的概率为

$$P(X = x_k) = p_k \quad (k = 1,2,\cdots,N) \qquad (2-7)$$

且 p_k 满足 $(1) p_k \geq 0$，$(2) \sum_{k=1}^{N} p_k = 1$，则式 $(2-7)$ 称为离散型变量的概率分布或分布律。

离散型随机变量的分布律可用列表形式，称为分布列；也可用图形形式，即在直角坐标系中以横轴安排随机变量，以纵轴表示概率，在各可能取值点 x_k 上画垂线，垂线高度相当于 p_k，称为

概率分布图。

【例2-1】 分别用两种形式表示两颗骰子点数和这一随机变量的分布律。这是有限随机变量的个数的离散型随机变量,点数可取2~12之间任何整数,共11个。

(1)用分布列表示,见表2-2(a)。

表2-2(a) 两骰子点数及其分布律

x_k	2	3	4	5	6	7	8	9	10	11	12
p_k	$\frac{1}{36}$	$\frac{1}{18}$	$\frac{1}{12}$	$\frac{1}{9}$	$\frac{5}{36}$	$\frac{1}{6}$	$\frac{5}{36}$	$\frac{1}{9}$	$\frac{1}{12}$	$\frac{1}{18}$	$\frac{1}{36}$

(2)用概率分布图表示,见图2-1。

可见,离散型随机变量的分布律是非连续的间断函数,而其概率分布图是一组位于取值点上的分立线段。

定义:设X为随机变量,x为任意实数,则函数

$$F(x) = P\{X \leqslant x\} \tag{2-8}$$

称为随机变量X的分布函数。

由于随机变量的各个取值是互斥的,故有

$$P(X \leqslant x) = \sum_{X \leqslant x} p_k \tag{2-9}$$

同样,它可以列表或以图形表示。

【例2-2】 列出同上例的骰子点数和的分布函数。

(1)列表方式,见表2-2(b)。

表2-2(b) 点数之和分布函数

x_k	2	3	4	5	6	7	8	9	10	11	12
$F(x_k)$	$\frac{1}{36}$	$\frac{1}{12}$	$\frac{1}{6}$	$\frac{5}{18}$	$\frac{5}{12}$	$\frac{7}{12}$	$\frac{13}{18}$	$\frac{5}{6}$	$\frac{11}{12}$	$\frac{35}{36}$	1

(2)图示方式,见图2-2。

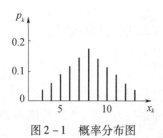

图2-1 概率分布图

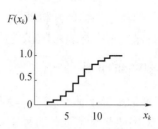

图2-2 概率分布函数图

可见,分布函数图是阶梯形,在各取值点有阶跃,跳跃量为$P\{X = x_k\} = p_k$。

分布函数是不减函数,对任意实数$x_1 < x_2$,有

$$F(x_2) - F(x_1) = P\{x_1 < X \leqslant x_2\} \geqslant 0 \tag{2-10}$$

同时

$$0 \leqslant F(x) \leqslant 1, F(-\infty) = 0, F(+\infty) = 1 \tag{2-11}$$

常见的离散型随机变量的概率分布有(0-1)分布、二项分布、泊松分布等。由于篇幅有限,不再赘述。

2.2.3　连续型随机变量

可以在数轴上某区间内任意取值的随机变量是连续型随机变量。

测量中遇到的随机变量大部分是连续型随机变量。如在相同条件下对某物理量进行等精度测量所得的测量结果便是连续型的。当然一旦被测量而得到的值则表现为离散型了。

【例 2 - 3】　测量某物体的长度得测量列见表 2 - 3。

表 2 - 3　350 次重复测量所得测量列(单位:cm)

10.7	10.4	10.1▼	10.6	10.3	10.6	10.2	10.5	10.4	10.6	10.8	11.0▲	10.9
10.4	10.5	10.8	10.5	10.7	10.5	10.6	10.7	10.5	10.9	10.7	10.6	10.4
10.5	10.4	10.7	10.3	10.8	10.4	10.5	10.9	10.4	10.5	10.3	10.7	10.2
10.6	10.6	10.2	10.7	10.3	10.8	10.4	10.5	10.3	10.6	10.5		

注:▲表示最大值;▼表示最小值

这些测量结果分布在 10.1cm ~ 11.0cm 范围内,其最大值 11.0cm 与最小值 10.1cm 之差 0.9cm 称为极差,记作 R。将上述测得值按大小分在若干组(一般分 8 ~ 20 组,本例中分为 10 组),每组对应一个取值区间(习惯上取等间隔区间)。人为防止分组时发生隶属歧义的困难,把取值区间的分界点定在两相邻测得值的中间,在本例中取 10.05,10.15,10.25,…。区间的中值称为区间标号,如 10.15 ~ 10.25 区间标号为 10.2。出现在某区间的测得值的次数称为组频数,组频数与测量总次数的比值称为频率,整理后,见表 2 - 4。

表 2 - 4　测得值的频率表

序号	区间标号	区间下界	区间上界	间隔 Δx	频数 n_i	频率 $\dfrac{n_i}{n}$	频率密度 $\dfrac{n_i}{n \Delta x}$
1	10.1	10.05	10.15	0.1	1	0.02	0.2
2	10.2	10.15	10.25	0.1	3	0.06	0.6
3	10.3	10.25	10.35	0.1	5	0.10	1.0
4	10.4	10.35	10.45	0.1	8	0.16	1.6
5	10.5	10.45	10.55	0.1	10	0.20	2.0
6	10.6	10.55	10.65	0.1	8	0.16	1.6
7	10.7	10.65	10.75	0.1	7	0.14	1.4
8	10.8	10.75	10.85	0.1	4	0.08	0.8
9	10.9	10.85	10.95	0.1	3	0.06	0.6
10	11.0	10.95	11.05	0.1	1	0.02	0.2

将上述统计结果绘制成图形,如图 2 - 3 所示。图中横轴安排随机变量,矩形高度(纵轴)表示组频数或频率。这样的图形称为频数直方图或频率直方图,区别于离散型随机变量用线段。

作图,采用矩形是因为区间标号只是标称值,代表了这一区间所有的随机变量值经过数值修约(如 4 舍 5 入)后的值。频率直方图在一定程度上反映了连续型随机变量的统计规律性,但它受区间划分方式的影响。区间划分越细,图形越矮,而区间划分完全是人为的。为了避免这个缺点,引入频率密度的概念,即单位区间长的频率,或者说,不以高度代表频率而以矩形面积来代表。这样直方图的面积和就等于 1。应当注意,这时纵坐标有量纲,它恰好是被统计测量值量纲的倒数。引入这个概念后,区间即使不等间隔,对直方图的形状影响也小。

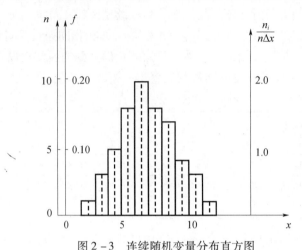

图 2 - 3　连续随机变量分布直方图

频率密度直方图具有波动性,这是因为测量次数有限的缘故,就像表 2 - 1 中的频率波动一样,它只反应了部分试验结果的统计规律。可以设想,如果改进测量技术,提高分辨率,从而增加测量结果数字的位数,区间也可以分得更多更细,使得 $\Delta x \to 0$,并且增加测量次数 N,使得 $N \to +\infty$。这时频率将趋近于概率,频率密度直方图也就趋于一条平滑的概率密度分布曲线。这就引出下列定义。

定义:对连续型随机变量 X,如存在

$$\lim_{\Delta x \to 0} \frac{P\{x < X \leqslant x + \Delta x\}}{\Delta x} = f(x) \tag{2-12}$$

则函数 $f(x)$ 称为随机变量 X 的概率密度函数。

概率密度函数具有下列性质:

(1) $f(x)$ 为非负实数,即 $f(x) \geqslant 0$(非负性);

(2) 概率密度曲线下的总面积等于 1(规范性)

$$\int_{-\infty}^{+\infty} f(x)\,\mathrm{d}x = 1 \tag{2-13}$$

(3) 某段曲线下的面积等于对应区间上取值的概率(可积可加性)

$$\int_{x_1}^{x_2} f(x)\,\mathrm{d}x = P\{x_1 < X \leqslant x_2\}, x_1 < x_2 \tag{2-14}$$

定义:若已知连续型随机变量 X 的概率密度函数为 $f(x)$,则 X 落在区间 $(-\infty, x]$ 内的概率

$$F(x) = P\{-\infty < X \leqslant x\} = \int_{-\infty}^{x} f(\xi)\,\mathrm{d}\xi \tag{2-15}$$

称为随机变量 X 的分布函数。

显然 $F(x)$ 是 x 的不减函数,且有 $0 \leqslant F(x) \leqslant 1$。它与概率密度函数 $f(x)$ 有密切的联系,如图 2 -4 所示,并有下列关系式:

$$F(x + \Delta x) - F(x) = \int_{x}^{x+\Delta x} f(\xi)\,\mathrm{d}\xi \tag{2-16}$$

$$F'(x) = f(x) \tag{2-17}$$

当我们计算 X 落在 $(x, x + \Delta x)$ 小区内的概率时,可以近似地认为此值等于

$$P\{x < X < x + \Delta x\} = f(x)\Delta x \qquad (2-18)$$

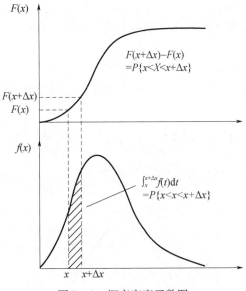

图 2-4　概率密度函数图

下面是两种重要的连续型随机变量的分布。

1. 均匀分布

定义: 设连续型随机变量 X 在有限区间内取值,其概率密度函数为

$$f(x)\begin{cases} \dfrac{1}{b-a}, & a < x < b \\ 0, & \text{其他 } x \text{ 值} \end{cases} \qquad (2-19)$$

则称 X 在区间 (a, b) 上服从均匀分布,记作 $X \sim R(a, b)$,如图 2-5 所示。

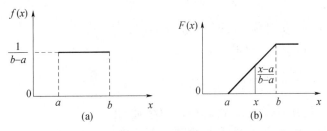

图 2-5　均匀分布概率分布图

(a)概率密度函数;(b)分布函数。

均匀分布的分布函数为

$$F(x) = \begin{cases} 0, & x \leqslant a \\ \dfrac{x-a}{x-b}, & a < x < b \\ 1, & x \geqslant b \end{cases} \qquad (2-20)$$

数据处理中的数值修约误差,刻度仪表读数的读数误差,数字仪表的量化误差等,都可看作

服从均匀分布的随机变量,其他分布如三角分布、指数分布、反正弦分布等可参阅相关参考文献。

2. 正态分布

定义:设连续型随机变量 X 的概率密度函数为

$$f(x) = \frac{1}{\sqrt{2\pi}\,\sigma}\exp\left[-\frac{(x-\mu)^2}{2\sigma^2}\right] \quad (\sigma > 0, -\infty < x < +\infty) \tag{2-21}$$

式中 μ,σ 为常数,则称 X 服从参数为 μ,σ^2 的正态分布(亦称高斯分布),记作 $X \sim N(\mu,\sigma^2)$。

正态分布的分布函数为

$$F(x) = \frac{1}{\sqrt{2\pi}\,\sigma}\int_{-\infty}^{x}\exp\left[-\frac{(\xi-\mu)^2}{2\sigma^2}\right]\mathrm{d}\xi \tag{2-22}$$

正态分布的概率密度曲线呈钟形,如图 2-6 所示。

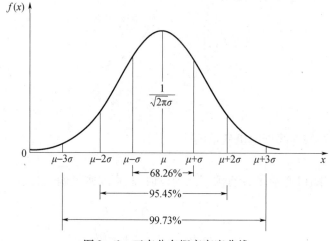

图 2-6 正态分布概率密度曲线

它有下列特点:

(1)(对称性)对 $x=\mu$ 对称,曲线位置由 μ 确定;

(2)(单峰性)当 $x=\mu$ 时,有最大值

$$f(\mu) = \frac{1}{\sqrt{2\pi}\,\sigma}$$

(3)(有界性)x 距 μ 越远处,$f(x)$ 越小,以 Ox 轴为渐近线;

(4)(抵偿性)由对称性很容易看出,随着测量次数的增加,随机误差 $\delta_i = x_i - u$ 的算术平均值趋于零。

$$\overline{\delta} = \frac{1}{n}\sum \delta_i \to 0$$

(5)在 $x=\mu\pm\sigma$ 对应点处有拐点;

(6)σ 值越小,曲线越尖,X 落在 μ 附近的概率越大。

当 $\mu=0,\sigma^2=1$ 时,称为标准正态分布,记作 $N(0,1)$ 其概率密度函数记作 $\varphi(x)$

$$\varphi(x) = \frac{1}{\sqrt{2\pi}}\exp\left(-\frac{x^2}{2}\right) \tag{2-23}$$

分布函数为

$$\Phi(x) = \frac{1}{\sqrt{2\pi}} \int_{-\infty}^{x} \exp\left(-\frac{\xi^2}{2}\right) d\xi \qquad (2-24)$$

书末附有不同 x 值下的中 $\Phi(x)$ 值(附录表 A-1)。若需要计算服从标准正态分布的随机变量 X 在区间 (x_1, x_2) 上取值的概率 $P\{x_1 < X < x_2\}$,有

$$
\begin{aligned}
P\{x_1 < X < x_2\} &= \frac{1}{\sqrt{2\pi}} \int_{x_1}^{x_2} \exp\left(-\frac{\xi^2}{2}\right) d\xi \\
&= \frac{1}{\sqrt{2\pi}} \int_{-\infty}^{x_2} \exp\left(-\frac{\xi^2}{2}\right) d\xi - \frac{1}{\sqrt{2\pi}} \int_{-\infty}^{x_1} \exp\left(-\frac{\xi^2}{2}\right) d\xi \\
&= \Phi(x_2) - \Phi(x_1) \qquad (2-25)
\end{aligned}
$$

也有的手册上以 $\Phi_1(x) = \frac{1}{\sqrt{2\pi}} \int_{0}^{x} \exp\left(-\frac{\xi^2}{2}\right) d\xi$ 编表,由于 $\Phi(0) = \frac{1}{2}$,故 $\Phi_1(x) = \Phi(x) -$

$\frac{1}{2}$,但这类表上仍记作 $\Phi(x)$,而并不记为成 $\Phi_1(x)$,因此使用时需要注意。还有以 $\Phi_2(x) =$

$\frac{1}{\sqrt{2\pi}} \int_{-x}^{x} \exp\left(-\frac{\xi^2}{2}\right) d\xi$ 编表的,此时有 $\Phi_2(x) = 2\Phi_1(x) = 2\Phi(x) - 1$ 的关系。

对于服从一般正态分布 $N(\mu, \sigma^2)$ 的随机变量,可通过变量代换化成标准形式,即令新变量 $\xi = \frac{x - \mu}{\sigma}$,当 X 服从 $N(\mu, \sigma^2)$ 分布时,有变量 ξ 服从 $N(0,1)$ 分布,因而有

$$P\{x_1 < X < x_2\} = \Phi\left(\frac{x_2 - \mu}{\sigma}\right) - \Phi\left(\frac{x_1 - \mu}{\sigma}\right) \qquad (2-26)$$

【例 2-4】　设 $X \sim N(0,1)$,求 X 在 $(-1,1)$、$(-2,2)$ 和 $(-3,3)$ 等三个取值区间的概率。

解:查表 A-1 得 $\Phi(1) = 0.8413$,$\Phi(2) = 0.9772$,$\Phi(3) = 0.9987$,$\Phi(-1) = 0.1587$,$\Phi(-2) = 0.0228$,$\Phi(-3) = 0.0013$,由此可算得

$$P\{-1 < X < 1\} = 0.6826$$
$$P\{-2 < X < 2\} = 0.9544$$
$$P\{-3 < X < 3\} = 0.9974$$

注意到表列数值取小数四位,是经过约化的,所以用这样的算式计算得出的概率可能有最后一位一个数的误差而不是半个数,更准确的四位数字分别是 0.6827,0.9545 和 0.9973(准确到最后一位的半个数)。一般说来,即使有最后一位一个数误差也已足够准确了。

【例 2-5】　设 $X \sim N(1,4)$,即 $\mu = 1$,$\sigma = 2$,求 X 在区间 $(0, 1.6)$ 上的概率。

解:用式 $(2-26)$ 得

$$P\{0 < X < 1.6\} = \Phi\left(\frac{1.6 - 1}{2}\right) - \Phi\left(\frac{0 - 1}{2}\right)$$
$$= \Phi(0.3) - \Phi(-0.5) = 0.6179 - 0.3085 = 0.3094$$

对于标准正态随机变量,常引入"上 100α 百分位点"和"双侧 100α 百分位点"的概念。

定义:设 $X \sim N(0,1)$,若有 z_α 满足

$$P\{X > z_\alpha\} = \alpha, \quad 0 < \alpha < 1 \qquad (2-27)$$

则称点 z_α 为标准正态分布的上 100α 百分位点(见图 2-7)。z_α 可由 $\Phi(x)$ 表反查得到。

定义:设 $X \sim N(0,1)$,若有 $z_{\alpha/2}$ 满足

$$P\{|X| > z_{\alpha/2}\} = \alpha, 0 < \alpha < 1 \qquad (2-28)$$

则称 $z_{\alpha/2}$ 点为标准正态分布的双侧 100α 百分点(见图 $2-8$)。

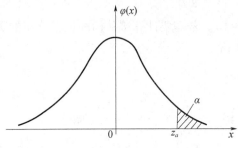

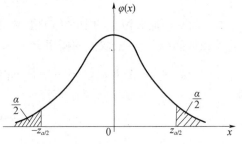

图 $2-7$　标准正态分布的上百分位点　　　图 $2-8$　标准正态分布的双侧百分位点

【例 $2-6$】　求 $z_{0.05}$ 和 $z_{0.005}$。

解:对应于 $\alpha = 0.05$ 和 0.005 的中 $\Phi(z_\alpha)$,分别为 $\Phi = 1 - \alpha = 0.95$ 和 0.995,由表 $A-1$ 反查并内插得到:

$$z_{0.05} = 1.60 + 0.05 \times \frac{0.0048}{0.0053} = 1.645$$

$$z_{0.005} = 2.55 + 0.05 \times \frac{0.0004}{0.0007} = 2.579$$

由于上例所说的约化末位数的原因和内插误差,更准确的数是 1.64485 和 2.57553(1.645 和 2.576)。

【例 $2-7$】　求 $z_{\alpha/2}$($\alpha = 0.05$ 和 0.005)。

解:仿前例,由 $\Phi = 1 - \frac{\alpha}{2} = 0.975$ 和 0.9975,由表 $A-1$ 反查并内插得到:

$$z_{0.025} = 1.95 + 0.05 \times \frac{0.0006}{0.0028} = 1.961$$

$$z_{0.0025} = 2.80 + 0.05 \times \frac{0.0001}{0.0004} = 2.813$$

更准确的数是 1.95996 和 2.80703(1.960 和 2.807)。

在客观实际中,有许多随机变量都是服从或近似服从正态分布的。即使原来并不服从正态分布的相互独立的随机变量,在一定条件下,当它们的个数无限增加时,其和的分布也趋于正态分布。在概率论中,关于论证独立随机变量之和的极限分布是正态分布的定理,通称为**中心极限定量**。它表明:若某随机变量可表示为许多个影响有限的独立随机变量之和,则该随机变量近似服从正态分布。因此,自然现象和社会现象中存在着大量服从正态分布的随机变量。如果物理量的随机测量误差是由许多未能分析的可加的独立微小误差合成的,就可以是正态随机变量。正态分布的随机变量在概率论与数理统计中占有重要地位。

2.3　二维随机变量

某些随机试验结果需要用两个或两个以上的随机变量来描述。如用平面坐标 (X, Y) 来标志弹着点的位置,用身高和体重(L,W)来衡量儿童的发育状况,等等。

描述:设 E 是一个随机试验,其样本空间 $S = \{e\}$, $X = X\{e\}$ 和 $Y = Y\{e\}$ 是定义在 S 上的随机变量,由它们构成的向量 (X,Y) 称为二维随机变量或二维随机向量。

定义:二维随机变量(X,Y)的概率分布函数为

$$F(x,y) = P\{X \leq x, Y \leq y\} \tag{2-29}$$

式中 x,y 为任意实数。这个分布函数也称联合分布函数。

仿照一维的情况,可以定义二维随机变量的分布概率密度函数。这里只叙述连续型的定义。

定义:对二维连续随机变量(X,Y),若存在

$$\lim_{\substack{\Delta x \to 0 \\ \Delta y \to 0}} \frac{P\{x < X \leq x + \Delta x, y < Y \leq y + \Delta y\}}{\Delta x \Delta y} = f(x,y) \tag{2-30}$$

则此 $f(x,y)$ 称为随机变量(X,Y)的二维分布概率密度函数。它具有非负性、可积性和规范性。即

(1) $f(x,y) \geq 0$ $\qquad$ (2-31)

(2) $P\{(X,Y) \in D\} = \iint\limits_D f(x,y)\mathrm{d}\sigma$

式中 D 为 $x-y$ 平面中任意区域,$\mathrm{d}\sigma$ 为该区中的面积元。这个性质当然也就包含 $f(x,y)$ 能满足

$$F(x,y) = P\{X \leq x, Y \leq y\} = \int_{-\infty}^{x} \int_{-\infty}^{y} f(\mu,\nu)\mathrm{d}\nu\mathrm{d}\mu \tag{2-32}$$

(3) $\int_{-\infty}^{+\infty} \int_{-\infty}^{+\infty} f(x,y)\mathrm{d}y\mathrm{d}x = 1$ $\qquad$ (2-33)

最常遇到的二维连续型分布是二维正态分布。

定义:若二维随机变量(X,Y)则概率密度函数为

$$f(x,y) = \frac{1}{2\pi\sigma_x\sigma_y \sqrt{1-\rho^2}}\exp\left\{ -\frac{1}{2(1-\rho^2)}\left[\frac{(x-\mu_x)^2}{\sigma_x^2} + \frac{(y-\mu_y)^2}{\sigma_y^2} \right.\right.$$
$$\left.\left. -2\rho\frac{(x-\mu_x)(y-\mu_y)}{\sigma_x\sigma_y} \right]\right\} \tag{2-34}$$

式中 $\mu_x, \mu_y, \rho, \sigma_x, \sigma_y$ 均为常数,且 $\sigma_1 > 0, \sigma_2 > 0, |\rho| < 1$,则称$(X,Y)$为具有参数 $\mu_x, \mu_y, \rho, \sigma_x, \sigma_y$ 的二维正态分布。其如图 2-9 所示。

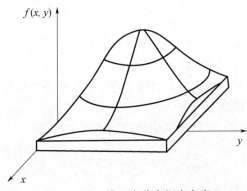

图 2-9　二维正态分布概率密度

作为整体,二维随机变量(X,Y)具有概率分布函数$F(x,y)$和概率密度函数$f(x,y)$。然而X和Y又各自为一维随机变量,分别有其各自的概率密度$f_X(x)$和$f_Y(y)$以及分布函数$F_X(x)$与$F_Y(y)$,按顺序分别称为(X,Y)关于X的与关于Y的边缘概率密度以及关于X的与关于Y的边缘分布函数,且有

$$f_X(x) = \int_{-\infty}^{+\infty} f(x,y)\,\mathrm{d}y \tag{2-35a}$$

$$f_Y(x) = \int_{-\infty}^{+\infty} f(x,y)\,\mathrm{d}x \tag{2-35b}$$

$$F_X(x) = F(x, +\infty) = \int_{-\infty}^{x} \Big[\int_{-\infty}^{+\infty} f(x,y)\,\mathrm{d}y\Big]\mathrm{d}x \tag{2-36a}$$

$$F_Y(y) = F(+\infty, y) = \int_{-\infty}^{y} \Big[\int_{-\infty}^{+\infty} f(x,y)\,\mathrm{d}x\Big]\mathrm{d}y \tag{2-36b}$$

【例2-8】 计算二维正态分布的边缘概率密度。

解: $f_X(x) = \int_{-\infty}^{+\infty} f(x,y)\,\mathrm{d}y$

由于

$$\frac{(y-\mu_y)^2}{\sigma_y^2} - 2\rho\frac{(x-\mu_x)(y-\mu_y)}{\sigma_x\sigma_y} = \Big(\frac{y-\mu_y}{\sigma_y} - \rho\frac{x-\mu_x}{\sigma_x}\Big)^2 - \rho^2\frac{(x-\mu_x)^2}{\sigma_x^2}$$

因此

$$f_X(x) = \frac{1}{2\pi\sigma_x\sigma_y\sqrt{1-\rho^2}}\exp[-(x-\mu_x)^2/(2\sigma_x^2)]$$

$$\int_{-\infty}^{+\infty}\exp\Big\{-\frac{1}{2(1-\rho^2)}\Big(\frac{y-\mu_y}{\sigma_y} - \rho\frac{x-\mu_x}{\sigma_x}\Big)^2\Big\}\mathrm{d}y \tag{2-37}$$

令 $t = \dfrac{1}{\sqrt{1-\rho^2}}\Big(\dfrac{y-\mu_y}{\sigma_y} - \rho\dfrac{x-\mu_x}{\sigma_x}\Big)$,则

$$f_X(x) = \frac{1}{2\pi\sigma_x}\exp[-(x-\mu_x)^2/(2\sigma_x^2)]\int_{-\infty}^{\infty}\exp[-t^2/2]\,\mathrm{d}t$$

$$= \frac{1}{\sqrt{2\pi}\sigma_x}\exp[-(x-\mu_x)^2/(2\sigma_x)] \tag{2-38}$$

同理

$$f_Y(y) = \frac{1}{\sqrt{2\pi}\sigma_y}\exp[-(y-\mu_y)^2/(2\sigma_y^2)] \tag{2-39}$$

由此例可看出,二维正态分布的两个边缘分布都是一维正态分布,且与ρ无关。这表明对给定的μ_x,μ_y,σ_x和σ_y,只要ρ不同,就会有不同的二维正态分布,但是它们的边缘分布却是相同的。反过来说,只有关于X的和关于Y的两个边缘分布还不足以确定二维随机变量(X,Y)的分布。ρ的意义在后面还要讲到。

再考察二维正态随机变量(X,Y)的两边缘概率密度之积,为

$$f_X(x)f_Y(y) = \frac{1}{2\pi\sigma_x\sigma_y}\exp\Big[-\frac{1}{2}\Big(\frac{(x-\mu_x)^2}{\sigma_x^2} + \frac{(y-\mu_y)^2}{\sigma_y^2}\Big)\Big]$$

显然,只有当$\rho=0$时,才对所有x,y值有

$$f(x,y) = f_X(x)f_Y(y) \tag{2-40}$$

则称此随机变量 X 和 Y 才是相互独立的。

另一方面，若 X 与 Y 相互独立，就应对所有的 x,y 值都有 $f(x,y) = f_X(x)f_Y(y)$。在 $x = \mu_x$，$y = \mu_y$ 点就有 $\dfrac{1}{2\pi\sigma_x\sigma_y\sqrt{1-\rho^2}} = \dfrac{1}{2\pi\sigma_x\sigma_y}$，只有 $\rho = 0$ 才能满足。由此可得结论：参数 $\rho = 0$ 是二维正态随机变量 (X,Y) 中 X 和 Y 相互独立的必要与充分条件。

2.4　随机变量的数字特征

概率密度函数和分布函数全面地描述了随机变量的统计规律性，但实际上过于复杂。有时，可以用某些数值来表征随机变量的特征，这些数值即称为随机变量的数字特征。它们简单明了，适合工程应用，因此在理论与实践上均有重要意义。

2.4.1　数学期望

定义：设离散型随机变量 X 的分布律为

$$P\{X = x_k\} = p_k \qquad (k = 1,2,\cdots)$$

若级数 $\displaystyle\sum_{k=1}^{\infty} x_k p_k$ 绝对收敛，则称该级数为 X 的数学期望，记作 $E(X)$，即

$$E(X) = \sum_{k=1}^{\infty} x_k p_k \tag{2-41}$$

定义：设连续型随机变量 X 的概率密度函数为 $f(x)$，若积分 $\displaystyle\int_{-\infty}^{+\infty} xf(x)\mathrm{d}x$ 绝对收敛，则称该积分为 X 的数学期望，记作 $E(X)$，即

$$E(X) = \int_{-\infty}^{+\infty} xf(x)\mathrm{d}x \tag{2-42}$$

数学期望具有加权算术平均值的含义，可简称为期望或均值，是随机变量的位置特征量。其几何意义可理解为概率分布图或概率密度函数曲线下这块面积的质心。它有下列性质：

（1）设 C 为常数（随机变量），则有

$$E(C) = C \tag{2-43}$$

证：由于 $P\{x = C\} = 1$（必然事件），故 $E(C) = C \times 1 = C$。

（2）设 C 为常数，X 为随机变量，则有

$$E(CX) = CE(X) \tag{2-44}$$

证：对离散型随机变量　$E(CX) = \displaystyle\sum_{k=1}^{\infty} Cx_k p_k = C\sum_{k=1}^{\infty} x_k p_k = CE(X)$

对连续型随机变量　$E(CX) = \displaystyle\int_{-\infty}^{+\infty} Cxf(x)\mathrm{d}x = C\int_{-\infty}^{+\infty} xf(x)\mathrm{d}x = CE(X)$

（3）设 X,Y 为两任意随机变量，则有

$$E(X+Y) = E(X) + E(Y) \tag{2-45}$$

证：设二维随机变量 (X,Y) 的概率密度为 $f(x,y)$，其边缘概率密度为 $f_X(x)$ 和 $f_Y(y)$，则

$$E(X + Y) = \int_{-\infty}^{+\infty} \int_{-\infty}^{+\infty} (x + y)f(x,y)\,\mathrm{d}y\mathrm{d}x$$

$$= \int_{-\infty}^{+\infty} \int_{-\infty}^{+\infty} xf(x,y)\,\mathrm{d}y\mathrm{d}x + \int_{-\infty}^{+\infty} \int_{-\infty}^{+\infty} yf(x,y)\,\mathrm{d}x\mathrm{d}y$$

$$= \int_{-\infty}^{+\infty} xf_X(x)\,\mathrm{d}x + \int_{-\infty}^{+\infty} yf_Y(y)\,\mathrm{d}y = E(X) + E(Y)$$

(4) 设 X,Y 是两个相互独立的随机变量,则有

$$E(XY) = E(X)E(Y) \tag{2-46}$$

证:由于 X 与 Y 相互独立,对 (X,Y) 有 $f(x,y) = f_X(x)f_Y(y)$,因而

$$E(XY) = \int_{-\infty}^{+\infty} \int_{-\infty}^{+\infty} xyf(x,y)\,\mathrm{d}y\mathrm{d}x = \int_{-\infty}^{+\infty} \int_{-\infty}^{+\infty} xyf_X(x)f_Y(y)\,\mathrm{d}y\mathrm{d}x$$

$$= \int_{-\infty}^{+\infty} xf_X(x)\,\mathrm{d}x \int_{-\infty}^{+\infty} yf_Y(y)\,\mathrm{d}y = E(X)E(Y)$$

(5) 设 Y 是连续型随机变量 X 的连续函数,$Y = g(X)$,X 的概率密度为 $f(x)$,若 $\int_{-\infty}^{+\infty} g(x)f(x)\,\mathrm{d}x$ 绝对收敛,则有

$$E(Y) = E[g(X)] = \int_{-\infty}^{+\infty} g(x)f(x)\,\mathrm{d}x \tag{2-47}$$

这个性质使我们只需知道 X 的概率密度便可以计算 X 的函数 Y 的数学期望。

由上述的(1)、(2)、(3)点性质可以得出:任意随机变量的线性组合的期望等于它们的期望值的同样的组合,即

$$E\left(c_0 + \sum_{i=1}^{n} c_i X_i\right) = c_0 + \sum_{i=1}^{n} c_i E(X_i) \tag{2-48}$$

对离散型随机变量是用类似的方法可以证明同样存在第(3)、(4)两个性质。第(5)个性质应改为求和形式:

$$E(Y) = E[g(X)] = \sum_i g(x_i)p_i \tag{2-49}$$

式中 $p_i = P\{X = x_i\}$ $(i = 1, 2, \cdots)$ 条件是这个求和式在 n 为无限时绝对收敛。

式(2-47)和式(2-49)还可推广到多维随机变量的函数的期望值。

2.4.2 方差与标准偏差

定义:设 X 为随机变量,若 $E([X - E(X)]^2)$ 存在,则称此值为 X 的方差,记作 $D(X)$ 或者 $\mathrm{Var}(X)$,即

$$D(X) = \mathrm{Var}(X) = E([X - E(X)]^2) \tag{2-50}$$

注意到这个定义并未涉及随机变量是离散型的还是连续型的,只是具体计算期望值时,运用式(2-41)还是式(2-42)的差异而已。

方差的意义是它表征了随机变量 X 对它期望值的离散程度。这项指标表征随机变量 X 集中在指标 $E(X)$ 附近的程度。方差的数值越小,表明随机变量偏离平均值越小。在几何意义上可理解为概率分布图或概率密度分布曲线下这块面积相对于重心的惯性矩。在实际应用时,常引入与 X 有相同量纲的量 $\sqrt{D(X)}$,称为标准偏差,记作 $SD(X)$

方差有下列性质(限于篇幅,不再证明):

（1）设 C 为常数，则有
$$D(C) = 0 \qquad (2-51)$$

（2）设 C 为常数，X 为随机变量，则有
$$D(CX) = C^2 D(X) \qquad (2-52)$$

（3）设 X,Y 是两个相互独立的随机变量，则有
$$D(X+Y) = D(X) + D(Y) \qquad (2-53)$$

注意：这一点与期望值的性质不同，只限定相加的随机变量是相互独立的情况。

（4）对任意随机变量 X，只要其期望值和其平方和的期望值存在，就有
$$D(X) = E(X^2) - [E(X)]^2 \qquad (2-54)$$

【例 2-9】 计算服从正态分布的随机变量 X 的期望值和方差。

解： 由 $X \sim N(\mu, \sigma^2)$ 有
$$f(x) = \frac{1}{\sqrt{2\pi}\sigma} \exp\left[-\frac{(x-\mu)^2}{2\sigma^2}\right]$$

则 X 的期望为
$$E(X) = \int_{-\infty}^{+\infty} x f(x)\,dx = \int_{-\infty}^{+\infty} \frac{x}{\sqrt{2\pi}\sigma} \exp\left[-\frac{(x-\mu)^2}{2\sigma^2}\right]dx$$

$$\xrightarrow{\;\;\diamond\, t\,=\,\frac{x-\mu}{\sigma}\;\;} = \frac{1}{\sqrt{2\pi}} \int_{-\infty}^{+\infty} (\sigma t + \mu)\exp\left(\frac{t^2}{2}\right)dt$$

$$= \frac{\sigma}{\sqrt{2\pi}} \int_{-\infty}^{+\infty} t\exp\left(-\frac{t^2}{2}\right)dt + \frac{\mu}{\sqrt{2\pi}} \int_{-\infty}^{+\infty} \exp\left(-\frac{t^2}{2}\right)dt$$

右边第一项被积函数为奇函数，它在整个数轴上的积分为零，又第二项中
$$\int_{-\infty}^{+\infty} \exp\left(-\frac{t^2}{2}\right)dt = \sqrt{2\pi}$$

所以有
$$E(X) = \mu$$

根据方差的定义式（2-50）和期望值定义（2-42），可知
$$D(X) = E([X-E(X)]^2) = E[(X-\mu)^2] = \int_{-\infty}^{+\infty} (x-\mu)^2 \frac{1}{\sqrt{2\pi}\sigma} \exp\left[-\frac{(x-\mu)^2}{2\sigma^2}\right]dx$$

$$\xrightarrow{\;\;\diamond\, t\,=\,\frac{x-\mu}{\sigma}\;\;} = \frac{\sigma^2}{\sqrt{2\pi}} \int_{-\infty}^{+\infty} t^2 \exp\left(-\frac{t^2}{2}\right)dt$$

$$\xrightarrow{\;\;分部积分法\;\;} = \frac{\sigma^2}{\sqrt{2\pi}}\left[-t\exp\left(-\frac{t^2}{2}\right)\right]\Bigg|_{-\infty}^{+\infty} + \int_{-\infty}^{+\infty} \exp\left(-\frac{t^2}{2}\right)dt = \frac{\sigma^2}{\sqrt{2\pi}}\{0 + \sqrt{2\pi}\} = \sigma^2$$

由例 2-9 可见，正态随机变量的两个特征量，期望值 $E(X)$ 和方差 $D(X)$ 正好就是它的概率密度函数中的参数 μ 和 σ^2，反映了这一密度函数 $f(x)$ 曲线的位置和离散程度。由于标准偏差的定义是 $D(X)$ 的平方根，在本例中正好等于 σ 值。概率密度为其他形式的即非正态分布的随机变量的标准偏差本不应以 σ 来记，而应该记为 $SD(X)$。但因为误差分析遇到正态分布最多，常把正态分布作为基本假设，于是很多书上往往就用 σ 和 σ^2 来作为标准偏差和方差的符号了。我们在使用时应加注意。只有在正态分布情况下才有例 2-4 至例 2-7 所算出的那种概率意义。上百分位点、双侧百分位点也是如此。从下例中可以看出。

【例 2 - 10】 计算服从 $R(a,b)$ 均匀分布的随机变量 Y 的期望值、方差、标准偏差和上百分位点、下百分位点。

解：由 $Y \sim R(a,b)$，按式（2 - 19）有

$$f(x) = \begin{cases} \dfrac{1}{b-a}, & a < y < b \\ 0, & \text{其他} \end{cases}$$

根据期望值定义式（2 - 42）

$$E(Y) = \int_{-\infty}^{+\infty} y f(y) \mathrm{d}y = \int_a^b y\left(\frac{1}{b-a}\right)\mathrm{d}y = \frac{b+a}{2}$$

根据方差定义式（2 - 50）和期望值性质（5）（式（2 - 47））有

$$D(Y) = E([Y - E(Y)]^2) = E\left[\left(Y - \frac{b+a}{2}\right)^2\right] = \int_a^b \left(y - \frac{b+a}{2}\right)^2 \left(\frac{1}{b-a}\right)\mathrm{d}y$$

$$= \frac{1}{b-a} \times \frac{1}{3}\left(y - \frac{b+a}{2}\right)^3 \Bigg|_a^b = \frac{1}{12}(b-a)^2$$

相应地

$$SD(Y) = \frac{b-a}{\sqrt{12}}$$

从图 2 - 5（a）可以看出上 100α 百分位点在 $y = \dfrac{a+b}{2} + \left(\dfrac{1}{2} - \alpha\right)(b-a)$，即 $E(Y) + \sqrt{3}(1 - 2\alpha)SD(Y)$ 处；双侧 100α 百分位点则在 $y = E(Y) + \sqrt{3}(1 - \alpha)SD(Y)$ 处。

本例用意在于说明用 σ 代替 SD 符号在非正态分布时容易产生误解。

2.4.3 协方差与相关系数

定义：量 $E\{[X - E(X)][Y - E(Y)]\}$ 称为随机变量 X 和 Y 的协方差，记作 $\mathrm{Cov}(X,Y)$，即

$$\mathrm{Cov}(X,Y) = E\{[X - E(X)][Y - E(Y)]\} \tag{2-55}$$

量 $\mathrm{Cov}(X,Y)/\sqrt{D(X)D(Y)}$ 称为随机变量 X 和 Y 的相关系数，记作 ρ_{xy}，也称标准协方差，即

$$\rho_{xy} = \frac{E\{[X - E(X)][Y - E(Y)]\}}{\sqrt{E\{[X - E(X)]^2\}E\{[Y - E(Y)]^2\}}} \tag{2-56}$$

协方差是表征两个随机变量相互关系是否密切的数字特征。和方差不同，其值可正可负。相关系数 ρ_{xy} 相当于将随机变量标准化后求得的协方差，有 $0 \leqslant \rho_{xy} \leqslant 1$，所谓标准化随机变量指将某随机变量与其标准偏差相比之值，见图 2 - 10 所示。ρ_{xy} 的绝对值越接近 1，称为强相关；越接近 0 称弱相关；若等于 1 或 0 时，分别称为完全相关或不相关。ρ_{xy} 为正时，称为正相关，为负时称负相关。显然 ρ_{xy} 的正负完全取决于 $\mathrm{Cov}(X,Y)$ 的正负。当只有两个随机变量时，可以省略角标 xy，记作 ρ，也不会误解。

图 2 - 10 相关系数图

引入协方差后,对任意两个随机变量 X 和 Y 有

$$D(X + Y) = D(X) + D(Y) + 2\text{Cov}(X, Y) \qquad (2 - 57)$$

或

$$D(X + Y) = D(X) + D(Y) + 2\rho_{xy} SD(X) SD(Y) \qquad (2 - 58)$$

如果 X, Y 都是正态分布随机变量时,则可写成

$$\sigma_{x+y}^2 = \sigma_x^2 + \sigma_y^2 + 2\rho_{xy}\sigma_x\sigma_y \qquad (2 - 59)$$

到此,我们对二维正态分布的概率密度 $f(x, y)$ 式中的 ρ 的意义就有了更深刻的理解,就是 X 和 Y 相互关系密切程度的度量,也是这个二维正态分布的一个与 $\mu_x, \mu_y, \sigma_x, \sigma_y$ 同样重要的特征参数,而只有前 4 个时,这个分布仍是不确定的。

【例 2 – 11】　若有 $X \sim N(0, 1), Y \sim N(0, 1)$,且 X 和 Y 相互独立,求随机变量 $Z = X + Y$ 的概率密度函数 $f(z)$。

解：先从分布函数的定义出发求 $F(z)$

$$F(z) = P\{X + Y < z\} = \iint\limits_{D} f(x, y) \, \mathrm{d}\sigma$$

式中 $\mathrm{d}\sigma$ 为面积元,D 为不等式 $x + y < z$ 所确定的区域,即由 $x + y = z$ 为边界限定的左下方的半无限大平面。化重积分为二次积分,并作变量代换,令 $y = \xi - x$ 得

$$F(z) = \int_{-\infty}^{+\infty} \left[\int_{-\infty}^{z-x} f(x, y) \, \mathrm{d}y \right] \mathrm{d}x = \int_{-\infty}^{+\infty} \left[\int_{-\infty}^{z} f(x, \xi - x) \, \mathrm{d}\xi \right] \mathrm{d}x = \int_{-\infty}^{z} \left[\int_{-\infty}^{+\infty} f(x, \xi - x) \, \mathrm{d}x \right] \mathrm{d}\xi$$

根据分布函数与概率密度的关系式(2 – 16),得

$$
\begin{aligned}
f(z) &= \int_{-\infty}^{+\infty} f(x, z - x) \, \mathrm{d}x = \int_{-\infty}^{+\infty} f_X(x) f_Y(z - x) \, \mathrm{d}x \\
&= \frac{1}{2\pi} \int_{-\infty}^{+\infty} \exp\left[-\frac{x^2}{2} \right] \exp\left[-\frac{1}{2}(z - x)^2 \right] \mathrm{d}x \\
&= \frac{1}{2\pi} \int_{-\infty}^{+\infty} \exp\left[-\frac{2x^2 + z^2 - 2xz}{2} \right] \mathrm{d}x \\
&= \frac{1}{2\pi} \int_{-\infty}^{+\infty} \exp\left[-\left(x - \frac{z}{2} \right)^2 - \frac{z^2}{4} \right] \mathrm{d}x \\
&\xlongequal{t = x - \frac{z}{2}} \frac{1}{2\pi} \int_{-\infty}^{+\infty} \exp\left(-\frac{z^2}{4} \right) \exp(-t^2) \, \mathrm{d}t \\
&= \frac{1}{2\pi} \exp\left(-\frac{z^2}{4} \right) \int_{-\infty}^{+\infty} \exp(-t^2) \, \mathrm{d}t \\
&= \frac{1}{2\pi} \exp\left(-\frac{z^2}{4} \right) \sqrt{\pi} = \frac{1}{\sqrt{2\pi}\sqrt{2}} \exp\left[-\frac{z^2}{2(\sqrt{2})^2} \right]
\end{aligned}
$$

说明 Z 服从正态分布 $\mu_z = 0, \sigma_z = \sqrt{2}, \sigma_z^2 = 2$,即 $Z \sim N(0, 2)$。

这一结论与期望值和方差性质所提示的是相同的,即

$$E(Z) = \mu_X + \mu_Y = 0$$

$$D(Z) = \sigma_x^2 + \sigma_y^2 = 1 + 1 = 2$$

但是后一方法并不能肯定分布是正态的。严格的推导则可以得到的确是正态分布的结论。

这个结论还可用数学归纳法推广到 n 个正态随机变量之和 $Z = \sum_{i=1}^{n} X_i$ 也服从正态分布,且 $\mu_z =$

$\sum\limits_{i=1}^{n}\mu_{x_i}, \sigma_x^2 = \sum\limits_{i=1}^{n}\sigma_{x_i}^2$, 即

$$\sum_{i=1}^{n}X_i \sim N(\sum_{i=1}^{n}\mu_{x_i}, \sum_{i=1}^{n}\sigma_{x_i}^2) \qquad (2-60)$$

此外,还需要介绍一下概率论中著名的中心极限定律。这个定律告诉我们:

若有 $X_i(i=1,2,3,\cdots,n)$ 虽不是正态随机变量,但如果有 $D(X_i)$ 中没有特别大的,且 n 又足够大(一般 $n \geqslant 5$)时,则随机变量 $Z = \sum\limits_{i=1}^{n}X_i$ 可以近似地看作服从正态分布的,且有 $D(Z) = \sum\limits_{i=1}^{n}D(X_i)$。这就是为什么正态分布在概率论中常常处在中心位置,以及这个定理名称的由来。至于严格证明已超出本书所介绍的范围,读者可从概率论著作中得到进一步的知识和启发。

2.5　样本及抽样分布

误差理论和实验数据处理是数理统计在计量学领域中的应用,因此实验工作者非常有必要了解数理统计的基本方法。

2.5.1　随机样本和统计量

在数理统计中,常将研究对象的全体称为总体,它的每个单元则称为个体。工程实践中所关注的研究对象的某个特性(如器件的寿命、零件的尺寸、仪器仪表的指示、测量误差等)往往都是随机变量。这时,总体就指这个随机变量取值的全体。前述随机变量的分布函数、概率密度、数字特征等,都是描述总体的统计规律的。

由于种种原因,不可能用逐个测定组成总体的每个个体有关特性的办法来获得总体的统计规律,而只能由选取的有限个体的特点来对总体的统计规律作出某种判断。这样得出的结论自然不可能绝对准确。因此有必要研究抽取个体的合理方法使其具有代表性和利用它们提供的信息作出正确判断的方法,以求得到比较准确可靠的结论。

所谓抽取一个个体,就是做一次随机试验并记录其结果。为使抽取的个体能代表和反映出总体的规律性质,应保证每个个体被抽到的机会均等,而且抽取了某个个体后总体的组成仍能保持不变,即抽取始终是对同一总体进行的。基于这种设想的抽取方法称为简单随机抽样,抽得的个体构成一组样本观测值。换言之,简单随机抽样就是独立地、重复地做若干次随机试验。

定义:设 X 是具有分布函数 $F(x)$ 的随机变量。若 $X_1,X_2,X_3,\cdots,X_n$ 都是具有同一分布函数 $F(x)$ 的相互独立的随机变量,则称 $X_1,X_2,X_3,\cdots,X_n$ 是由总体 X[或称总体 $F(x)$]中得到的简单随机样本,简称样本。它们的观察值 $x_1,x_2,\cdots,x_n$ 称为 X 的 n 个独立观察值。

在抽样实施之前,$X_1,X_2,X_3,\cdots,X_n$ 是具有同一分布函数的 n 个独立随机变量。作为一个整体,样本 $(X_1,X_2,X_3,\cdots,X_n)$ 构成一个 n 维随机变量,它的联合分布函数(用上角星号表示)为

$$F^*(x_1,x_2,\cdots,x_n) = F(x_1)F(x_2)\cdots F(x_n) \qquad (2-61)$$

由于抽样的随机性和独立性,抽样完成后所得的 n 次试验结果 $x_1,x_2,\cdots,x_n$ 构成 n 维随机变量 $(X_1,X_2,X_3,\cdots,X_n)$ 的一个样本,也是这个随机变量的一次实现。由样本实现可以计算样

本的均值 $\bar{x}$ 和样本方差 s^2：

$$\bar{x} = \frac{1}{n} \sum_{i=1}^{n} x_i \qquad (2-62a)$$

$$s^2 = \frac{1}{n-1} \sum_{i=1}^{n} (x_i - \bar{x})^2 \qquad (2-62b)$$

它们都是样本的数字特征,是样本值的函数,包含了总体特征的信息,同时又是随机变量 $\bar{X}$ 和 S^2 一个观察值,则

$$\bar{X} = \frac{1}{n} \sum_{i=1}^{n} X_i \qquad (2-63a)$$

$$S^2 = \frac{1}{n-1} \sum_{i=1}^{n} (X_i - \bar{X})^2 \qquad (2-63b)$$

根据下述定义,这两个值都称为统计量。

定义:设 $X_1, X_2, X_3, \cdots, X_n$ 为总体 X 的一个样本,$g(x_1, x_2, \cdots, x_n)$ 是一个连续函数,如果 g 不包括任何未知数,则称之为一个统计量。

2.5.2 抽样分布

统计量作为随机变量的函数,当然也是随机变量。若已知总体的分布,即可求得该统计量的分布,该部分通称为抽样分布。下面介绍几种常用的从正态总体中得到的抽样分布。

1. 样本均值的分布

设 $X \sim N(\mu, \sigma^2)$,$X_1, X_2, X_3, \cdots, X_n$ 为其一个样本,则对统计量 $\bar{X}$ 有

$$E(\bar{X}) = \mu \qquad (2-64)$$

$$D(\bar{X}) = \frac{\sigma^2}{n} \qquad (2-65)$$

且

$$\frac{\bar{X} - \mu}{\sigma/\sqrt{n}} \sim N(0,1) \qquad (2-66a)$$

$$\bar{X} \sim N(\mu, \sigma^2/n) \qquad (2-66b)$$

$\dfrac{\bar{X} - \mu}{\sigma/\sqrt{n}}$ 为归一化的样本均值。

关于算术平均值标准偏差的几点说明:

(1) 在重复测量次数为 n 的测量列中,算术平均值的标准偏差为单次测量值标准偏差 σ 的 $1/\sqrt{n}$ 倍。由于标准偏差反映了正态分布曲线的拐点位置,所以从图 2-11 可以看出,算术平均值的分布比单次测得值的分布更为接近真值。也就是算术平均值更加集中分布在真值附近。

(2) 算术平均值 $\bar{x}$ 偏离真值的误差落在 $(-\sigma_{\bar{x}}, \sigma_{\bar{x}})$ 范围内的概率 $P(-\sigma_{\bar{x}}, \sigma_{\bar{x}}) = 68.26\%$,而单次测得值的误差落在较宽的范围 $(-\sigma, \sigma)$ 内的概率为 68.26%,可见算术平均值分布的精密度比单次测得值分布的精密度要高。

(3) 由式 (2-65),当 $n \to \infty$,则 $\sigma_{\bar{x}} \to 0$。即随着测量次数 n 增加,算术平均值的标准偏差 $\sigma_{\bar{x}}$ 减小。也就是 $\bar{x}$ 逐渐接近真值。

(4) 增加测量次数,可以提高测量结果(即算术平均值)的精密度。这表示只要增加劳动

量,辛苦地工作,总是会有所收获的。但是,$\sigma_{\bar{x}}$ 是以 $1/\sqrt{n}$ 的比例下降的,如图 2 - 12 所示,随着 n 次数增加,下降趋势越来越平缓。表 2 - 5 给出了总体的数值。开始时从 2 次增加到 10 次,系数从 0.71 下降到 0.32,即精密度提高 2.2 倍,而从 $n = 20$ 次增加到 100 次,实际工作量增加 80 次,系数才从 0.22 下降到 0.10,即精密度提高 2.2 倍。可见,设想光靠增加测量次数来提高测量精密度是不合适的。当 n 已经足够多时,即使再付出极大的劳动,所取得的提高精密度的效果并不明显。

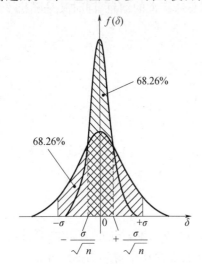

图 2 - 11　算术平均值分布

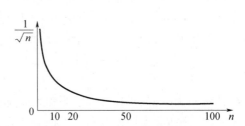

图 2 - 12　测量次数与精密度关系

表 2 - 5　测量次数与 $\sigma_{\bar{x}}$(以 $1/\sqrt{n}$ 为比例)的关系

n	2	4	10	20	50	100
$1/\sqrt{n}$	0.71	0.50	0.32	0.22	0.14	0.1

(5)增加测量次数显然将增加测量时间。此时环境条件,仪器磨损情况,人的疲劳程度等都会变化。改变了原来等精密度的测量条件,反而会增加测量误差。一般测量时通常取 10 次以内,最常采用的是 4 ~ 6 次。

(6)提高测量精密度的关键,应该从改进测量仪器和测量方法及尽可能减少产生随机误差的原因和大小着手,从根本上减小单次测量值的标准偏差 σ,从而使 $\sigma_{\bar{x}}$ 减小。

2. χ^2 分布(赫尔梅特 F. Helmet,1875)

设 $X \sim N(0,1)$,$X_1,X_2,X_3,\cdots,X_n$ 为其一个样本,它们的平方和记作 χ^2,即

$$\chi^2 = X_1^2 + X_2^2 + \cdots + X_n^2 \tag{2 - 67}$$

则称此统计量所服从的分布为自由度为 n 的 χ^2 分布,记作 $\chi^2 \sim \chi^2(n)$。其概率密度(见图 2 - 13)。

$$f(y) = \begin{cases} \dfrac{1}{2^{n/2}\Gamma\left(\dfrac{n}{2}\right)} y^{[(n/2)-1]} \exp\left(-\dfrac{y}{2}\right), & y \geq 0 \\ 0, & y < 0 \end{cases} \tag{2 - 68}$$

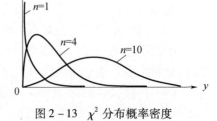

图 2 - 13　χ^2 分布概率密度

其中 $\Gamma(\alpha)$ 为伽马函数,有

$$\Gamma(\alpha) = \int_0^\infty x^{(\alpha-1)} \exp(-x) \mathrm{d}x \quad (\alpha > 0) \tag{2-69}$$

以及

$$\left. \begin{aligned} &\Gamma\left(\frac{1}{2}\right) = \sqrt{\pi}, \Gamma(n+1) = n\Gamma(n) \\ &\Gamma(1) = 1 \\ &\Gamma(n) = (n-1)! \quad (n \text{ 为正整数时}) \end{aligned} \right\} \tag{2-70}$$

随机变量 χ^2 的期望和方差分别为

$$E(\chi^2) = n \tag{2-71}$$
$$D(\chi^2) = 2n \tag{2-72}$$

n 是样本容量,作为分布的参数此值称为 χ^2 分布的自由度,为避免与样本数(容量)相混,改记作 ν,以示区别,自由度可理解为表示平方和中独立变量的个数。χ^2 分布中是有 n 个独立的随机变量 X_i 的平方和,因此 χ^2 的自由度为 n(样本容量)。

对于 n 个变量 $x_1 - \bar{x}, x_2 - \bar{x}, \cdots, x_n - \bar{x}$ 之间存在唯一的线性约束条件

$$\sum_{i=1}^n (x_i - \bar{x}) = \sum_{i=1}^n x_i - n\bar{x} = 0$$

因此,平方和 $(n-1)S^2 = \sum_{i=1}^n (x_i - \bar{x})^2$(或 $\frac{1}{n-1}\sum (x_i - \bar{x}) = s^2$)中独立变量个数有 $n-1$ 个。即 $\nu = n-1 \neq n$。

对给定的正数 $\alpha(0 < \alpha < 1)$,满足条件

$$P\{\chi^2 < \chi_\alpha^2(\nu)\} = \alpha \tag{2-73}$$

的点 $\chi_\alpha^2(\nu)$ 称为 $\chi^2(\nu)$ 的上 100α 百分位点(见图 2-14),此值可在附录表 A-2 中查得。

当 ν 很大时,近似地有 $\sqrt{2\chi^2(\nu)} \sim N(\sqrt{2\nu-1}, 1)$,而 $(\sqrt{2\chi^2(\nu)} - \sqrt{2\nu-1}) \sim N(0,1)$ 可以通过下式求得 $\chi_\alpha^2(\nu)$:

$$\chi_\alpha^2(\nu) \approx \frac{1}{2}(z_\alpha + \sqrt{2\nu-1})^2, \nu > 30 \tag{2-74}$$

式中 z_α 为标准正态分布的上 100α 百分位点。所以 χ^2 分布表只列出 $\nu \leqslant 30$ 的 $\chi_\alpha^2(\nu)$ 值。

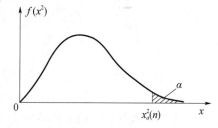

图 2-14　χ^2 分布上百分位点

【例 2-12】　求 $\chi_{0.05}^2(12), \chi_{0.05}^2(30)$,以及用式(2-74)求 $\chi_{0.05}^2(30)$ 的近似值作比较。

解:查附录表 A-2 得 $\chi_{0.05}^2(12) = 21.03, \chi_{0.05}^2(30) = 43.77$。

用式(2-74)时,先查出 $z_\alpha = z_{0.05} = 1.645$;由此算出

$$\chi_{0.05}^2(30) \approx \frac{1}{2}(\sqrt{59} + 1.645)^2 = 43.49$$

两者相差仅为 -0.64%。

当需要下 100α 百分位点时可查 $\chi_{1-\alpha}^2(\nu)$ 值。

χ^2 分布有下列重要性质和有关推论:

(1) 可加性。设 $\chi_1^2 \sim \chi^2(\nu_1), \chi_2^2 \sim \chi^2(\nu_2)$,且互相独立,则

$$\chi_1^2 + \chi_2^2 \sim \chi^2(\nu_1 + \nu_2) \tag{2-75}$$

（2）从服从 $N(\mu,\sigma^2)$ 的总体中,抽取一个随机样本 $x_1,x_2,\cdots,x_n$;必有 $\dfrac{x_i-\mu}{\sigma}\sim N(0,1)$ 从而

$$\sum_{i=1}^{n}\frac{(x_i-\mu)^2}{\sigma^2}\sim\chi^2(n) \tag{2-76}$$

（3）由正态总体得到的样本数字特征 $\overline{X}$ 与 S^2 是相互独立的随机变量。

（4）由服从 $N(\mu,\sigma^2)$ 的总体中,抽取一个随机样本 $x_1,x_2,\cdots,x_n$;必有统计量

$$\sum_{i=1}^{n}\frac{(x_i-\overline{x})^2}{\sigma^2}\sim\chi^2(n-1) \tag{2-77}$$

和 $$s^2=\frac{1}{n-1}\sum_{i=1}^{n}(x_i-\overline{x})^2\sim\frac{\sigma^2\chi^2(n-1)}{n-1} \tag{2-78}$$

或 $$\frac{s^2}{\sigma^2/(n-1)}\sim\chi^2(n-1) \tag{2-79}$$

3. t 分布(戈塞特 W. S. Gosset,1908)

当时戈氏是以笔名"学生"(Student)提出的,故也称学生氏分布。

设 $X\sim N(0,1)$,$Y\sim\chi^2(\nu)$,且 X 与 Y 相互独立,则有随机变量

$$t=\frac{X}{\sqrt{Y/\nu}} \tag{2-80}$$

服从自由度为 ν 的 t 分布,记作 $t\sim t(\nu)$,其概率密度如图 2-15 所示,表达式为

$$f(t)=\frac{\Gamma\left(\dfrac{\nu+1}{2}\right)}{\sqrt{\nu\pi}\,\Gamma\left(\dfrac{\nu}{2}\right)}\left(1+\frac{t^2}{\nu}\right)^{-(\nu+1)/2},\ -\infty<t<+\infty$$

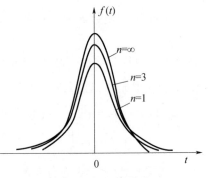

$$\tag{2-81}$$

且有 $$E(t)=0,\nu>1 \tag{2-82}$$

$$D(t)=\frac{\nu}{\nu-2},\nu>2 \tag{2-83}$$

对给定正数 $\alpha(0<\alpha<1)$ 满足条件

$$P\{t>t_\alpha(\nu)\}=\alpha \tag{2-84}$$

的点 $t_\alpha(\nu)$ 称为 t 分布的上 100α 百分位点。由于 t 分布对 $t=0$ 对称,它的下 100α 百分位点

图 2-15 t 分布概率密度

$$t_{1-\alpha}(\nu)=-t_\alpha(\nu)$$

满足 $$P\{|t|>t_\alpha(\nu)\}=\alpha \tag{2-85}$$

的点 $t_{\alpha/2}(\nu)$ 称为 t 分布的双侧 100α 百分位点。$t_\alpha(\nu)$ 值可在附录表 A-3 中查找。

当 $\nu\to\infty$ 时,$t(\nu)\to N(0,1)$ 作为极限,故标准正态分布称为自由度为无穷大的 t 分布。

定理:设 $X\sim N(\mu,\sigma^2)$,抽取其一个样本 $x_1,x_2,\cdots,x_n$,必有统计量

$$\frac{\overline{x}-\mu}{s/\sqrt{n}}\sim t(n-1) \tag{2-86}$$

证: $x\sim N(\mu,\sigma^2)$,故 $\overline{x}\sim N(\mu,\sigma^2/n)$

从而 $$\frac{\overline{x}-\mu}{\sigma/\sqrt{n}}\sim N(0,1)$$

又
$$\frac{(n-1)s^2}{\sigma^2} = \frac{s^2}{\sigma^2/(n-1)} \sim \chi^2(n-1)$$

根据 χ^2 分布的性质(3),上述两统计量相互独立,所以有

$$t = \frac{\dfrac{\bar{x}-\mu}{\sigma/\sqrt{n}}}{\sqrt{\dfrac{(n-1)s^2}{\sigma^2}/(n-1)}} = \frac{\bar{x}-\mu}{\sigma/\sqrt{n}} \sim t(n-1)$$

4. F 分布(费希尔 R. S. Fisher,1920)

设 $U \sim \chi^2(\nu_1)$,$V \sim \chi^2(\nu_2)$,且 U 和 V 相互独立,则构成的统计量

$$F = \frac{U/\nu_1}{V/\nu_2} \tag{2-87}$$

服从自由度为 (ν_1,ν_2) 的 F 分布,记作 $F \sim F(\nu_1,\nu_2)$。其概率密度如图 2-16 所示,表达式为

$$f(F) = \begin{cases} \dfrac{\Gamma\left(\dfrac{\nu_1+\nu_2}{2}\right)}{\Gamma\left(\dfrac{\nu_1}{2}\right)\Gamma\left(\dfrac{\nu_2}{2}\right)}\left(\dfrac{\nu_1}{\nu_2}\right)\left(\dfrac{\nu_1}{\nu_2}F\right)^{(\nu_1/2)-1}\left(1+\dfrac{\nu_1}{\nu_2}F\right)^{-(\nu_1+\nu_2)/2}, & F>0 \\ 0, & F<0 \end{cases} \tag{2-88}$$

且有
$$E(F) = \frac{\nu_2}{\nu_2-2} \quad (\nu_2>2) \tag{2-89a}$$

$$D(F) = \frac{2\nu_2^2(\nu_1+\nu_2-2)}{\nu_1(\nu_2-2)^2(\nu_2-4)} \quad (\nu_2>4) \tag{2-89b}$$

对给定正数 $\alpha(0<\alpha<1)$,满足
$$P\{F>F_\alpha(\nu_1,\nu_2)\} = \alpha \tag{2-90}$$

的点 $F_\alpha(\nu_1,\nu_2)$ 称为 F 分布的上 100α 百分位点,其值可从附录表 A-4 中查得。

由下式可求得 F 分布的下 100α 百分位点:
$$F_{1-\alpha}(\nu_1,\nu_2) = 1/F_\alpha(\nu_1,\nu_2) \tag{2-91}$$

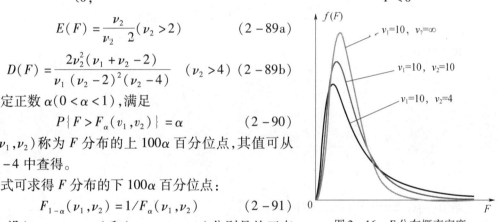

图 2-16　F 分布概率密度

定理:设 $(x_1,x_2,\cdots,x_{n_1})$ 和 $(y_1,y_2,\cdots,y_{n_2})$ 分别是从正态总体 $N(\mu_1,\sigma_1^2)$ 和 $N(\mu_2,\sigma_2^2)$ 中所抽取的简单随机样本,它们相互独立,则

(1) $F = \dfrac{s_1^2/s_2^2}{\sigma_1^2/\sigma_2^2} \sim F(n_1-1,n_2-1)$。

(2) 当 $\sigma_1^2 = \sigma_2^2 = \sigma^2$ 时,合成的 $z = \bar{x}-\bar{y}$ 有

$$t_z = \frac{(\bar{x}-\bar{y})-(\mu_1-\mu_2)}{s_p\sqrt{\dfrac{1}{n_1}+\dfrac{1}{n_2}}} \sim t(n_1+n_2-2)$$

式中
$$s_p = \sqrt{\frac{(n_1-1)s_1^2+(n_2-1)s_2^2}{n_1+n_2-2}}$$

证明(1):由于 $\dfrac{(n_1-1)s_1^2}{\sigma_1^2} \sim \chi^2(n_1-1)$,$\dfrac{(n_2-1)s_2^2}{\sigma_2^2} \sim \chi^2(n_2-1)$,且 $\dfrac{(n_1-1)s_1^2}{\sigma_1^2}$ 与 $\dfrac{(n_2-1)s_2^2}{\sigma_2^2}$ 相互独立。由 F 定义知

$$F = \frac{\dfrac{(n_1-1)s_1^2}{\sigma_1^2}/(n_1-1)}{\dfrac{(n_2-1)s_2^2}{\sigma_2^2}/(n_2-1)} = \frac{s_1^2/s_2^2}{\sigma_1^2/\sigma_2^2} \sim F(n_1-1, n_2-1)$$

若 $\sigma_1^2 = \sigma_2^2$，则 $F = \dfrac{s_1^2}{s_2^2} \sim F(n_1-1, n_2-1)$

证明(2)：易知 $\overline{Z} = \overline{X} - \overline{Y} \sim N\left(\mu_1 - \mu_2, \dfrac{\sigma^2}{n_1} + \dfrac{\sigma^2}{n_2}\right)$

即

$$U = \frac{(\overline{X}-\overline{Y}) - (\mu_1-\mu_2)}{\sigma\sqrt{\dfrac{1}{n_1} + \dfrac{1}{n_2}}} \sim N(0,1)$$

且知

$$\frac{(n_1-1)s_1^2}{\sigma^2} \sim \chi^2(n_1-1)$$

$$\frac{(n_2-1)s_2^2}{\sigma^2} \sim \chi^2(n_2-1)$$

并且它们相互独立，故由 χ^2 分布的可加性，可知

$$V = \frac{(n_1-1)s_1^2}{\sigma^2} + \frac{(n_2-1)s_2^2}{\sigma^2} \sim \chi^2(n_1+n_2-2)$$

由 t 分布定义知

$$t_z = \frac{U}{\sqrt{V/(n_1+n_2-2)}} = \frac{(\overline{X}-\overline{Y}) - (\mu_1-\mu_2)}{\sqrt{\dfrac{(n_1-1)s_1^2 + (n_2-1)s_2^2}{n_1+n_2-2}}\sqrt{\dfrac{1}{n_1} + \dfrac{1}{n_2}}}$$

$$= \frac{(\overline{X}-\overline{Y}) - (\mu_1-\mu_2)}{s_p\sqrt{\dfrac{1}{n_1} + \dfrac{1}{n_2}}} \sim t(n_1+n_2-2)$$

若 $\mu_1 = \mu_2$，则 $\dfrac{(\overline{X}-\overline{Y})}{s_p\sqrt{\dfrac{1}{n_1} + \dfrac{1}{n_2}}} \sim t(n_1+n_2-2)$

2.6 参 数 估 计

抽样的目的之一是通过样本提供的信息了解总体的特性，尤其是了解其特征参数。这类问题称为参数估计，它又可分为参数的点估计和参数的区间估计。

2.6.1 点估计

如已知总体 X 的概率密度具有 $f(x, \theta_1, \theta_2, \cdots, \theta_m)$ 形式，但它的参数中有一个或几个未知。欲从通过试验得到的一组样本值 $x_1, x_2, \cdots, x_n$ 来估计这些未知参数之值，这类问题称为点估计。所得估计的参数值的符号上常加一"^"，以示与被估计的真值有区别。这样 $\hat{\theta}$ 就表示为 θ 的点估计值。

设 θ 是总体 X 的待估计参数,求其点估计量 $\hat{\theta}$ 实质上就是以某种算法或公式构造一个以样本值 $X_1,X_2,X_3,\cdots,X_n$ 为变量的统计量 $\Theta = \Theta(x_1,x_2,\cdots,x_n)$。显然,它是一个随机变量。而根据一个样本实现 $x_1,x_2,\cdots,x_n$,计算得到的统计量 Θ 之值 $\hat{\theta}(x_1,x_2,\cdots,x_n)$ 则是 θ 的点估计值,是某个具体的值。同一个参数,着眼点不同,有不同的估计方法。

1. 数字特征法

以样本的数字特征作为总体数字特征的估计的方法,如当 X 服从正态分布时,以样本均值 $\overline{X}$ 和样本方差 S^2 分别作为总体期望(均值)$E(X)$ 和总体方差 $D(X)$ 的估计,就是 μ 和 σ^2 了。这时算式写作

$$\hat{\mu} = \overline{x} = \frac{1}{n}\sum_{i=1}^{n} x_i \tag{2-92}$$

$$\hat{\sigma}^2 = s^2 = \frac{1}{n-1}\sum_{i=1}^{n}(x_i - \overline{x})^2 \tag{2-93}$$

数字特征法是求点估计的常用方法之一。

2. 极大似然估计法(ML 法)

设已知总体 X 的概率密度的形式 $f(x,\theta)$,其中 θ 是待估计参数,以容量为 n 的样本 $x_1,x_2,\cdots,x_n$ 构成一个 n 维随机变量,其联合概率密度为

$$f^*(x_1,x_2,\cdots,x_n;\theta) = f(x_1,\theta)f(x_2,\theta)\cdots f(x_n,\theta) \tag{2-94}$$

对某个样本实现来说,将有一个概率密度值,它是参数 θ 的函数,称为似然函数,记作 $L(\theta)$,即

$$L(\theta) = f(x_1,\theta)f(x_2,\theta)\cdots f(x_n,\theta) \tag{2-95}$$

极大似然估计的出发点是认为:若某事件在一次观测中出现,则可以认为这是由于该事件出现的概率大的缘故。因此总体参数 θ 应是能使似然函数 $L(\theta)$ 取最大值者。

定义:设总体 X 含未知参数 θ,且总体分布的形式已知;$x_1,x_2,\cdots,x_n$ 为 X 的一组样本观测值;如能找到一个 $\hat{\theta}$ 值能使似然函数

$$L(\theta) = L(x_1,x_2\cdots,x_n,\theta) = \max \tag{2-96}$$

则称 $\hat{\theta}$ 是参数的极大似然估计值。这时 $\hat{\theta}$ 必须能满足

$$\frac{\partial}{\partial\theta}L(\theta) = 0 \tag{2-97}$$

由于 $L(\theta)$ 与 $\ln L(\theta)$ 在同一 θ 值处各有极值,故 $\hat{\theta}$ 也应满足

$$\frac{\partial}{\partial\theta}\ln L(\theta) = 0 \tag{2-98}$$

显然,$\hat{\theta}$ 应与 $x_1,x_2,\cdots,x_n$ 样本观测值有关,即 $\hat{\theta} = \hat{\theta}(x_1,x_2,\cdots,x_n)$。这时此值 $\hat{\theta}$ 即称为 θ 的极大似然估计量。

【例 2-13】 设 $x_1,x_2,\cdots,x_n$ 是服从正态分布的总体 $X \sim N(\mu,\sigma^2)$ 的一次样本实现,求 μ 和 σ^2 的极大似然估计量 $\hat{\mu}$ 和 $\hat{\sigma}^2$。

解:对于正态总体,似然函数为

$$L = \prod_{i=1}^{n}\left\{\frac{1}{\sqrt{2\pi}\sigma}\exp\left[-\frac{(x_i-\mu)^2}{2\sigma^2}\right]\right\} = \left(\frac{1}{2\pi\sigma^2}\right)^{n/2}\exp\left[-\frac{1}{2\sigma^2}\sum_{i=1}^{n}(x_i-\mu)^2\right]$$

故

$$\ln L = -\frac{n}{2}\ln(2\pi\sigma^2) - \frac{1}{2\sigma^2}\sum_{i=1}^{n}(x_i - \mu)^2$$

令

$$\begin{cases} \dfrac{\partial}{\partial\mu}\ln L = \dfrac{1}{\sigma^2}\sum_{i=1}^{n}(x_i - \mu) = 0 \\[3mm] \dfrac{\partial}{\partial\sigma^2}\ln L = -\dfrac{n}{2}\dfrac{1}{\sigma^2} + \dfrac{1}{2\sigma^4}\sum_{i=1}^{n}(x_i - \mu)^2 = 0 \end{cases}$$

解似然方程组,得估计量

$$\hat{\mu} = \frac{1}{n}\sum_{i=1}^{n}x_i = \bar{x} \qquad\qquad (2-99)$$

$$\hat{\sigma}^2 = \frac{1}{n}\sum_{i=1}^{n}(x_i - \mu)^2 \qquad\qquad (2-100)$$

$$\hat{\sigma} = \sqrt{\frac{1}{n}\sum_{i=1}^{n}(x_i - \mu)^2} \qquad\qquad (2-101)$$

最大似然估计法要求知道总体的分布类型,可以证明,用最大似然估计法得到的估计量有较好的估计性质,具有一些理论上的优点。

3. 顺序统计量法

将样本 $x_1, x_2, \cdots, x_n$ 实现按由小到大或由大到小顺序排列后取其中位数,即当 n 为奇数时取第 $(n+1)/2$ 个数,当 n 为偶数时取第 $n/2$ 和第 $n/2+1$ 个数的平均值,也可以得到总体期望(均值)的估计值,记作 $\tilde{x}$,有 $\hat{\mu} = \tilde{x}$。在总体分布为对称分布型(正态分布也是对称分布型的),且 n 值较大时,这种方法可以不必借助计算工具,使用较方便。对标准偏差的估计,在 X 服从正态分布时,可以采用极差法。

定义:按大小顺序安排首数与末数之差的绝对值后即最大值与最小值之差,称为极差,记作 R,即

$$R = x_{\max} - x_{\min} \qquad\qquad (2-102)$$

极差的期望值 $E(R)$ 与标准偏差 σ 之比称为极差系数,记作 d_n,d_n 的角标表示样本容量为 n。有 $E(R)/\sigma = d_n$ 或 $E(R/d_n) = \sigma$,所以我们用 R/d_n 作为 σ 的估计值,即

$$\hat{\sigma} = \frac{1}{d_n}R \qquad\qquad (2-103)$$

d_n 可从表 2-6 中查得,当 $3 \leqslant n \leqslant 10$ 时,可取近似式 $d_n \approx \sqrt{n}$(相对偏差在 $\pm 4\%$ 以内)。

用极差估计标准偏差的不确定度是较大的,因为它只用了全部样本中的两个量。样本数 n 越大,这个方法比起用均方根值所得到的估计值来有更大的相对偏差。尤其是总体分布偏离正态时影响就更大。所以在 $n > 12$ 时,常常采取将这些数据分成每组不超过 10 个样本的若干组(分组应是随机的,一般按时序分即可),然后求出各极差平均值再用各组样本数对应的 $1/d_n$ 来计算,可以提高数据的利用率。在广泛使用计算机的现代,计算 s 值已不困难,极差法逐渐失去简便性的意义,但仍不失为一种估计的旁证的方法。

表 2-6 极差系数 d_n 表

n	2	3	4	5	6	7	8	9	10	11	12	13
d_n	1.1284	1.6926	2.0588	2.3259	2.5344	2.7044	2.8472	2.970	3.0775	3.173	3.258	3.336
$1/d_n$	0.88623	0.59082	0.48573	0.42994	0.39457	0.36977	0.35122	0.33670	0.32494	0.3152	0.3069	0.2998

（续）

n	2	3	4	5	6	7	8	9	10	11	12	13
$1/\sqrt{n}$	0.70711	0.57735	0.50000	0.44721	0.40825	0.37796	0.35355	0.33333	0.31623	0.3015	0.2887	0.2773
近似式相对偏差	-20%	-2.3%	2.9%	4%	3.5%	2.2%	0.7%	-1%	-2.7%	-4.3%	-5.9%	-7.5%
$SD(R)/$ $E(R)$	0.756	0.525	0.427	0.372	0.335	0.308	0.288	0.272	0.256	0.248	0.239	0.231

4. 估计量的评优标准

用不同方法可以得到同一参数的不同的估计值，有必要讨论评价不同方法所得估计量的优劣的标准，可以从三个方面来评价。

（1）一致性

定义：设 $\hat{\theta}(x_1, x_2, \cdots, x_n)$ 是未知参数 θ 的估计量，若对于任意 $\varepsilon > 0$，一致估计量有

$$\lim_{n \to \infty} P\{|\hat{\theta} - \theta| < \varepsilon\} = 1 \tag{2-104}$$

它表明随着样本容量 n 的增大，应能使一致估计量按要求接近 θ，或者称为依概率收敛于 θ。可以证明，样本均值和样本方差都是一致估计量。

（2）无偏性

定义：设 $\hat{\theta}$ 是未知参数 θ 的估计量，若有

$$E(\hat{\theta}) = \theta \tag{2-105}$$

则称 $\hat{\theta}$ 是 θ 的无偏估计量。就是说，对无偏估计量，从同一总体中抽取的容量为定值 n 的样本所求得 $\hat{\theta}$ 本身仍是有一定分布的随机统计量，它的分布中心应是待估计的参数 θ。

【例 2-14】 求 $\hat{\sigma}^2 = \dfrac{1}{n} \sum_{i=1}^{n} (X_i - \overline{X})^2$ 的期望值，并判断其是否具有无偏性。

解：
$$E(\hat{\sigma}^2) = E\left\{ \frac{1}{n} \sum_{i=1}^{n} (X_i - \overline{X})^2 \right\} = E\left\{ \frac{1}{n} \sum_{i=1}^{n} [(X_i - \mu) - (\overline{X} - \mu)]^2 \right\}$$

$$= \frac{1}{n} E\left\{ \sum_{i=1}^{n} (X_i - \mu)^2 + \sum_{i=1}^{n} (\overline{X} - \mu)^2 - 2\sum_{i=1}^{n} (X_i - \mu)(\overline{X} - \mu) \right\}$$

$$= \frac{1}{n} \left\{ n\sigma^2 + n\sigma^2/n - 2E\left[(\overline{X} - \mu) \sum_{i=1}^{n} (X_i - \mu) \right] \right\}$$

$$= \frac{1}{n} \{ n\sigma^2 + \sigma^2 - 2\sigma^2 \} = \frac{n-1}{n}\sigma^2 \neq \sigma^2 \tag{2-106}$$

故该估计量不是 σ^2 的无偏估计量。

仿上例的推证有样本方差的期望

$$E(s^2) = E\left[\frac{1}{n-1} \sum_{i=1}^{n} (X_i - \overline{X})^2 \right] = \frac{n}{n-1} E\left[\frac{1}{n} \sum_{i=1}^{n} (X_i - \overline{X})^2 \right] = \sigma^2$$

所以样本方差 s^2 是 σ^2 的无偏估计量。

但应指出，虽然 $E(s^2) = \sigma^2$，但作为样本方差的平方根的 $s = \sqrt{\dfrac{1}{n-1} \sum_{i=1}^{n} (X_i - \overline{X})^2}$ 却并非

σ 的无偏估计量,而有

$$E(s) = k_n\sigma, k_n < 1$$

即
$$E(s/k_n) = \sigma \qquad (2-107)$$

k_n 的数值随 n 有如下函数关系:

$$k_n = \sqrt{\frac{n-1}{2}}\,\Gamma\left(\frac{n-1}{2}\right)/\Gamma(n/2) \qquad (2-108)$$

当 n 充分大时,此值趋近于1(见表2-7)这样的估计量称为渐近无偏估计量。

表 2-7　样本方差平方根 s 作为标准偏差估计值的修正数 k_n

n	2	3	4	5	6	7	8	9	10	11	12	13
k_n	1.2533	1.1284	1.0854	1.0638	1.0509	1.0424	1.0362	1.0317	1.0281	1.0253	1.0229	1.0210
$1/k_n$	0.7979	0.8862	0.9213	0.9400	0.9515	0.9594	0.9650	0.9693	0.9727	0.9754	0.9776	0.9794

上表中 $k_2 = \sqrt{\frac{\pi}{2}}$, $k_3 = \frac{2}{\sqrt{\pi}}$, $n > 4$ 后可用 $k_{n+2} = k_n\sqrt{1-1/n^2}$ 公式递推。从表中可以看出,$n > 10$ 后 k_n 影响已经很小,不到3%的偏差,一般均不再修正。

（3）有效性

定义:设 $\hat{\theta}_1$ 和 $\hat{\theta}_2$ 为 θ 的两个无偏估计量,若

$$D(\hat{\theta}_1)/D(\hat{\theta}_2) < 1 \qquad (2-109)$$

则称 $\hat{\theta}_1$ 较 $\hat{\theta}_2$ 有效。

$$D(\hat{\theta}) = E\left[(\hat{\theta}-\theta)^2\right]$$

估计量是随机变量,通过观测得到的样本用何种方法算出的估计量对于待估参数值方差越小,估计精度就越高,就越有效。减少方差对某一种方法来说,只有靠增加样本容量 n 达到。所以可以反过来说,为达到指定的估计精密度所需的样本容量 n 越小,这种方法就越有效,因为数据利用率高。极差法的弱点是随 n 增大而利用率减低的一个例子,已如前述。

根据克拉默-拉奥(Cramer-Rao,亦译作克拉美-罗)不等式,在一定条件下,无偏估计的方差有下界。但是 θ 的任一估计量 $\hat{\theta}$ 也是一个随机变量,$D(\hat{\theta})$ 是否能无限小呢? 可以证明,在一定条件下有克拉默-拉奥不等式

$$D(\hat{\theta}) \geq \frac{1}{nE\left[\left(\frac{\partial}{\partial\theta}\ln f(x_i,\theta)\right)^2\right]} \qquad (2-110)$$

此式右边便是方差的下界,并简记 $E\left[\left(\frac{\partial}{\partial\theta}\ln f(x_i,\theta)\right)^2\right] = I(\theta)$ 为佳效估计量。

2.6.2　区间估计

式(2-110)已实际上提出估计值 $\hat{\theta}$ 的近似程度的问题,即其方差的大小问题。需以数量指明参数估计值附近某区间包含参数的概率,这就是区间估计问题。

定义:设总体分布 X 含有未知参数 θ,对给定的 $\alpha(0 < \alpha < 1)$,若由样本确定的两统计量 $\theta_a(x_1,x_2,\cdots,x_n)$ 和 $\theta_b(x_1,x_2,\cdots,x_n)$ 能满足

$$P\{\theta_a \leqslant \theta \leqslant \theta_b\} = 1 - \alpha \tag{2-111}$$

则称随机区间 $[\theta_a, \theta_b]$ 是 θ 的 $100(1-\alpha)\%$ 置信区间。θ_a, θ_b 分别称为 θ 的 $100(1-\alpha)\%$ 置信区间的下置信限和上置信限。

同样,若能满足

$$P\{\theta \leqslant \theta_b\} = 1 - \alpha \tag{2-112a}$$

或

$$P\{\theta \geqslant \theta_a\} = 1 - \alpha \tag{2-112b}$$

则称 θ_b 为单侧上置信限,θ_a 为单侧下置信限。$1-\alpha$ 称为置信水平(旧称置信度)。就是说,如果我们认为该区间内包含该参数 θ 值的真值,则有 $100\alpha\%$ 的概率判断错误。显然,要提高置信水平有两条途径,一是放宽区间,二是提高估计精度。放宽区间是不可取的,不得已而用之。后一途径就需要有评定置信区间选择优劣的标准。讨论的前提只有在相同的 α 值下来比较。如果某种方法确定区间较短,则肯定在相同区间长度下 α 值就小。以正态分布为例,相同的概率,以对称于平均值取区间为最短,因为这一段的概率密度值最大。所以可以肯定,相同概率 $1-\alpha$ 的置信区间,以两上下置信限处概率密度相等的为跨度最短。如果区间中心值估计不是无偏的或者中心值的估计标准偏差偏大,由此估计的区间就会加长,或者概率 P 将减小。所以如果总体符合前述的正规条件,待估计参数存在佳效估计量,则在所有可能的置信区间中,从有效估计量得到的置信区间最短。

前已介绍的中心极限定理指出,客观实际中许多测量值服从正态分布,因此,正态总体特征参数,尤其是其期望(均值)和方差的区间估计具有重要的意义,本节中着重介绍上述两个量的区间估计。

(1) σ^2 已知时均值的置信区间

当 $X \sim N(\mu, \sigma^2)$,则 $\dfrac{\overline{X} - \mu}{\sigma/\sqrt{n}} \sim N(0,1)$。根据双侧 100α 百分位点的定义,则得

$$P\left\{\mu - z_{\alpha/2} \frac{\sigma}{\sqrt{n}} \leqslant \overline{X} \leqslant \mu + z_{\alpha/2} \frac{\sigma}{\sqrt{n}}\right\} = 1 - \alpha$$

颠倒过来可写为

$$P\left\{\overline{X} - z_{\alpha/2} \frac{\sigma}{\sqrt{n}} \leqslant \mu \leqslant \overline{X} + z_{\alpha/2} \frac{\sigma}{\sqrt{n}}\right\} = 1 - \alpha \tag{2-113}$$

因为两式的左边在数学上都等同于 $P\left\{|\mu - \overline{X}| \leqslant z_{\alpha/2} \dfrac{\sigma}{\sqrt{n}}\right\}$ 或 $P\left\{|\overline{X} - \mu| \leqslant z_{\alpha/2} \dfrac{\sigma}{\sqrt{n}}\right\}$,但物理意义上,一个是 $\overline{X}$ 在 μ 附近的概率而另一个是 μ 在 $\overline{X}$ 附近的概率。这可以用一个通俗的比喻,如果一个是用枪去射击命中某个圆形靶的概率的话,则另一个就是用与圆形靶同半径的环去套某一个针尖的概率。

(2) 同理当 σ^2 未知时,均值 μ 的置信区间为

$$P\left\{\overline{X} - t_{\alpha/2} \frac{S}{\sqrt{n}} \leqslant \mu \leqslant \overline{X} + t_{\alpha/2} \frac{S}{\sqrt{n}}\right\} = 1 - \alpha \tag{2-114}$$

这是一个无偏的最佳估计区间,因为它对称于分布中心,两侧概率密度正好相等。

(3) 均值 μ 已知时,正态总体方差的置信区间为

$$P\left\{\frac{(n-1)S^2}{\chi^2_{\alpha/2}(n)} \leqslant \sigma^2 \leqslant \frac{(n-1)S^2}{\chi^2_{1-\alpha/2}(n)}\right\} = 1 - \alpha \tag{2-115}$$

这个区间不是最短的区间。只有当 $n \to \infty$ 时,χ^2 分布趋近于对称分布,才近似地可看作最

短区间,但是它有便于计算的优点。

(4) 同样在均值 μ 未知时,正态总体方差的置信区间为

$$P\left\{\frac{(n-1)S^2}{\chi^2_{\alpha/2}(n-1)} \leqslant \sigma^2 \leqslant \frac{(n-1)S^2}{\chi^2_{1-\alpha/2}(n-1)}\right\} = 1-\alpha \qquad (2-116)$$

由于对同样的 α 值,$\chi^2_\alpha(n) > \chi^2_\alpha(n-1)$,这时这个置信区间就比均值 μ 已知情况的要宽一些,说明 μ 未知时对 σ^2 的估计要相对地比较不准确。

(5) 正态总体均值和方差的联合置信区域

由于 $\overline{X}$ 与 S^2 相互独立(χ^2 分布性质之(3)及式(2-40)),若欲使联合置信水平为 $1-\alpha$,两者的边缘概率应分别有置信水平为 $\sqrt{1-\alpha}$ 的区间,令 $\sqrt{1-\alpha}$ 等于 $1-\beta$ 写出两个概率表达式

$$P\left\{\overline{X} - z_{\beta/2}\frac{\sigma}{\sqrt{n}} \leqslant \mu \leqslant \overline{X} + z_{\beta/2}\frac{\sigma}{\sqrt{n}}\right\} = 1-\beta \qquad (2-117)$$

$$P\left\{\frac{(n-1)S^2}{n\chi^2_{\beta/2}(n-1)} \leqslant \sigma^2 \leqslant \frac{(n-1)S^2}{n\chi^2_{1-\beta/2}(n-1)}\right\} = 1-\beta \qquad (2-118)$$

相应地才有联合概率

$$P\left\{\overline{X} - z_{\beta/2}\frac{\sigma}{\sqrt{n}} \leqslant \mu \leqslant \overline{X} + z_{\beta/2}\frac{\sigma}{\sqrt{n}}, \frac{(n-1)S^2}{n\chi^2_{\beta/2}(n-1)} \leqslant \sigma^2 \leqslant \frac{(n-1)S^2}{n\chi^2_{1-\beta/2}(n-1)}\right\} = (1-\beta)^2 = 1-\alpha$$

$$(2-119)$$

这个平面置信区域,见图 2-17 所示的 μ 和 σ^2 平面上的阴影面积,它是一条抛物线 $\sigma^2 = \dfrac{n(\mu-\bar{x})^2}{z^2_{\beta/2}}$ 被两条直线 $\sigma^2 = \displaystyle\sum_{i=1}^{n}(x_i-\mu)^2 / n\chi^2_{\beta/2}$ 和 $\sigma^2 = \displaystyle\sum_{i=1}^{n}(x_i-\mu)^2 / n\chi^2_{1-\beta/2}$ 所截的区域,其对称中轴为 $\mu = \bar{x}$ 直线。当 μ 未知用 $\overline{X}$ 代替时,z 改用 t 代替;当 σ 未知用 S 代替时,n 改为 $n-1$。

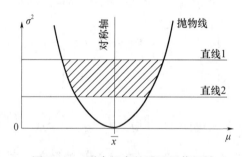

图 2-17　联合概率的平面置信区域

2.7　假　设　检　验

数理统计中遇到的另一类问题是根据样本提供的信息判断总体分布是不是具有指定的特征,这类问题称为假设检验。

2.7.1　假设检验的基本思想

通过分析一个实例来说明假设检验的基本思想。

【例 2 - 15】　某工厂的葡萄糖包装机的额定值是每袋葡萄糖净重 0.500kg。包装机称出的糖的重量服从正态分布。根据长期生产统计得知,总体标准偏差 $\sigma = 0.015$kg。某天,为检查包装机的工况,随机地抽取了 9 袋葡萄糖,称得各袋净重为 0.497,0.506,0.518,0.524,0.488,0.511,0.510,0.515,0.512,单位为 kg。试判断要不要调整包装机的工况。

解:根据给定条件可知,袋装葡萄糖净重是个正态随机变量,$X \sim N(\mu, 0.015^2)$,需要判断的是 $\mu = \mu_0(0.500kg)$ 是不是成立。在假设检验中,常把需要判断的情况称为原假设(或零假设),记作 H_0;而把欲否定的可能情况称为备择假设,记作 H_1。在上面讨论的问题中,有原假设 $H_0 : \mu = \mu_0$;备择假设 $H_1 : \mu \neq \mu_0$。

根据样本观察值,可以算出样本的均值

$$\bar{x} = 0.509\text{kg}$$

样本均值 $\bar{x}$ 是总体均值 μ 的估计值(但一般 $\bar{x} \neq \mu$)。显然,如果 $|\bar{x} - \mu_0|$ 比较大,或者说 $\bar{x}$ 与 μ_0 的差异显著,则反映包装机的工况不正常;反之,则包装机的工作是正常的。关键在于要确定一个差异是不是显著的界限 Δ。若 $|\bar{x} - \mu_0| < \Delta$ 则认为机器正常;若 $|\bar{x} - \mu_0| > \Delta$ 则认为机器需要调整。

如果原假设 $H_0 : \mu = \mu_0$ 成立,则有

$$\frac{\bar{X} - \mu_0}{\sigma / \sqrt{n}} \sim N(0, 1)$$

这时如果给定一个 $\alpha(0 < \alpha < 1)$,就可以确定一个双侧 100α 百分位点 $z_{\alpha/2}$,有

$$P\left\{ \frac{|\bar{X} - \mu_0|}{\sigma / \sqrt{n}} > z_{\alpha/2} \right\} = \alpha$$

或

$$P\left\{ |\bar{X} - \mu_0| > z_{\alpha/2} \frac{\sigma}{\sqrt{n}} \right\} = \alpha$$

如果 α 取得足够小(如 $\alpha = 0.05$),则 $\left\{ |\bar{X} - \mu_0| > z_{\alpha/2} \frac{\sigma}{\sqrt{n}} \right\}$ 就是一个小概率事件——在一次试验中难得发生的事件。如果在一次样本实现中这样的事件居然出现了,表明偏离原假设就相当显著。所以,$z_{\alpha/2} \frac{\sigma}{\sqrt{n}} = \Delta$ 可以作为差异是否显著的界限,常称为最小显著差或称判据;而 α 控制着 $z_{\alpha/2}$ 和 Δ 的大小,称为显著性水平。

在本例中,若取 $\alpha = 0.05$,查标准正态分布表得 $z_{0.025} = 1.96$,有

$$\Delta = 1.96 \frac{0.015}{\sqrt{9}} = 0.0098(\text{kg})$$

得　　　　　　　　$|\bar{x} - \mu_0| = |0.509 - 0.500| = 0.009 < 0.0098(\text{kg})$

因而接受原假设 H_0,认为当日包装机的工况仍是正常的。

从上面的讨论可知,假设检验就是以概率论为依据,建立一种"接受"或"拒绝"原假设的判断规则,其实施步骤可归纳如下:

(1) 根据给定的问题,作出原假设 H_0 和备择假设 H_1;

(2) 假定原假设成立,用样本构造一个能反映原假设的检验统计量,并确定其分布;

(3) 选定小概率(显著性水平)α,根据统计量的分布求出拒绝域,建立检验原假设 H_0 的规则;

（4）根据样本观察值算出检验统计量的值；

（5）若检验统计量的值落入拒绝域,则在该显著性水平上拒绝原假设;否则,没有充分理由拒绝原假设,应接受原假设。

表2-9、表2-10出了一些常用的均值和方差的检验统计量和判据。

表2-8 均值检验

假设		总体方差 σ^2 已知		假设		总体方差 σ^2 未知	
H_0	H_1	检测统计量	拒绝域	H_0	H_1	检测统计量	拒绝域
$\mu = \mu_0$	$\mu \neq \mu_0$ $\mu < \mu_0$ $\mu > \mu_0$	$Z = \dfrac{\overline{X} - \mu_0}{\sigma / \sqrt{n}}$	$\lvert Z \rvert > z_{\alpha/2}$ $Z < -z_\alpha$ $Z > z_\alpha$	$\mu = \mu_0$	$\mu \neq \mu_0$ $\mu < \mu_0$ $\mu > \mu_0$	$t = \dfrac{\overline{X} - \mu_0}{S / \sqrt{n}}$	$\lvert t \rvert > t_{\alpha/2}(n-1)$ $t < -t_\alpha(n-1)$ $t > t_\alpha(n-1)$
$\mu_1 = \mu_2$	$\mu_1 \neq \mu_2$ $\mu_1 < \mu_2$ $\mu_1 > \mu_2$	$Z = \dfrac{\overline{X} - \mu_0}{\sqrt{\dfrac{\sigma_1^2}{n_1} + \dfrac{\sigma_2^2}{n_2}}}$	$\lvert Z \rvert > z_{\alpha/2}$ $Z < -z_\alpha$ $Z > z_\alpha$	$\mu_1 = \mu_2$	$\mu_1 \neq \mu_2$ $\mu_1 < \mu_2$ $\mu_1 > \mu_2$	$t = \dfrac{\overline{X}_1 - \overline{X}_2}{S_p \sqrt{\dfrac{1}{n_1} + \dfrac{1}{n_2}}}$ $S_p = \sqrt{\dfrac{(n_1-1)S_1^2 + (n_2-1)S_2^2}{n_1 + n_2 - 2}}$	$\lvert t \rvert > t_{\alpha/2}(n_1 + n_2 - 2)$ $t < -t_{\alpha/2}(n_1 + n_2 - 2)$ $t > t_{\alpha/2}(n_1 + n_2 - 2)$

表2-9 方差检验

假设		检验统量	拒绝域
H_0	H_1		
$\sigma^2 = \sigma_0^2$	$\sigma^2 \neq \sigma_0^2$ $\sigma^2 < \sigma_0^2$ $\sigma^2 > \sigma_0^2$	$\chi^2 = \dfrac{(n-1)S^2}{\sigma^2}$	$\chi^2 > \chi_{\alpha/2}^2(n-1)$ 或 $\chi^2 < \chi_{1-\alpha/2}^2(n-1)$ $\chi^2 < \chi_{1-\alpha}^2(n-1)$ $\chi^2 > \chi_\alpha^2(n-1)$
$\sigma_1^2 = \sigma_2^2$	$\sigma_1^2 \neq \sigma_2^2$ $\sigma_1^2 < \sigma_2^2$ $\sigma_1^2 > \sigma_2^2$	$F = S_1^2/S_2^2$ $F = S_2^2/S_1^2$ $F = S_1^2/S_2^2$	$F > F_{\alpha/2}(n_1-1, n_2-1)$ 或 $F < F_{1-\alpha/2}(n_1-1, n_2-1)$ $F > F_\alpha(n_1-1, n_2-1)$ $F < F_\alpha(n_1-1, n_2-1)$

2.7.2 弃真错误和存伪错误

在确定了检验规则后,实际检验中仍有做出错误判断的可能。这是涉及随机现象的问题的特点,结论不可能是绝对肯定的。可将各种可能情况归纳入表2-10。

表2-10 假设检验的两类误差

判断＼实际	H_0 为真	H_0 为伪
接受 H_0	正确	第二类错误
拒绝 H_0	第一类错误	正确

在实际 H_0 为真的情况下犯拒绝 H_0 的错误称为"弃真"错误,或第一类错误。犯第一类错误的概率记作 α,有

$$P\{拒绝 H_0 | H_0 为真\} = \alpha \tag{2-120}$$

在实际 H_0 为伪的情况下犯接受 H_0 的错误称为"存伪"错误,或第二类错误。犯第二类错误的概率记作 β,有

$$P\{接受\ H_0 \mid H_0\ 为伪\} = \beta \qquad\qquad (2-121)$$

现通过分析下一个实际例子来说明弃真概率 α 和存伪概率 β 的含义和计算方法。

【例 2-16】　讨论纱线产销问题。生产厂(简称乙方)自报:所生产的纱线拉断力总体服从 $\sigma^2 = 25N^2$ 的正态分布,总体均值 μ 不小于 278N(相当于原假设 $H_0 : \mu \geqslant 278\text{N}$);然而,订货商(简称甲方)则怀疑乙方的产品达不到自报的指标(相当于提出了备择假设 $H_1 : \mu < 278\text{N}$),要求抽查产品。双方协议,抽取 $n=25$ 的样本测定每件纱线的拉断力,根据样本均值作判决。那么 $\bar{x}$ 的验收界应当怎么选定呢?如甲方提出:"凡 $\bar{x} < 278$ 时,该产品应判为不合格。"乙方必不能接受,因为这将意味着即使乙方的产品全部合格,仍可能有一半被判为不合格。所以乙方认为,验收界应当小于 278N。这个理由是充分的,甲方无法反对。双方最后协议以 x_0 为验收界,x_0 左侧为拒绝域,拒绝域所对应的概率密度曲线下的面积相当于 $P\{拒绝\ H_0 \mid H_0 为真\}$,有 $\alpha = P\{拒绝\ H_0 \mid H_0 为真\}$。亦即犯第一类错误的概率 α 就是检验的显著性水平(见图 2-18)。确定了 x_0,α 自然确定;反之,给定了 α,x_0 也随之确定。α 是把合格品误判为不合格品而拒收的概率,也称为生产者风险。

在本例中,若取 $\alpha = 0.05$,当原假设成立时

$$\bar{x} \sim N(278,1)$$

查标准正态分布表,有 $z_{0.025} = -1.645$,因而 $x_0 \approx 276.4\text{N}$,即拒绝域为 $\bar{x} < 276.4\text{N}$。

对于第二类错误,有

$$\beta = P\{接受\ H_0 \mid H_1\ 为真\}$$

设某批产品的真实均值 $\mu = 277\text{N}$,属不合格产品。由图 2-19 可知,这时 $\bar{x}$ 仍可能出现在 $\bar{x} > 276.4\text{N}$ 的区域(接受域)内。$\bar{x}$ 在该区域内出现的概率为

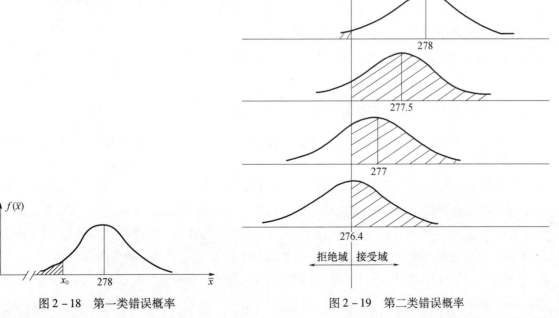

图 2-18　第一类错误概率　　　　　　　图 2-19　第二类错误概率

$$\beta = \frac{1}{\sqrt{2\pi}} \int_{276.4}^{+\infty} \exp\left[-\frac{1}{2} (\bar{x} - 277)^2 \right] \mathrm{d}\bar{x} = 0.7257$$

由于 β 是表示把不合格品误判为合格品而验收的概率,也称为消费者风险,0.7257 是太大了。

一般,真值 μ 是不知道的。然而,μ 不同,对应的 β 也不同。对于 $H_0: \mu = \mu_0$;$H_1: \mu < \mu_0$,且 σ^2 已知,有

$$\beta(\mu) = \frac{1}{\sqrt{2\pi} \sigma / \sqrt{n}} \int_{x_0}^{+\infty} \exp\left[-\frac{1}{2} \left(\frac{\bar{x} - \mu}{\sigma / \sqrt{n}} \right)^2 \mathrm{d}\bar{x} \right] \qquad (2-122)$$

其中积分下限

$$x_0 = \mu_0 + z_\alpha \frac{\alpha}{\sqrt{n}}$$

z_α 取代数值。作变量代换化成标准正态分布,有

$$\beta(\mu) = \frac{1}{\sqrt{2\pi}} \int_{z_0}^{+\infty} \exp\left(-\frac{t^2}{2} \right) \mathrm{d}t$$

其中

$$z_0 = \frac{x_0 - \mu}{\sigma / \sqrt{n}} = \left(\mu_0 + z_\alpha \frac{\sigma}{\sqrt{n}} - \mu \right) \frac{\sqrt{n}}{\sigma} = z_\alpha + \frac{\mu_0 - \mu}{\sigma / \sqrt{n}}$$

因而有

$$\beta(\mu) = 1 - \Phi(z_0) = 1 - \Phi\left(z_\alpha + \frac{\mu_0 - \mu}{\sigma / \sqrt{n}} \right) \qquad (2-123)$$

根据式 $(2-123)$ 可画出 $\beta = \beta(\mu)$ 曲线(见图 $2-20$),该曲线称为工作特性曲线,它给出了 μ 的各备择真值所对应的第二类错误的概率 β。

有时,把函数

$$P(\mu) = 1 - \beta(\mu) \qquad (2-124)$$

称为关于 μ 的假设检验的功效函数。显然

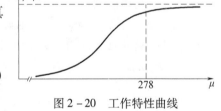

图 2 - 20　工作特性曲线

$$P(\mu) = P\{ 拒绝 H_0 | H_1 \text{ 为真} \} \qquad (2-125)$$

β 愈小,则 $P(\mu)$ 越大。因而 n,α 相同时,对某个 μ 值作假设检验,功效函数大者为有效。引入功效函数的优点是它和 α 一样是与拒绝域相联系的。

2.7.3　β 的选择——样本容量的确定

一般来说,犯弃真错误和犯存伪错误的后果是不同的。通常,原假设比较重要,所以 α 是直接选定的,而 β 可通过改变样本容量 n 来调节。

如果由 α 定出了 z_α,并已知样本容量 n 和可察觉的参数改变量 $\mu_0 - \mu$,就可算出 β 值。由于 Φ 是不减函数,所以 n 越大则 β 越小。这是由于随着 n 的增大 $\sigma / \sqrt{n}$ 将减小,概率密度曲线变得尖而窄,μ_0 和 μ 所对应的两条概率密度曲线的重叠区将减小。这说明:在 $\mu_0 - \mu$ 和 α 已定的情况下,可以通过改变 n 来调节 β,使 α 和 β 都不致太大,生产者和消费者都能满意。

【例 2 - 17】 以纱线拉断力的验收标准为例。如甲方坚持 $\beta = 0.1$,并取 $\mu_0 - \mu = 3\mathrm{N}$ 即 $(3\sigma / \sqrt{n})$,则有

$$\Phi(z_\alpha + \frac{\mu_0 - \mu}{\sigma/\sqrt{n}}) = 1 - \beta$$

和

$$z_\alpha + \frac{\mu_0 - \mu}{\sigma/\sqrt{n}} = -z_\beta$$

得

$$n = \left(\frac{z_\alpha + z_\beta}{\mu_0 - \mu}\right)^2 \qquad\qquad (2-126)$$

若代入各个数值,有

$$n = \left(\frac{1.28 + 1.645}{3} \times 5\right)^2 = 23.8$$

因此,取 $n \geqslant 24$ 便可以保证 $\beta < 0.1$。如果要察觉 $\mu_0 - \mu = 2N$ 即 $(2\sigma/\sqrt{n})$ 的参数差异,则

$$n = \left(\frac{1.28 + 1.645}{2} \times 5\right)^2 = 53.5$$

为保证 $\beta < 0.1$,应当有 $n \geqslant 54$。

习题

2-1 对本班同学的身高和体重作统计分析,列出身高和体重的频率表,画出身高和体重的直方图。

2-2 设 $X \sim N(2,3^2)$,求 X 出现在区间 $(-1,5)$,$(-4,8)$,$(-7,11)$ 内的概率。

2-3 设 $X \sim N(3,4)$,求 $(1)\, P\{2 < X < 5\}$,$(2)\, P\{-4 < X < 10\}$,$(3)\, P\{|X| > 2\}$,$(4)\, P\{3 < X\}$,(5) 决定 C 使 $P\{X > C\} = P\{X \leqslant C\}$。

2-4 某机器生产的螺栓的长度服从参数 $\mu = 10.05\,\text{cm}$,$\sigma = 0.06\,\text{cm}$ 的正态分布,规定螺栓长度在 $9.93 \sim 10.17\,\text{cm}$ 范围内为合格品,求该机器生产的螺栓为不合格品的概率。

2-5 在总体 $N(52,6.3^2)$ 中随机地抽取一个容量 $n = 36$ 的样本,求样本均值落在区间 $(50.8, 53.8)$ 中的概率。

2-6 设随机变量 $t \sim t(10)$。若令 $\alpha = 0.05$,求:(1) 上 100α 百分位点;(2) 双侧 100α 百分位点。

2-7 查 F 分布表,求 $F_{0.1}(3,12)$,$F_{0.05}(3,12)$,$F_{0.01}(3,12)$,$F_{0.05}(4,10)$。

2-8 甲乙两人观察到北方有闪光。甲认为这是一个光源发的光,乙认为有两个略有间隔的光源在交替发光。今用 $\sigma = 0.10°$ 的仪器测定闪光的方位,得知此光在北偏东方向上,15 次测得值分别为 $10.72°$、$11.05°$、$11.36°$、$10.74°$、$11.16°$、$10.85°$、$10.92°$、$11.18°$、$10.96°$、$10.63°$、$11.02°$、$11.26°$、$10.64°$、$10.95°$、$11.13°$。你是怎样评论甲、乙两人的观点的。

2-9 螺栓厂规定:某型号螺栓的名义直径为 $25.00\,\text{mm}$。该厂的统计资料表明,用标准工艺加工的螺栓的直径服从标准偏差为 $1.0\,\text{mm}$ 的正态分布,可通过调整机床保证螺栓尺寸合格。今从成品中抽取容量为 9 的随机样本。求得直径的平均值为 $26.2\,\text{mm}$,问要不要调整机床?

2-10 某正态随机变量有未知均值 μ 和已知方差 $\sigma^2 = 9$。求构成均值的总宽度为 1.0 的 95% 置信区间所需的样本容量。

2-11 食品卫生检验的要求是每个罐头的含菌量不得超过 65 个。今从一批罐头中抽查 16 个罐头,得到的含菌量平均值为 65.4 个。根据长期实践经验得知,含菌量测定的标准偏差是 0.4 个。若取生产者风险取作 0.05,根据样本提供的数据,这批罐头能否通过检验?

2-12　根据题 2-11 提供的条件,平均含菌量为 66.0 个的食品通过检验的概率有多少?

2-13　推导出下列函数的方差公式(a,b,c 为常数):

(a) $f = ax + by + cz$

(b) $f = a_1 x + a_2 x^2 + a_3 x^3$

(c) $f = ax^2 + bxy + cy^2$

(d) $f = a + b/x$

(e) $f = a\sin x + b\cos y$

(f) $f = x^2 + y^2 - 2xy\cos z$

2-14　射击试验中经常采用称为半数必中界的指标,也称为或然误差,就是有一半弹丸在此界以内,另一半在此以外。若按射击偏差服从正态分布假设,这个指标与标准偏差的关系如何?哪一个大?比值是多少?

2-15　若作立靶精度试验时,高低标准偏差 $\sigma_y = 0.6$m,方向标准偏差 $\sigma_z = 0.6$m。试问有 50% 的弹丸将分布在半径多大的圆以内(假设高低与方向偏差是独立的)。

2-16　对某一个电阻进行 200 次测量,测得结果见下表。

习题 2-16　数据表

测得电阻值 R/Ω	1220	1219	1218	1217	1216	1215	1214	1213	1212	1211	1210
该电阻值出现次数	1	3	8	21	43	54	40	19	9	1	1

(a) 绘出测量结果的统计直方图,由此可得到什么结论?

(b) 写出测量误差概率分布密度函数式。

参考文献

[1] 盛骤,谢式千,潘承毅. 概率论与数理统计. 第四版. 北京:高等教育出版社,2008.

[2] 朱永生. 实验物理中的概率与统计. 北京:科学出版社,1991.

[3] 费业泰. 误差理论与数据处理. 第四版. 北京:机械工业出版社,2004.

第3章
数据处理方法

3.1 误差的统计性质

在第1章中已经提出这样的问题:一次测量的读数的误差只有一个值,这个值包含了各种因素影响而产生的成分,无法判明性质和主次。只有通过多次重复测量才能由这些读数的统计分析中得到误差的统计性质。除非测量前已经有过多次重复测量的数据及得出的比较肯定的误差分布规律,并且这次测量条件与得出这一规律时的条件相近情况下,才可由单次测量得到相应的结论。即使这样,由于样本数少,结论的置信水平也是不高的。

从概率论和数理统计的概念来说,完全掌握误差的分布性质,需要无限次测量,还要这些影响的随机过程是稳定的。因此,人们从实验获得的有限个数据中得到的只是一些估计值,这些估计值只能近似地反映这一实验中误差的统计性质。在本章中为了区别起见,在所有估计值符号上均加一"^"符号。

数据处理的目的是得到一个最接近真值的报道值及其偏离真值程度。由于误差的统计性质,必须对测量值作统计分析,这个分析贯彻于数据处理过程的始终。

3.1.1 测量结果的统计分布

测量过程中多种因素都会造成误差。就单个因素而言,所造成的误差并不都按正态分布的,甚至可以反过来说,几乎都不是按正态分布的。所以当有一个或少数几个因素影响特别大时,总误差也就未必服从正态分布,甚至不具有对称性。当存在非对称性分布或者说正确度差,当然就更难要求准确度了。因此,在测量过程中注意发现和消除系统误差是最重要的,最好的办法是保持实验条件的始终一致。

消除系统误差后,误差分布仍然未必是正态的,而大多数误差理论中的公式是按照正态分布假设为前提推导的。但在实际工作中,有时并不知道总体遵从什么样的分布,这就需要根据样本数据来检验总体分布形式,此称为分布拟合检验,其中最常见的是总体分布正态性检验。正态性检验是一种特殊的假设检验,先假设总体为正态分布,然后根据样本数据来检验假设的正确性。所以对于从事新的测量研究课题,检验数据是否正态分布是非常重要的。目前对正态性的检验有许多成熟的方法,例如皮尔森 χ^2 检验、柯尔莫哥洛夫检验、斯米尔诺夫检验等,还可以通过偏度和峰度检验、正态概率纸法、W 检验(样本数 $\leqslant 50$ 时)、D 检验(样本数 $\geqslant 50$,但在1000 以下)等方法。另外,大多数情况,实际分布偏离正态分布不远。

测量工作中还可能出现由于某些特殊原因,多数是意外的原因而出现的异常值,也称离群值。这种异常值依概率分布看属于小概率事件,故称含粗大误差的值。为了使其不影响到测量结果准确度,需要用概率统计分析结合现场实际情况加以剔除。

经过上述三步,才具备综合所获数据的条件,得到可信的结论。由于误差理论的一些公式已经非常程式化了,容易被人们看成是先验的公理去套用而忽略了具体分析。

3.1.2 测量数据处理术语的概率意义

为了将概率论与数理统计应用于数据处理,理解所用术语之间的对应关系是必要的。

测试中首先接触的是测量值,是无限的随机变量总体中的一个有限个数的样本实现。从测量值求得算术平均值是总体期望值的一个估计值。在存在系统误差时总体期望值不等于真值,其差为真正的(理想的)系统误差,这个系统误差还未必是一个固定值。如果测量值的平均值随测量次数的增加而收敛,则越来越接近总体期望值。在有真值可比时,就能以相当准确的程度得出系统误差而加以修正。在有渐进性(单调变化趋势)的或其他未定系统误差存在时,这一点就未必能保证。

由测量列可以求得样本方差及其样本标准偏差,是总体标准偏差的估计值(注:总体概率分布并不限定是正态的),可以用作测量不确定度的评价指标。还有其他估计总体标准偏差的方法,但大都更多依赖于正态分布的假设。

在做多次重复测量的时候,可以形成多个测量列的平均值和样本标准偏差,它们也是随机变量。这里重复测量的次数是有限的,每次包含的重复测量值个数是另一个有限值,应加以区别。这些值既然是随机变量就有其概率分布,又各有其平均值和样本标准偏差。在以后各节中将会看到,多组重复测量后,若其各组平均值之间离散的程度超过了一定限度,表明它们已不能反映总体的期望值,或者说它们已不能说明是属于同一总体。在测量术语中称为各组测量值之间有系统误差。多组测量各组标准偏差之间离散的程度超过了一定限度同样表明它们不属于同一总体,不过解释上不同。在测量术语中称为各组测量精密度不同,将来在利用各组测量的平均值时应按不等精度测量考虑。但是,如果这些数据是通过同一套测量系统获得的,或者是由许多单位按统一的规定实施测量而获得的,应检查出现离群的标准偏差值的那一组测量,或某个单位所用的测量系统在所用测量器具或保证测量条件方面有无异常之处,加以排除。

含有粗大误差测量值,有时被称为"坏值"。实际上这个贬意词带有重要的信息,提示测量者去注意它原来未曾注意的一些征兆和线索。从概率意义上说,它反映了一个预期为小概率的事件的出现。由此出发就不难得出判别粗大误差的方法和准则,本章将有专节介绍。

3.1.3 随机数据分布正态性的检验

3.1.1 节中已经举出了随机数据分布的多种检验方法,其中皮尔森 χ^2 检验是最正规的方法,可以用来检验各种分布假设是否符合现实。但是手续较繁,计算量较多。柯氏和斯氏方法简单一些,但又都需要查阅特殊的表取得拒绝域。本书将要介绍的是专门针对正态性的偏度和峰度检验、χ^2 检验和正态概率纸法检验,其他如 W 检验和 D 检验可参看相关的参考书籍。其中偏度和峰度检验最为简单易行,在作检验之前,如数据量较多可以先按第 2 章 2.2.3 节所述,仿照例 2 – 3 的图 2 – 3 画出样本直方图,粗看一下其分布概貌,n 个数据的分组数为 m,可选 $m = \text{Int}[1.81(n-1)^{2/5} + 0.5]$,或按表 3 – 1 所示。

表 3 - 1　n 个数据的分组数

n	25 ~ 35	35 ~ 60	60 ~ 95	95 ~ 140	140 ~ 200	200 ~ 300	300 ~ 400	450 ~ 500
m	6 ~ 7	8 ~ 9	10 ~ 11	12 ~ 13	14 ~ 15	16 ~ 18	18 ~ 20	20 ~ 22

当直方图显示出单峰性、对称性,并且比较集中于平均值周围时,可以用数值分析进一步作假设检验。另外在使用正态性检验的方法时,必须保证抽样的随机性。下面逐个介绍这三种方法。

1. 偏度与峰度检验

描写概率分布最重要的两个参数是均值和方差,又称为分布的一阶和二阶中心矩。要完整表述一个分布,还需列出其他高阶矩来,对连续随机变量 X,其三阶和四阶中心矩的公式为

三阶中心矩

$$\nu_3 = E\{(X - E(X))^3\} = \int_{-\infty}^{+\infty} (x - \bar{x})^3 f(x)\,\mathrm{d}x \tag{3-1}$$

四阶中心矩

$$\nu_4 = E\{(X - E(X))^4\} = \int_{-\infty}^{+\infty} (x - \bar{x})^4 f(x)\,\mathrm{d}x \tag{3-2}$$

若 $X \sim N(\mu, \sigma^2)$,则可证明 $\nu_3 = 0$,$\nu_4 = 3\sigma^4$。

问题在于如何用离散的样本值求得 ν_3 和 ν_4 的估计值,以及如何构造成相应统计检验量,仿照求 μ 和 σ^2 估计值即 $\bar{x}$ 和 s^2 的办法,可采用下列公式来计算:

$$\left.\begin{array}{l} \hat{\nu}_2 = \hat{\sigma}^2 = \dfrac{1}{n}\sum_{i=1}^{n}(x_i - \bar{x})^2 = s_n^2 \\[3mm] \hat{\nu}_3 = \dfrac{1}{n}\sum_{i=1}^{n}(x_i - \bar{x})^3 \qquad (\text{除数均为 } n) \\[3mm] \hat{\nu}_4 = \dfrac{1}{n}\sum_{i=1}^{n}(x_i - \bar{x})^4 \end{array}\right\} \tag{3-3}$$

并且对原假设 $H: X \sim N(\mu, \sigma^2)$,用 $\hat{\nu}_3$ 和 $\hat{\nu}_4$ 构造两个检验统计量。

偏度:$\hat{C}_S = \hat{\nu}_3 / s_n^3$ 表征分布相对均值的对称性,且 $\hat{C}_S$ 渐近地服从 $N(0, 6/n)$。

峰度:$\hat{C}_E = (\hat{\nu}_4 / s_n^4) - 3$ 表征分布在均值处的集中性,且 $\hat{C}_E$ 渐近地服从 $N(0, 24/n)$。

若 $\hat{C}_S = 0$,分布相对于平均值 $\bar{x}$ 对称;$\hat{C}_S > 0$,称为正偏度,表示平均值大于最大概率密度点的 x 值,即分布向左偏;$\hat{C}_S < 0$ 为负偏度,平均值小于最大概率密度点的 x 值,分布向右偏;如图 3 - 1(a)所示。

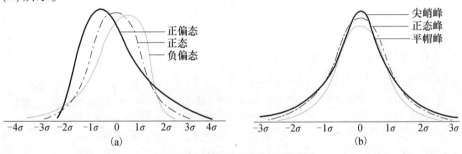

图 3 - 1　偏度和峰度示意图

$\hat{C}_E > 3$ 称为峰度过度,即分布峰陡峭;$\hat{C}_E < 3$ 称为峰度不足,即分布峰平缓;都是偏离正态;如图 3-1(b)所示。

其拒绝阈可在表 3-2 中查到。

表 3-2 偏度和峰度拒绝阈表 $C_{E0}(\alpha,n)$ 及 $C_{S0}(\alpha,n)$

n	8	9	10	12	15	20	25	30	35	40	45	50	70	100
$C_{S0}(0.05,n)$	0.99	0.97	0.95	0.91	0.85	0.77	0.71	0.66	0.62	0.59	0.56	0.53	0.46	0.39
$C_{S0}(0.01,n)$	1.42	1.41	1.39	1.34	1.26	1.15	1.06	0.98	0.92	0.87	0.82	0.79	0.67	0.57
$C_{E0}(0.05,n)$	0.70	0.86	0.95	1.05	1.13	1.17	1.14	1.11	1.08	1.06	1.01	0.99	0.87*	0.77
$C'_{E0}(0.05,n)$	-1.54	-1.47	-1.44	-1.36	-1.28	-1.18	-1.09	-1.02	-0.97	-0.93	-0.89	-0.85	-0.73*	-0.65
$C_{E0}(0.01,n)$	1.53	1.82	2.00	2.20	2.30	2.36	2.30	2.21	2.13	2.04	1.94	1.88	1.59*	1.39
$C'_{E0}(0.01,n)$	-1.69	-1.65	-1.61	-1.54	-1.45	-1.35	-1.28	-1.21	-1.16	-1.11	-1.07	-1.05	-0.92*	-0.82
注*:$n=75$														

若 $|\hat{C}_S| > C_{S0}(\alpha,n)$ 或 $\hat{C}_E > C_{E0}(\alpha,n)$ 或 $\hat{C}_E < C'_{E0}(\alpha,n)$ 时拒绝原假设,分布不具正态性。

当样本量 n 充分大时($n > 200$),可用下列以标准正态分布 $N(0,1)$ 为渐进分布的统计量:

标准偏度系数
$$c_S = \sqrt{\frac{n}{6}}\hat{C}_S = \sqrt{\frac{1}{6n}\sum_{i=1}^{n}\left(\frac{x_i - \bar{x}}{s_n}\right)^2} \tag{3-4}$$

标准峰度系数
$$c_E = \sqrt{\frac{n}{24}}\hat{C}_E = \sqrt{\frac{1}{24n}\left\{\sum_{i=1}^{n}\left(\frac{x_i - \bar{x}}{s_n}\right)^4 - 3n\right\}} \tag{3-5}$$

此时即可使用 $N(0,1)$ 的上 100α 百分位点 z_α 作为拒绝阈。

上述检验对峰度和偏度联合概率作检验时,需借助联合概率密度分布,判断比较困难,但 n 充分大时,可用 $c = \sqrt{c_S^2 + c_E^2}$ 作为统计量渐近服从 $N(0,1)$ 分布来判断,这是大样本和标准化的好处。

【例 3-1】 以第 2 章 2.2.3 节中例 2-3 数据为例,用偏度与峰度检验法判断该测量列是否服从正态分布。

假设 H_0:总体 X 服从正态分布($\alpha = 0.05$ 及 0.01)。

解:$\bar{x} = 10.54$,$s_n = 0.20$,$\nu_3 = \frac{1}{n}\sum_{i=1}^{n}(x_i - \bar{x})^3 \approx 0.000864$

$$\nu_4 = \frac{1}{n}\sum_{i=1}^{n}(x_i - \bar{x})^4 \approx 0.004308$$

查表 3-2 得:

$C_{S0} = (0.05,50) = 0.53$,$C_{S0} = (0.01,50) = 0.79$

$C_{E0} = (0.05,50) = 0.99$,$C'_{E0} = (0.05,50) = -0.85$

$C_{E0} = (0.01,50) = 1.88$,$C'_{E0} = (0.01,50) = -1.05$

$|\hat{C}_S| < C_{S0}(0.05,50) < C_{S0}(0.01,50)$

$C'_{E0}(0.01,50) < C'_{E0}(0.05,50) < \hat{C}_E < C_{E0}(0.05,50) < C_{E0}(0.01,50)$

故不能拒绝假设 H_0,可认为总体 X 服从正态分布。

2. 正态概率纸法

正态概率纸是基于标准正态分布来设计制作的一种专门的坐标纸,是检验与判断总体分布是否为正态的一种简便工具。

正态概率纸的横坐标是等距刻度的,表示测定值,纵坐标的刻度是不等距的,表示概率,通过它可以将正态分布曲线化为直线。由第 2 章 2.3 节知道,标准正态分布的累积分布概率

$$P = \frac{1}{\sqrt{2\pi}} \int_{-\infty}^{u} \exp\left(-\frac{u^2}{2}\right) du \tag{3-6}$$

当 u 为 -3,-2,-1,0,1,2,3 时,由标准正态分布表求得它们相应的累积概率分别为 0.13%,2.28%,15.87%,50.00%,84.13%,97.72%,99.87%。如果将相应于横坐标等距变化的纵坐标变化量,通过坐标系变换,将概率坐标化为等距的(见图 3-2),则正态分布累积分布函数曲线就可以变为直线。对于一般正态分布 $N(\mu, \sigma^2)$,其图形在正态概率纸上也是一条直线,这是因为经过线性变换 $u_i = (x_i - \mu)/\sigma$ 后,直线性质保持不变。

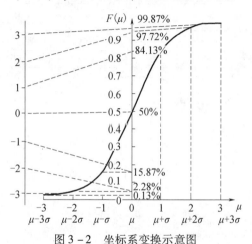

图 3-2　坐标系变换示意图

由此可见,若由样本值算出的点在正态概率纸上近乎处于一条直线上,就可以认为样本来自正态总体。由图 3-2 可见,概率 $P = 50\%$ 对应于 $u = 0$,故其所对应的横坐标为 μ,概率 15.87% 和 84.13% 分别对应于 $u = -1$ 和 $+1$,故它们对应的横坐标分别为 $\mu - \sigma$ 和 $\mu + \sigma$,由此可以求得正态分布的 μ 和 σ 的估计值。

正态概率纸检验法的优点是计算工作量小,图形直观,检验效果好。

用正态概率纸检验分布正态性的具体方法如下:

(1)将样本测定值按大小顺序由小到大排列,$x_1 \le x_2 \le \cdots \le x_n$。

(2)对于每一个 x_i,计算一个 $p(x_i)$。如何计算 $p(x_i)$,有不同的方法,在这里用中位秩公式计算:

$$p(x_i) = \frac{i - 0.3}{n + 0.4} \tag{3-7}$$

式中:n 为样本容量,$i = 1, 2, \cdots, n$,是测定值 x_i 的顺序。

(3)在正态概率纸上描点 $(x_i, p(x_i))$,如果这 n 个点近似在一条直线上,由直线可求得总体均值 μ 与总体标准差 σ。因此,可认为所检验的样本来自正态分布 $N(\mu, \sigma^2)$。

【例 3-2】 设有一个样本容量 $n = 20$ 的样本,样本值按顺序排列为 57,62,66,67,74,76,

77,80,81,86,87,89,89,94,95,96,97,103,109,122,试用正态概率纸检验该组样本是否来自正态总体?

解:用式(3-7)计算相应于各测定值 x_i 的 $p(x_i)$ 值,计算结果(%)分别为:3.4,8.3,13.2,18.1,23.0,27.9,32.8,37.7,42.6,47.5,52.5,57.3,62.3,67.2,72.1,77.0,81.9,86.8,91.7,96.6,描在正态概率纸上,得到如图 3-3 所示的直线。

图 3-3 说明样本来自正态总体。由纵坐标 50% 相对应的横坐标值求得总体 μ 的估计值 $\hat{\mu}=86$,由纵坐标 15.9% 相对应的横坐标为 $\hat{\mu}-\hat{\sigma}=68$,得到总体 σ 的估计值 $\hat{\sigma}=18$。由此得出结论,该组样本值遵从正态分布 $N(86,18^2)$。

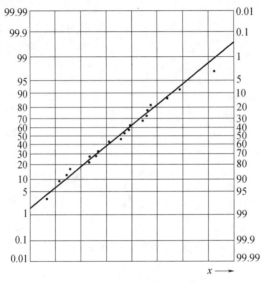

图 3-3 正态概率纸检验

3. 皮尔逊 χ^2 检验法

皮尔逊 χ^2 检验法是先假定样本所属总体是正态分布,依据所作假设求出样本相应的理论频数,并同样本的实际频数比较。若实际频数分布与理论频数分布相符合,说明事先所作的统计假设是正确的,样本所属总体是正态分布;若实际频数与理论频数不相符合,则否定事先所作的"样本所属总体为正态分布"的统计假设,换言之,样本所属总体不是正态分布。

统计检验所用的统计量是

$$\chi^2 = \sum_{i=1}^{K} \frac{(f_i - nP_i)^2}{nP_i} \tag{3-8}$$

式中:n 是样本数目;K 是样本值分组数目;f_i 是第 i 组实际样本值的数目;nP_i 是第 i 组按理论上预计的样本值数目;P_i 是第 i 组样本值出现的概率。χ^2 值在 $n>50$ 时总是近似地遵从自由度为 $K-\gamma-1$ 的 χ^2 的分布函数,其中 γ 为被估参数的数目,我们用 $\bar{x}$ 和 s 来分别估计总体均值 μ 和总体标准差 σ,故 $\gamma=2$。如果约定显著性水平 $\alpha=0.05$,则 χ^2 值大于临界值 $\chi^2_{0.05}(\nu)$ 的概率不到 5%,这是一个小概率事件,人们有理由可以否定事先所作的"样本所属总体为正态分布"的统计假设;反之,若实验求得的 $\chi^2 \leqslant \chi^2_{0.05}(\nu)$,则人们没有理由否定事先所作的统计假设,即应接受事先所作的统计假设,判定样本所属总体为正态分布。

【例 3-3】 测定某地区土壤中的铜,得到如下 50 个数据(单位:略),试确定铜含量是否遵从正态分布。

2.8	15.5	22.0	33.0	19.0	5.5	5.5	23.7	23.5	28.0
15.5	19.0	19.5	14.5	25.5	10.0	21.0	15.0	25.0	29.0
34.0	29.5	18.0	25.0	21.5	15.0	13.0	18.5	26.4	12.0
12.5	15.0	20.0	18.2	11.5	18.5	10.5	37.0	9.5	13.6
20.5	23.0	17.0	35.5	25.6	16.5	26.0	28.5	30.0	22.5

解:检验步骤如下:

(1) 将测试数据由小到大顺序排列,根据数据数目的多少,按式(3-8)将数据分成为若干组,每组内测定值的数目不少于5,否则要与相邻的组合并(参见表3-3第6列)。

(2) 计算样本均值 $\bar{x}$ 与标准差 s:

$$\bar{x} = \frac{1}{n}\sum_{i=1}^{n}x_i = 19.936$$

$$s = \sqrt{\frac{1}{n-1}\sum_{i=1}^{n}(x_i-\bar{x})^2} = 7.849$$

(3) 按照式(3-9)

$$u_i = \frac{x_i-\bar{x}}{s} \tag{3-9}$$

将各测定值标准化,求得组限值相应的 u_i 值(参见表3-3第3列)。

(4) 根据 u_i 值由标准正态分布表查出该组限内的概率 P_i,并计算预期的样本数目 nP_i(参见表3-3第4,5列)。

(5) 根据式(3-8)计算各组的 $\dfrac{(f_i-nP_i)^2}{nP_i}$ 值及其总和 χ^2 值(参见表3-3第7列)。

(6) 由附录的 χ^2 分布表中查出 $\alpha = 0.05$ 和相应自由度 $f = 5-2-1 = 2$ 时的临界值 $\chi^2_{0.05}(2) = 5.991$。比较实验 χ^2 与临界值 $\chi^2_{0.05}(2)$,若 $\chi^2 > \chi^2_{0.05}(2)$,则否定事先所作的统计假设;若 $\chi^2 \leqslant \chi^2_{0.05}(2)$,则表明实验事实与事先所作的统计假设没有矛盾,应接受事先所作的统计假设。在本例情况下,$\chi^2 < \chi^2_{0.05}(2)$,故在95%的置信水平下接受事先所作的统计假设,即样本所属总体遵从正态分布,土壤中铜含量的分布为正态分布。

表 3-3　χ^2 检验的计算表

分组	组限	组限	概率	预期样本值频数	实际频数	$\dfrac{(f_i-nP_i)^2}{nP_i}$
i	x_i	u_i	P_i	nP_i	f_i	
1	0 ~ 7.5	$-\infty$ ~ -1.58	0.0571	2.86	3	0.0118
2	7.5 ~ 12.5	-1.58 ~ -0.94	0.1165	5.82	6	
3	12.5 ~ 17.5	-0.94 ~ -0.30	0.2085	10.42	10	0.0169
4	17.5 ~ 22.5	-0.30 ~ 0.33	0.2510	12.55	13	0.0161
5	22.5 ~ 27.5	0.33 ~ 0.97	0.2034	10.20	9	0.1412
6	27.5 ~ 32.5	0.97 ~ 1.61	0.1113	5.56	5	0.0701
7	32.5 ~ ∞	1.61 ~ ∞	0.0537	2.68	4	
			1	50	50	0.2561

因此,土壤中铜含量的分布特征可用算术平均值 $\bar{x} = 19.936$ 与标准差 $s = 7.849$ 来表示。

3.2 直接测量值的数据处理

直接测量值数据可以有下列几类情况:

(1)读数有约定真值可比,用于计量校准的情况,约定真值总是固定的某几个值,由标准器复现这些值。例如标准电阻器、标准砝码、标准块规、标准线纹尺、标准电池等,读出的值则显示出离散性,反映被校准仪器的不确定度。这种测量一般次数较少,所需时间则较长,目的是使这种不确定性能充分反映出来。

(2)被测对象真值待测定,只能以读数即指示仪器指示值作为真值来比较,大部分测量属于这种情况。依照被测对象真值的变化性质又可分为两类:

① 被测量的是某个对象的量值,其自身经常随机地变化,例如,某一人的体重,某一零件上两点之间的距离,某一灯的亮度等。由于这种量值是随时间而变化的,应该认为在某一时刻,它只有一个真值,所以常常只测一次即够,最多复验一次,日常生活中的测量大都如此。工程中也常有,例如:在做密闭爆发器试验时测装药量和药室容积;在测量弹丸速度时测量靶距等。这时认为其变动不致超过一定范围即可,而这种变动所造成的误差将来仍然会反映到测量结果中,往往是反过来从测量结果的分散性再来确定是否值得多次测量。

② 被测量是一批不同的量,这时测量数据反映的是这一批量的分散程度和它们的总体期望值。在非破坏性测试中可以采取全检全测的方法,但在工程应用中为了节约人力物力,也经常采用抽样检测的方法,至于若要做破坏性检验测试,那就更非用抽样的方法不可了。

3.2.1 直接测量值的初步处理

直接测量值的初步处理分两类:对于只测一次的值,只需写出该值,并根据仪器的精度估计该值的不确定度。显然这种不确定度属于 B 类不确定度。对于多次测量值则需要作下列几步供误差分析用。

(1)按测量这些数据的时序排列,这是分析系统误差的需要,原始记录就起此作用。

(2)按这些数据量值的大小排列,从大到小或从小到大均可,这是分析粗大误差的需要,这样形成的数据列称为次序统计量。

(3)计算平均值、方差及标准偏差。

【例 3-4】 以第 2 章表 2-3 的 50 个数据为例作数据初步处理。

(1)将按时序排列记为 $x_i(i = 1,2,3,\cdots,50)$,即表 2-3 所列;

(2)将上述数按大小重排列,记为 $x_{(i)}((i) = 1,2,3,\cdots,50)$;

(3) $\displaystyle\sum_{i=1}^{50} x_i = \sum_{(i)=1}^{50} x_{(i)} = 527.0\,\text{cm}, \bar{x} = \dfrac{\sum x_i}{n} = \dfrac{527.0}{50} = 10.56\,(\text{cm})$

(4)列出残差值,记为 $\varepsilon_i = x_i - \bar{x}$;

(5)由此求出残差平方和,记为 $[\varepsilon^2]$,

$$[\varepsilon^2] = \sum_{i=1}^{n} \varepsilon_i^2 = \sum_{(i)=1}^{n} \varepsilon_{(i)}^2 = 2.0800(\text{cm}^2)$$

（6）求出方差估计值，记为 s^2，
$$s^2 = [\varepsilon^2]/(n-1) = 0.04245\,(\mathrm{cm}^2)$$

（7）标准偏差估计值，记为 s，
$$s \approx 0.21\,\mathrm{cm}$$

在上述计算中比较繁琐的是手工计算残差平方和并由此计算方差及标准偏差的估计值。为防止错误可以列成纵列的表来进行。目前科学计算器已很普及，大大方便了这种过程，这里只指出一点，计算器编程时已经考了下列关系式，对任何 $n \geqslant 2$ 均有下列递推公式：

$$\left.\begin{aligned}
\sum_{i=1}^{n} x_i &= \sum_{i=1}^{n-1} x_i + x_n \\
\sum_{i=1}^{n} x_i^2 &= \sum_{i=1}^{n-1} x_i^2 + x_n^2 \\
n &= (n-1) + 1 \\
\bar{x} &= \sum_{i=1}^{n} x_i / n \\
[\varepsilon^2] &= \sum_{i=1}^{n}(x_i - \bar{x})^2 = \sum_{i=1}^{n} x_i^2 - \left(\sum_{i=1}^{n} x_i\right)^2 \Big/ n \\
s^2 &= [\varepsilon^2]/(n-1)
\end{aligned}\right\} \tag{3-10}$$

所以在进行这种统计运算中只需不断将 $1, x_i$ 和 x_i^2 加到三个寄存器内就可以做任何个数数据的计算，避免了先求平均值再求残差的繁琐手续。

在本节所说的初步处理，在经过系统误差检验和粗大误差检验之后，如果确认没有这两种误差存在的话，也就是该测量值的最终处理结果。

3.2.2　系统误差

系统误差的主要特征是在同一条件下，多次测量同一量值时，误差的绝对值和符号保持不变，或者在条件改变时，误差按一定的规律变化，故多次测量同一量值时，系统误差不具有抵偿性，这是系统误差与随机误差的本质区别。所说的系统误差的规律性是有确定的前提条件的，研究系统误差的规律性应首先注意这一前提条件。

1. 系统误差的来源

在测量过程中，影响测量偏离真值的所有误差因素中，只要是由确定性变化规律的因素造成的，都可以归结为是系统误差的原因。系统误差产生的原因要从各种可能影响测量结果的要素中去寻找。系统误差是由固定不变的或按确定规律变化的因素所造成，其中包括：

（1）测量装置方面的因素。例如：仪器机构设计原理上的缺点；仪器零件制造和安装不正确（如标尺的刻度偏差，刻度盘和指针的安装偏心等）。

（2）测量方法的因素。如采用近似的测量方法或近似的计算公式等引起的误差。

（3）环境方面的因素。例如：测量时的实际温度与标准温度的偏差；测量过程中温度、湿度等按一定规律变化的误差。

（4）测量人员方面的因素。由于测量者的个人特点，在刻度上估计读数时，习惯偏于某一方向；动态测量时，记录某一信号有滞后的倾向等。

在确定系统误差之前，需要先能发现它。只有发现才能确定，只要能确定就能加以消除。

所以,测试界常常说"未被发现的系统误差是最危险的"。如利用活塞式压力计产生标准压力时,如果活塞断面积因活塞杆受压产生的变形而增大,若以不受压力时所测得面积来计算压力,表面看是符合定义的,实际上就有使读数值偏离的系统误差存在。当压力超过 500MPa 时,必需修正才能保证所需的准确度。这时每个活塞式压力计的砝码质量都必需编号;按次序放置,或者规定各个压力赋值下需要增加的附加砝码的质量。又如在力学和长度计量检定时,规定的标准温度为 20℃,但实际上由于各种原因,使被测件的温度和标准件的温度与标准温度有较大偏差。另外,由于被测件与标准件材料不同,膨胀系数有差异,这些都将引起测量系统误差。

2. 系统误差的分类

系统误差的产生原因与诸多因素有关,其表现形式也多种多样,按系统误差出现的规律可分为恒定系统误差和变值系统误差两类,按对误差的掌握的程度又可分为已定系统误差和未定系统误差两类。

1)恒定系统误差

在整个测量过程中,误差符号和大小固定不变的系统误差,称为恒定系统误差。

例如,某量块的公称尺寸 10mm,实际尺寸 10.001mm,误差为 −0.001mm,若按公称尺寸使用,始终会存在 −0.001mm 的系统误差。还有压力表等需要调零位的测量仪器,由于零位没有调准,使用时引起的零位误差,均属于恒定系统误差。

2)变值系统误差

变值系统误差是指在整个测量过程中,误差的大小和符号按某一确定规律变化的系统误差,按其变化规律又可分为线性变化的系统误差、周期性变化的系统误差和复杂规律变化的系统误差三类。

(1)线性变化的系统误差

在整个测量过程中,随着测量值或时间的变化,误差值是成比例地增大或减小,称为线性变化的系统误差。

如测量线胀系数为 a 的物体长度 L 时,由温度偏差引起的测长误差 ΔL 为线性误差,即 $\Delta L = L \times a \times \Delta t, \Delta t = (t - 20)℃$;用电位器测量电动势时,由于电位器工作电流回路中蓄电池电压随着放电时间而降低,会引起线性的测量误差;千分尺测微螺杆的螺距累积误差和长刻度尺的刻度累积误差,都具有线性系统误差的性质。

(2)周期性变化的系统误差

在整个测量过程中,若随着测量值或时间的变化,误差是按周期性规律变化的,称为周期性变化的系统误差。例如圆盘指针指示型仪表(如压力表,测角仪),由于仪表装配问题,指针旋转中心与刻度盘中心有偏心 e,如图 3−4(a)所示,则指针在任一转角 φ 引起的读数误差 Δx 为周期性系统误差。即

$$\Delta x = e\sin\varphi$$

此误差的变化规律符合正弦曲线(见图 3−4(b)),指针在 0° 和 180° 时误差为零,而在 90° 和 270°时误差最大,误差值为 ±e。

这一规律的前提是按顺时针或逆时针的顺次考察,否则测量误差将不具有这一规律性。如当重复使用同一刻度进行测量时,由度盘偏心带入测量结果中的误差是固定不变的系统误差。而当随机地逐次取用任一刻度进行测量时,度盘偏心引入测量结果的误差则不具有确定的规律性。因此,如前所述,在讨论误差的规律性时,前提条件具有关键性的意义。

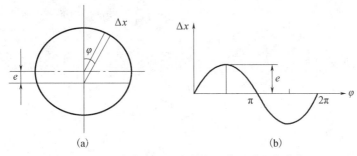

图 3 - 4　圆盘指针指示型仪表及其误差变化曲线

（3）复杂规律变化的系统误差

对于变值系统误差,除上述两种具有典型变化规律的系统误差外,服从其他变化规律的系统误差统称为复杂规律的系统误差。这类误差在整个测量过程中具有确定规律,但比较复杂,有时甚至只能从经验公式或实验曲线来描述其变化规律。如由于温度的影响,电阻在温度为 T 时的误差 ΔR 为

$$\Delta R = \alpha(T - 20) + \beta(T - 20)^2 \tag{3 - 11}$$

式中:α 为电阻的一次温度系数;β 为电阻的二次温度系数。

3. 系统误差的发现

发现系统误差首先靠计量校准,同时也就确定了所用仪器的修正值。这是最根本的方法。

在某些影响量作用下产生的未定系统误差,可用统计方法来发现,因为两个测量系统所测数据间如果存在着系统误差的话,其各自测得的样本（数据序列）的统计分布将表现出差异。如果这种差异超过一定的限度,我们就可以判定它们之间存在系统误差。用统计学术语来说,就是这两个样本已经不属于同一个总体了;用计量学术语来说,则是它们已不能正确反映被测量的值了。如果差异尚不到所定的限度,则可以判定其系统误差可以容纳在随机误差变化之内,作为随机误差的一部分来对待。这就是系统误差发现的基本思路。若只有一组数据,又怀疑有时序性的系统误差时,可将其按时序分为前后两组来进行检验。下面介绍几种方法供不同情况下选用。用这些方法时要用到上一节的数据初步处理方法。

1）残差观察法

通过按时序排列的残差表或图观察它们大小和符号变化的规律,可以定性地看出有规律的系统误差,例如是渐进性的还是周期性的,必要时再用数值方法进一步分析。图 3 - 5 所示便是这种观察法的几个典型例子。残差图可以用数据图平移坐标得到。

需要说明的是:如果误差中随机误差占有较大优势而数据量又较少,观察法将难以作出判断,此时即使改用数值方法也无补于事,可以认为这部分即使存在的系统误差并不显著,可以看作随机误差的一部分。再者,因为残差是与平均值作比较得到的,所以这种方法不能判断恒定的系统误差是否存在。例如测速问题中因距离所用尺子不准,或计时系统所用标准频率不准确产生的系统误差,那只有靠校准的方法来发现和解决。

2）数值统计检验法

数值统计检验法中最为严密的是 t 检验方法,其基本原理在第 2 章中已经介绍,具体的公式如表 2 - 8 中所列,可根据实际情况来使用。该方法缺点是计算起来比较费时,但如果有计算机或科学计算器时,还是值得的。检验统计量采用

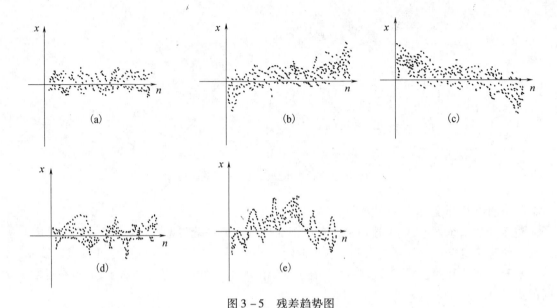

图 3-5　残差趋势图

(a)系统误差不显著;(b)有渐进性系统误差(渐增);(c)有渐进性系统误差(渐减);

(d)有周期性系统误差;(e)有更复杂变化的系统误差。

$$t = \frac{\bar{x}_1 - \bar{x}_2}{s_p \sqrt{1/n_1 + 1/n_2}} = \frac{\bar{x}_1 - \bar{x}_2}{s_p} \sqrt{\frac{n_1 n_2}{n_1 + n_2}} \qquad (3-12)$$

式中

$$s_p = \sqrt{\frac{(n_1 - 1)s_1^2 + (n_2 - 1)s_2^2}{n_1 + n_2 - 2}} \qquad (3-13)$$

拒绝域采用
$$|t| > t_{\alpha/2}(n_1 + n_2 - 2)$$

在 n_1 和 n_2 相当大(例如 $n \geqslant 30$)时,可以用较为简单的统计量 z,

$$z = \frac{\bar{x}_1 - \bar{x}_2}{\sqrt{\sigma_1^2/n_1 + \sigma_2^2/n_2}} = \frac{\bar{x}_1 - \bar{x}_2}{\sqrt{\sigma_{\bar{x}_1}^2 + \sigma_{\bar{x}_2}^2}} \qquad (3-14)$$

拒绝域采用

$$|z| > z_{\alpha/2} \qquad (3-15)$$

注意到式(3-13)中 $(n_1-1)s_1^2$ 和 $(n_2-2)s_2^2$ 实际上就是残差平方和 $\sum \varepsilon_{i1}^2$ 和 $\sum \varepsilon_{i2}^2$,如果我们是按初步处理方法做的,此数已经存在计算机中或已在手算时记录下来,公式还可更简单。上面所介绍公式是作为比较他人报道的测量结果时使用的。从这点来看报道数据时应尽可能列出测量次数或自由度来。在报道值未明确指出这点时,则只好降格使用式(3-14)及式(3-15)。下面再介绍一些其他数值检验方法,供在特殊情况下选用。

3)秩和检验法

所谓秩就是前面已经得到的次序统计量中的(i)值。将数据按时序 i 分为前后两组,分别为 n_1 和 n_2 个,$n_1 + n_2 = n$。n_1 可以和 n_2 相等或不等,但宜大致相等或略小,即 n 为偶时取 $n_1 = n_2 = n/2$,n 为奇数时取 $n_1 = (n-1)/2$,$n_2 = (n+1)/2$。对应属于第一组的各(i)值之和写作 T_1,属于第二组的各(i)值之和写作 T_2。$T_1 + T_2$ 必定等于 $[n(n+1)]/2$。所以只要求其中的小值即可。当只用 T_1 作统计量时,可泛记为 T。如果这两组数据是没有系统误差的,则 T 值应在某两上下限值之间,它们的值由检验显著性水平 α 决定。一般取 α 值为 0.05。在 n_1 和 n_2 均不大于 10 时的上下限值见表 $3-4(\alpha=0.05)$ 和表 $3-5(\alpha=0.01)$。拒绝域为 $T>T_H$ 或 $T<T_L$。

当 n_1 和 n_2 大于 10 时,或 $n_1>2$,$n_2>20$ 时可使用标准正态统计量

$$\hat{z}=\frac{2T_1-n_1(n_1+n_2+1)+1}{\sqrt{n_1(n_1+n_2+1)(n_2/3)}} \qquad (3-16)$$

(如果 $2T_1>n_1(n_1+n_2+1)$,则将分子最后一项改为减 1)。临界值为 $z_{\alpha/2}$。

表 $3-4$　秩和检验上下限表 $(\alpha=0.05)$ $(T_L+T_H=n_1(n_1+n_2+1))$

n_1	n_2	T_L	T_H	n_1	n_2	T_L	T_H	n_1	n_2	T_L	T_H	n_1	n_2	T_L	T_H	n_1	n_2	T_L	T_H
2	4	3	11	3	5	7	20	4	7	15	33	5	10	26	54				
2	5	3	13	3	6	8	22	4	8	16	36	6	6	28	50	7	10	46	80
2	6	4	14	3	7	9	24	4	9	17	39	6	7	30	54	8	8	52	84
2	7	4	16	3	8	9	27	4	10	18	42	6	8	32	58	8	9	54	90
2	8	4	18	3	9	10	29	5	5	19	36	6	9	33	63	8	10	57	95
2	9	4	20	3	10	11	31	5	6	20	40	6	10	35	67	9	9	66	105
2	10	5	21	4	4	12	24	5	7	22	44	7	7	39	66	9	10	69	111
3	3	6	15	4	5	13	27	5	8	23	47	7	8	41	71	10	10	83	127
3	4	7	17	4	6	14	30	5	9	25	50	7	9	43	76				

表 $3-5$　秩和检验上下限表 $(\alpha=0.01)$

n_1	n_2	T_L	T_H	n_1	n_2	T_L	T_H	n_1	n_2	T_L	T_H	n_1	n_2	T_L	T_H	n_1	n_2	T_L	T_H
4	4	10	26	5	8	21	49	7	7	36	69	8	10	53	99	9	13	73	134
4	5	11	29	5	9	22	53	7	8	38	74	8	11	55	105	9	14	76	140
4	6	12	32	5	10	23	57	7	9	40	79	8	12	58	110	10	10	78	132
4	7	13	35	6	6	26	52	7	10	42	84	8	13	60	116	10	11	81	139
4	8	14	38	6	7	27	57	7	11	44	89	9	9	62	109	10	12	84	149
4	9	14	42	6	8	29	61	7	12	46	94	9	10	65	115	10	13	88	152
5	5	17	38	6	9	31	65	8	8	49	87	9	11	68	121	10	14	91	159
5	6	18	42	6	10	32	70	8	9	51	93	9	12	71	127	10	15	94	166
5	7	20	45	6	11	34	74												

当出现有多个数据数值相等时,则采取平均秩的方法给这些数定相等的秩。很明显,如果使 n_1 比 n_2 小得更多些,就可减小计算工作量;命名秩的数值小一些,计算秩也容易一些,这与排次序统计量时从大到小还是从小到大以及数据的时序两者都有关,未必能预见,如果数值偏大时可以倒过来排。选择小一些的 n,造成信息不足是其缺点,所以一般不提倡,除非 n 值很大。在这种情况下式 $(3-16)$ 需加修正项 Δz

$$\Delta z=[1/(10n_1)-1/(10n_2)](\hat{z}^2-3\hat{z}) \qquad (3-17)$$

在 $z>\sqrt{3}$ 时此修正值总为正,意味着 n_1 过小时拒绝域相对缩小,增大发现系统误差的能力。

4) 符号检验法

符号指数据对之间的差值的正负,若为正则取为 +1,为负则取为 −1,为零则取为 0。这种数据对可以是由两组数据列的对应序号的数据构成,也可以是一组数据的相邻时序两数据构成。数据对之差值可规定为第一数减第二数,倒过来也可以,但必须统一。符号值可记为 C_i,它是服从二项分布的统计量,检验统计量构成为 $\sum\limits_{i=1}^{n} C_i$。如果没有系统误差,它的期望值为 0,方差为 n,拒绝域为 $\left(\sum\limits_{i=1}^{n} C_i\right)^2 > 4n$。

拒绝域写成 $\sum C_i$ 的平方是因为 $\sum C_i$ 可正可负。对应 $\alpha = 0.05$,它的倍数本应是 $z_{\alpha/2}^2 = 1.96^2 = 3.84$,近似为 4;若要求按 $\alpha = 0.01$ 检验,$z_{\alpha/2}^2 = 2.58^2 = 6.66$,近似为 20/3。

关于系统误差的发现可用的统计检验方法很多,限于篇幅,只举几种常用的。这些方法既能用在测量上,也能用在质量管理和对比新技术新工艺的有效性上,只不过目的不同而已。对于测量是要力求发现后去消除产生这种系统误差的原因,而对质量管理则意在控制产品的性能指标稳定。如果是采用了新工艺新技术,则发现系统性差异意味着产生产量或生产率或性能指标的飞跃,是最希望的。

4. 系统误差的减小和消除

根据前面所介绍的判断系统误差是否存在的方法,一旦判别出测量列中含有系统误差,首先应对整个测量过程进行分析,设法找到产生系统误差的原因和系统误差的大小及变化规律,然后按系统误差的不同类型予以处理,加以减小或消除其影响。

处理系统误差是比较复杂的问题。它要求测量操作者有实践经验,对测量仪器和测量方法比较熟悉,具有一定的理论知识。需要根据不同的情况采用不同的处理系统误差的方法。

下面介绍几种常用的处理系统误差的方法。应该指出,系统误差的消除只能达到一定的限度,限度以外的微小误差通常已具有随机性质,一般可以归入随机误差来处理。

1)从误差根源上消除系统误差

这是消除系统误差的根本方法。在实施精密测量之前,应先对所采用的原理和方法、仪器和量具以及环境条件等作全面的检查和了解,明确其中有无产生明显系统误差的元素,并采取相应的措施予以改正或消除。由于测量的具体条件不同,分析和查找误差根源方法也不同。总的来讲应有以下需考虑几方面:

(1)所用基准件或标准件,如量块、分划刻尺等是否准确可靠,有无修正值。如有修正值,则应在读数值或者测量结果中予以修正。

(2)所用的仪器和量具是否处于正常的工作状态。是否已按规定期限进行检定,使用前和使用过程中有无异常现象。

(3)仪器的调整,被测工件的安装定位和支承装卡是否合理正确。测量时应正确选择测量基准,尽量遵守基准统一原则。如丝杠,大尺寸量块等,在安装定位时要考虑因自重而产生的变形引起的误差,应按所谓"艾利点"来支承,即两支承点应设在距两端的距离 a 约为被测工件全长 L 的 0.211 倍等。

(4)所采用的测量方法和计算方法是否正确,有无理论误差,在数据处理过程中有没有误算和疏漏,对重要的计算应反复核查。

(5)测量的环境条件是否符合规定要求。特别是温度变化的影响尤为重要。在普通的实验室内还应对尘污和振动给以足够注意。有时还应对气压和空气折射率变化产生的误差给以修正,如在利用光干涉原理进行高精密测量情况。

在恒温条件下的精密测量,还要注意局部热源的影响,为了减小测量人员体温的影响,可采用隔热罩、隔热手柄、长杠杆和长摄夹等工具进行操作,有时还要限制恒温室内的人数。对仪器的光源和电源,可采用散热和冷却措施,还可用瞬时照明方式。

（6）注意避免测量人员带入主观误差,如视差、视力疲劳以及注意力分散等。

2）在测量过程中消除系统误差的常用方法

（1）抵消法

当已知有某种产生定值系统误差的因素存在,又无法从根源上消除和难以确定其大小以便从测量结果中加以修正时,可考虑能否用抵消法。

此法用来消除定值系统误差。该方法需进行两次测量,并使两个测得值包含的系统误差大小相等符号相反,若取两次的平均值作为测量结果,便可消除系统误差。

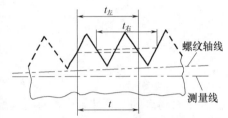

图 3 – 6　螺纹螺距的测量

例如测量螺纹的螺距时（见图 3 – 6）,由于存在调整误差,仪器的测量轴线和螺纹轴线不重合,互相之间有偏斜,从而引起螺距测量中的定值误差 δt。为此,在螺纹的两边各测量一次,分别得到螺距的测得值 $t_左$ 和 $t_右$,则

$$\left.\begin{array}{l} t_左 = t - \delta t \\ t_右 = t + \delta t \end{array}\right\} \tag{3 – 18a}$$

式（3 – 18a）中 t 是螺纹的正确螺距,取两个测得值的平均作为测量结果,可消除螺纹轴线倾斜所引入的系统误差。

（2）替代法

该方法是在一定的测量条件下对某一被测量进行测量,使在仪器上得到某一种量值指示状态,再以同样性质的标准量代替量值,调整标准量值的大小,使在仪器上呈现出与前者相同的量值指示状态,则此时的标准量值等于被测量量值,消除了由仪器所引入的定值系统误差。如用天平秤质量,先将未知质量 x 与媒介质质量 P 平衡,若天平的两臂长有误差,设长度分别为 l_1 与 l_2,如图 3 – 7 所示,则

$$x = \frac{l_2}{l_1} P \tag{3 – 18b}$$

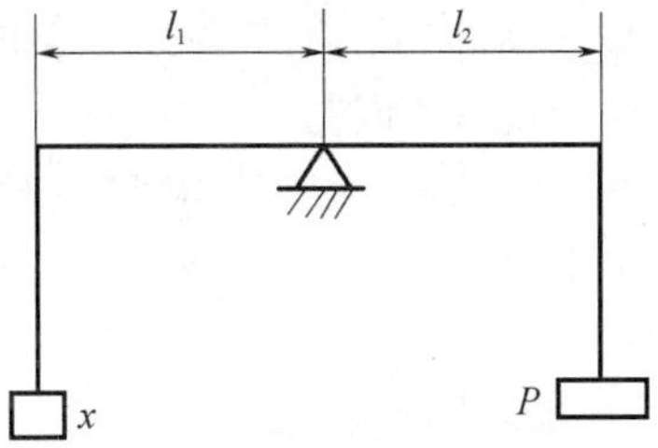

图 3 – 7　天平秤测量

但由于不能准确知道两臂长 l_1 与 l_2 的实际值,若取 $x = P$,将带来固定不变的系统误差。因此移去被测量 x,用已知质量为 Q 的标准法码代替。若该砝码可使天平重新平衡,则有

$$x = Q \tag{3 – 18c}$$

若该砝码不能使天平重新平衡,读出差值 ΔQ,

则有

$$Q + \Delta Q = \frac{l_2}{l_1} P$$

$$x = Q + \Delta Q \tag{3 – 18d}$$

这样就可消除由于天平两臂不等而带来的系统误差。

（3）交换法

这种方法是在一次测量后,将其中一些测量条件交换再作测量,以消除定值系统误差。

例如在等臂天平上称量重物,如图 3-8 所示,其中 P 和 P' 是两砝码,x 是待测重物。当天平达到平衡时,应有 $x=P$。但必须是两臂长度相等条件下才成立。一般情况下由于 $l_1 \neq l_2$ 就会引入系统误差。此时应有

$$x = \frac{l_2}{l_1}P \qquad (3-19a)$$

为了消除由于 $l_1 \neq l_2$ 所引入的系统误差,可以把 P 和 x 互相交换位置。如果有系统误差,则天平就不再平衡。需调整砝码,直到砝码重量为 P' 时,天平再次达到平衡,显然,此时有

$$P' = \frac{l_2}{l_1}x \qquad (3-19b)$$

由上式得

$$x = \sqrt{P \cdot P'} \approx \frac{P+P'}{2} \qquad (3-19c)$$

这样得到的测量结果中就不再包含系统误差。

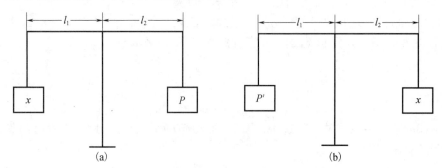

图 3-8 交换法在天平秤测量中应用示意图

（4）对称法消除线性变化系统误差

消除线性变化系统误差可采用对称法,设某系统误差随时间线性变化,若选定某时刻为中心,则对称于该点的系统误差的算术平均值都相等,利用这个特点,将测量对称安排,可消除线性变化系统误差。

如图 3-9 所示,将测量时间顺序安排为 t_1 和 t_5,t_2 和 t_4 都与 t_3 相对称,且时间间隔相等,于是有

$$\frac{x_1+x_5}{2} = \frac{x_2+x_4}{2} = x_3 \qquad (3-20)$$

由此可见,只要将对应时刻的测得值相加后取平均值,所得测量结果中就不再包含线性变化系统误差。所剩下的是中间时刻 t_3 测量时存在的定值系统误差。

很多随时间变化的系统误差,在短时间内都可看作是线性的。用这种对称测量法可有效地消除之。

例如采用对称法测量电阻时,电位差计依次测量 R_x 和 R_0 上的电压降,如图 3-10 所示,若电流 I 随时间线性变化(电池组的电压随时间线性下降),则将引入线性变化的系统误差,因此采用对称法安排测量如下:

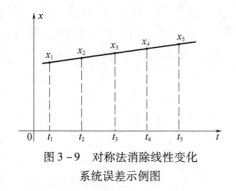

图 3 - 9 对称法消除线性变化
系统误差示例图

图 3 - 10 对称法电阻测量

① t_1 时刻,测 R_x 上的电压降:$U_x = I_1 R_x$

② t_2 时刻,测 R_0 上的电压降:$U_0 = I_2 R_0$

③ t_3 时刻,测 R_x 上的电压降:$U'_x = I_3 R_x$

则有

$$\frac{1}{2}(U_x + U'_x) = R_x\left(\frac{I_1 + I_3}{2}\right) = R_x I_2$$

便可得

$$R_x = \frac{1}{2}\frac{(U_x + U'_x)}{U_0} R_2 \tag{3-21}$$

（5）半周期法消除周期变化系统误差

周期变化系统误差一般都是出现在有圆周位移的情况。例如图 3 - 4 所示的周期性系统误差。半周期法是采用在相隔 180° 的两个对径位置上分别取得测量读数,然后再取两者的平均值作为结果,就可消除这种系统误差。

在两对径位置上的实际读数分别为:$x_1 = x + \Delta x_1$；$x_2 = (x + 180°) + \Delta x_2$。其中

$$\Delta x_1 = e\sin\varphi$$

$$\Delta x_2 = e\sin(180° + \varphi) = -e\sin\varphi$$

则有

$$\frac{x_1 + x_2}{2} = \frac{(x + \Delta x_1) + (x + 180° + \Delta x_2)}{2} = x + 90°$$

式中 90° 为对径读数取平均值后的常数,可直接在读数值中消去,并不影响最后的角度测量结果。因而周期变化系统误差已被消除。

可见:消除周期性系统误差只要先读取一个读数,然后相隔半个周期再读一个读数,取其平均值作为观测值,即可消除周期误差,此法称为半周期偶数观测法,对测角仪器,亦称为对径观测法(对径读数)。因此可在度盘直径两端分别安装一个读数显微镜进行读数。

3）利用修正值消除测得值中的系统误差

测量中如发现有系统误差存在,可利用高一等级的精密仪器或其他方法对同一被测量进行测量,找出所使用仪器的实际系统误差数值或者变化规律,列成修正值表或者修正曲线。在测量时,根据测得值 x'_i,在修正值表或者修正曲线上找到相应的修正值 Δ_i。于是对测得值进行修正,就可以得到不包括系统误差的测量结果:$x_i = x'_i + \Delta_i$。

目前,自动化测量技术和各种微型机在测量仪器中得到广泛应用。这样可采用实时反馈修

正的办法来消除变化规律比较复杂的系统误差。在仪器设计或者使用过程中,应尽可能找出影响测量结果的误差函数关系式或近似函数关系式。在测量过程中及时按照这种误差函数关系,通过计算机算出影响测量结果的误差值,并对测量结果作实时的自动修正。

5. 系统误差的消除准则

无论采用哪种系统误差的消除方法,进行多少次测量,都不能把系统误差全部消除,即最终测量结果总会残留一部分系统误差。这是由于科学技术水平的限制,使得测量仪器设计、制造不完善,测量方法不严密及人为因素所致。例如,在计量检定中,不论采取什么测量方法,仪器的灵敏度总是有限的,还有标准器本身的误差以及其他影响,不可避免地存在系统误差的残余部分。在实际测量中,只能把系统误差减弱到某种程度,致使它们对测量结果的影响减小到可以忽略不计,这时就认为系统误差已被消除。那么这个残余小到什么程度才能略去不计呢? 即认为系统误差已消除了呢?

如果某一项或几项系统误差的代数和的绝对值 ε_x,不超过总误差绝对值 Δx 的最后一位有效数字的 $1/2$ 个单位,那么根据 4 舍 5 入的原则,可将 ε_x 舍去,于是可推论出消除系统误差的具体准则如下:

(1)当总系统误差 Δx 由一位有效数字表示时,若 ε_x 满足不等式

$$|\varepsilon_x| < \frac{1}{2} \cdot \frac{|\Delta x|}{10} = 0.05|\Delta x| \tag{3-22a}$$

则 ε_x 即可忽略不计。

(2)当总系统误差 Δx 由二位有效数字表示时,若

$$|\varepsilon_x| < \frac{1}{2} \cdot \frac{|\Delta x|}{100} = 0.005|\Delta x| \tag{3-22b}$$

则 ε_x 即可忽略不计。

3.2.3 粗大误差

在规定条件下超出预期的误差称为粗大误差。粗大误差的绝对值与测量列中其他测得值的误差分量相比明显偏大,即明显歪曲测量结果。含有粗大误差的测量值称为异常值或坏值,也称离群值。在测量数据处理时,对于异常值必须予以剔除。

1. 粗大误差产生的原因

粗大误差主要是测量过程中某些意外发生的不正常因素造成的,可归纳为如下两个方面。

1)测量人员的主观因素

这主要是由于测量者在测量时的疏忽造成错误读取示值,错误记录测量值,错误计算和错误操作以及使用有缺陷的计量器具等人为因素引起的粗大误差。这是产生粗大误差的主要原因。例如,选用未经计量检定的计量器具进行测量,记录测量数据时错把小数点移位等引起的误差均属测量人员主观因素造成的粗大误差。

2)外界条件的客观因素

测量过程中,由于测量条件发生意外的突变,引起测量仪器示值的突然跳动而产生粗大误差。例如,测量过程中遇到机械冲击振动,温度的骤升和骤降及外界强电磁场的干扰等,此时得到的测量值,均为含有粗大误差的异常值。

提高测量人员的技术水平,培养严谨的科学态度和工作作风,加强责任心,保证测量条件在

整个测量过程中的稳定,避免在外界条件剧烈变化时进行测量等,可使粗大误差产生的机会大大减少。

2. 粗大误差的判断方法

在等精密度多次重复测量过程中,对于可疑值,既不能为得到较好的测量结果无充分依据而轻易舍去,又不能无原则地作为正常值对待处理。应该剔除而未剔除会使测量不确定度增加。反过来,本来客观地反映了测量随机性波动特性的数据,人为地为求得表面上精密度更高而加以剔除,所得到精密度也只能是虚假的,经不起以后实践中的验检。

判定某个数据为含有粗大误差的异常值(或称离群值)是一件慎重的事。通常情况下,在按次序统计量的排列中,异常值不是出在首数,就是末数。在样本量大时,还可能是最前的几个数或最后的几个数。有时还不排斥最大数和最小数成对出现的情况。出现异常值属于小概率事件,所以检验异常值的基本思想是,根据被检验的样本数据属于同一正态总体随机取得的这个假设,凡偏差超过某合理选择的小概率界限,就可以认为它是异常的。这个小概率值通常采用显著性水平 α,表示将非异常值判为异常的概率。一般可取 $\alpha = 0.05$ 或 0.01。判断异常值可以有多种方法,其检验统计量均具有偏差值与标准偏差值相比的性质。偏差值指与平均值之差,也可能用与相邻次序量之差;标准偏差值可能由于长期实践而认为已知,也可能需要使用它的估计值。估计方法很多,因此,统计学者们提出过许多检验统计量及相应的拒绝域的临界值,下面介绍几种常用的准则。

1) t 准则

使用的统计量是

$$t = \frac{x_{(1)} - \bar{x}^*}{s^*} 或 \frac{x_{(n)} - \bar{x}^*}{s^*} \tag{3-23}$$

式中的 $x_{(1)}$ 和 $x_{(n)}$ 分别是被怀疑的值,而 $\bar{x}^*$ 和 s^* 则是排除了该值后用式(3-10)求出的分布参数估计值。拒绝域的临界 $t_{\alpha/2}(n-2)$,当 $|t| > t_{\alpha/2}(n-2)$ 时可判为异常。但是考虑到 s 值在小 n 值下是有偏的(参阅表 2-7 及其解释)以及查表时自由度与样本数的不一致容易查错,所以在常用的样本量 $4 \leqslant n \leqslant 30$ 范围,为简化起见,可以直接查表 3-6 的拒绝阈临界值 $K_\alpha(n)$。

表 3-6　粗大误差 t 检验临界值 $K_\alpha(n)$ 表

n	$\alpha = 0.05$	$\alpha = 0.01$	n	$\alpha = 0.05$	$\alpha = 0.01$	n	$\alpha = 0.05$	$\alpha = 0.01$
4	4.97	11.46	13	2.29	3.23	22	2.14	2.91
5	3.56	6.53	14	2.26	3.17	23	2.13	2.90
6	3.04	5.04	15	2.24	3.12	24	2.12	2.88
7	2.78	4.36	16	2.22	3.08	25	2.11	2.86
8	2.62	3.96	17	2.20	3.04	26	2.10	2.85
9	2.51	3.71	18	2.18	3.01	27	2.105	2.84
10	2.43	3.54	19	2.17	2.98	28	2.090	2.83
11	2.37	3.41	20	2.16	2.95	29	2.095	2.82
12	2.33	3.31	21	2.15	2.93	30	2.080	2.81

在更大 n 值时临界值 $t_{\alpha/2}(n-2)$ 甚至 $t_{\alpha/2}(n)$ 都已相差无几,例如 $t_{0.025}(28)$ 和 $t_{0.025}(30)$ 分别为 2.05 和 2.04,$t_{0.05}(28)$ 和 $t_{0.05}(30)$ 为 2.76 和 2.75,即便用正态分布的 $z_{\alpha/2}$ 值即 $t_{\alpha/2}(\infty)$ 也

所差不多。对应于 $\alpha = 0.05$ 和 $\alpha = 0.01$ 的这两个值是大家熟知的 1.960 和 2.576。何况作为 σ 的估计值 s 自身的不确定度，即 $\sigma(s)$ 还有其自身的 $1/\sqrt{2(n-1)}$，到 $n = 100$ 还有 0.07。

相对而言，对同样的样本容量，s 作为标准偏差的估计值的有效性优于其他估计值，所以 t 检验是比较严密的一种方法。有的书上也称之为罗曼诺夫斯基准则。

这个方法的特点是将可疑值先排除在外，受干扰较小，但也带来两个缺点。一是由此算出的 s 由于带最大残差的值被排除在外，估计值肯定偏小一些，也就使可疑值更倾向于被剔除；二是计算工作量加大。不过考虑到在广泛运用计算机和科学计算器的今天，工作量不算很大，而且假设可疑值被剔除的话，那么即使用其他方法来算，也需要重新计算平均值和标准偏差。

在确实需要较快速判定某可疑值是否需要剔除时，可采用下面两种检验方法。

2）狄克松（Dixon）准则

这一方法的实质是利用相邻偏差和极差之比作为检验统计量，通过对其概率密度的分析得出相应的拒绝阈临界值，分别记为 f_0 和 $f(\alpha,n)$，其 f_0 所用的量均为次序统计量，是初步处理中已经得出的。f_0 的公式随样本量而异，均见表 3－7 所列，当有 $f_0 > f(\alpha,n)$ 时，即认为被检可疑值为异常值。

表 3－7 狄克松检验统计量与临界值表

n	统计量 f_0	$\alpha = 0.05$	$\alpha = 0.01$	n	统计量 f_0	$\alpha = 0.05$	$\alpha = 0.01$
3	$r_{10} = \dfrac{x_{(n)} - x_{(n-1)}}{x_{(n)} - x_{(1)}}$ （检验 $x_{(n)}$）	0.941	0.988	14		0.546	0.641
4		0.765	0.889	15		0.525	0.616
5		0.642	0.780	16		0.507	0.595
6	$r'_{10} = \dfrac{x_{(1)} - x_{(2)}}{x_{(1)} - x_{(n)}}$ （检验 $x_{(1)}$）	0.560	0.698	17		0.490	0.577
7		0.507	0.637	18		0.475	0.561
8	$r_{11} = \dfrac{x_{(n)} - x_{(n-1)}}{x_{(n)} - x_{(2)}}$ （检验 $x_{(n)}$）	0.554	0.683	19	$r_{22} = \dfrac{x_{(n)} - x_{(n-2)}}{x_{(n)} - x_{(3)}}$ （检验 $x_{(n)}$）	0.462	0.547
9		0.512	0.635	20		0.450	0.535
	$r'_{11} = \dfrac{x_{(1)} - x_{(2)}}{x_{(1)} - x_{(n-1)}}$ （检验 $x_{(1)}$）			21		0.440	0.524
10		0.477	0.597	22		0.430	0.514
11		0.576	0.679	23			
	$r_{21} = \dfrac{x_{(n)} - x_{(n-2)}}{x_{(n)} - x_{(2)}}$ （检验 $x_{(n)}$）			24	$r'_{22} = \dfrac{x_{(1)} - x_{(3)}}{x_{(1)} - x_{(n-2)}}$ （检验 $x_{(1)}$）	0.421	0.505
12		0.546	0.642	25		0.413	0.497
	$r'_{21} = \dfrac{x_{(1)} - x_{(3)}}{x_{(1)} - x_{(n-1)}}$ （检验 $x_{(1)}$）			26		0.406	0.489
				27		0.399	0.486
13		0.521	0.615	28		0.393	0.475
				29		0.387	0.469
				30		0.381	0.463
						0.376	0.457

这个方法的优点是计算简便易行（不算次序统计量排序时间上的化费），结论犯第一类错误的概率小，即将非异常值判为异常值的可能性较小，概率意义也很明确。反之，由于其统计量分母属于极差的范畴，又未采取排除可疑值，故容易估计偏大，加上在样本量增加时会出现间隔相近的双可疑值，这就导致容易产生第二类错误，使将来算出的标准偏差值加大。对于出现双可疑值，此方法在用于 $n \geqslant 11$ 的公式中已经有了改善的方法，即将第二可疑值从公式中抽去，换

成次序上为第三的更为可信的量。

简单的观察和分析就可以得出 r 和 r' 是完全对称的,相当于不改公式而将顺序统计量颠倒排列;前一角标是分子两数据次序之差,后一个则是分母求极差值时从总数据列中舍去的另一端的数据个数;还有被检验可疑值在分子分母中均列在前面,这样较便于记忆。至于为什么要用四个不同公式,则是由蒙特卡罗数字仿真得出的结论,分别适合于不同的样本量。

3）狄克松双侧检验准则

狄克松准则只允许一次检出一个异常值,但在使用时就会产生这样的问题,如果求得的 r 和 r' 都超过表 3 - 7 的临界值,又先剔除其中哪一个呢? 理论上说,从头 $x_{(1)}$ 或从尾 $x_{(n)}$ 做起有相等的权利。很容易想到的是根据两者的大小来判断。双侧检验准则提出的临界值 $D(\alpha,n)$（数值见表 3 - 8）就是为此服务的。如果 r 和 r' 中的大数不超过这个值,则无论 $x_{(n)}$ 和 $x_{(1)}$ 均不能认为是异常值。这是因为从统计上的对称性来考虑的,双侧存在大的差值说明对称性,而完全可能是由于两个次极值偏小的原因。这一方法在一定程度上可以弥补极值统计方法舍弃了全数据列内部分布信息的缺陷。当然,这也使这一方法更趋向稳妥和保守。在 t 检验等利用最大残差相对于标准偏差之比则不存在此问题。

表 3 - 8　$D(\alpha,n)$ 值（狄克松双侧检验）

n	$\alpha = 0.05$	$\alpha = 0.01$	n	$\alpha = 0.05$	$\alpha = 0.01$	n	$\alpha = 0.05$	$\alpha = 0.01$
3	0.970	0.994	14	0.586	0.670	25	0.443	0.517
4	0.829	0.926	15	0.565	0.647	26	0.436	0.510
5	0.710	0.821	16	0.546	0.627	27	0.429	0.502
6	0.628	0.740	17	0.529	0.610	28	0.423	0.495
7	0.569	0.680	18	0.514	0.594	29	0.417	0.489
8	0.608	0.717	19	0.501	0.580	30	0.412	0.483
9	0.564	0.672	20	0.489	0.567	$n = 3 \sim 7$ 用 r_{10} 或 r'_{10}		
10	0.530	0.635	21	0.478	0.555	$n = 8 \sim 10$ 用 r_{11} 或 r'_{11}		
11	0.619	0.709	22	0.468	0.544	$n = 11 \sim 13$ 用 r_{21} 或 r'_{21}		
12	0.583	0.660	23	0.459	0.535	$n = 14 \sim 30$ 用 r_{22} 或 r'_{22}		
13	0.557	0.638	24	0.451	0.526	中的较大值		

下面介绍的三种常用方法,它们都属与 t 检验相仿的,以平均值和标准偏差估计值构成检验统计量的,只是在拒绝域临界值上有所不同,目前还都用得比较多。

4）格拉伯斯（Grubbs）准则

统计量 $g = (x_i - \bar{x})/s$ 中 $\bar{x}$ 以及 s 均为对全体 n 个数据而不排除 $x_{(n)}$ 在外的平均值和样本标准偏差。正是因为这一差异,拒绝阈临界值如表 3 - 9 中所列。可看出,与 t 检验的临界值恰恰相反,它随 n 的增长而增长,而不是像表 3 - 6 的 t 检验中那样递减的。有趣的是它同样有效,正是因为这个方法用的是全平均值。实践表明,当只有一个异常值时,它是非常好的,但在多个异常值时则不如狄克松准则。和狄克松方法一样在判别双侧检验异常值时,需要改用 $g_{(n)}$ 和 $g_{(1)}$ 之中的较大的一个,可查表 3 - 10,决定它是否应删除。在计算工作量方面,可以说它与 t 检验准则相当,只不过附加的计算工作量是剔除异常值之后需要重算平均值和标准偏差,如果不需剔除则可不算,就用原来算得的值,而对 t 检验则是判明是异常值时可以不再重算。

表 3-9　$G_\alpha(n)$ 值(格拉伯斯单侧检验)

n	$\alpha = 0.05$	$\alpha = 0.01$	n	$\alpha = 0.05$	$\alpha = 0.01$	n	$\alpha = 0.05$	$\alpha = 0.01$
3	1.153	1.155	22	2.603	2.939	41	2.877	3.251
4	1.463	1.492	23	2.624	2.963	42	2.887	3.261
5	1.672	1.749	24	2.644	2.987	43	2.896	3.271
6	1.822	1.944	25	2.663	3.009	44	2.905	3.282
7	1.938	2.097	26	2.681	3.029	45	2.914	3.292
8	2.032	2.221	27	2.698	3.049	46	2.923	3.302
9	2.110	2.323	28	2.714	3.068	47	2.931	3.310
10	2.176	2.410	29	2.730	3.085	48	2.940	3.319
11	2.234	2.485	30	2.745	3.103	49	2.948	3.329
12	2.285	2.550	31	2.759	3.119	50	2.956	3.336
13	2.331	2.607	32	2.773	3.135	51	2.964	3.345
14	2.371	2.659	33	2.786	3.15	52	2.971	3.353
15	2.409	2.705	34	2.799	3.164	53	2.978	3.361
16	2.443	2.747	35	2.811	3.178	54	2.986	3.368
17	2.475	2.785	36	2.823	3.191	55	2.992	3.370
18	2.504	2.821	37	2.835	3.204	56	3.000	3.383
19	2.532	2.854	38	2.846	3.216	57	3.006	3.390
20	2.557	2.884	39	2.857	3.228	58	3.013	3.397
21	2.580	2.921	40	2.866	3.240	59	3.019	3.405
						60	3.025	3.411

表 3-10　$G_{\alpha/2}(n)$ 值(格拉伯斯双侧检验)

n	$\alpha = 0.05$	$\alpha = 0.01$	n	$\alpha = 0.05$	$\alpha = 0.01$	n	$\alpha = 0.05$	$\alpha = 0.01$
3	1.155	1.155	23	2.781	3.087	43	3.067	3.415
4	1.481	1.496	24	2.802	3.112	44	3.075	3.425
5	1.715	1.764	25	2.822	3.135	45	3.085	3.435
6	1.887	1.973	26	2.841	3.157	46	3.094	3.445
7	2.020	2.139	27	2.859	3.178	47	3.103	3.455
8	2.126	2.274	28	2.876	3.199	48	3.111	3.464
9	2.215	2.382	29	2.893	3.213	49	3.120	3.474
10	2.290	2.482	30	2.908	3.226	50	3.128	3.483
11	2.355	2.564	31	2.924	3.253	51	3.136	3.491
12	2.412	2.636	32	2.938	3.270	52	3.143	3.500
13	2.462	2.699	33	2.952	3.288	53	3.151	3.507
14	2.507	2.755	34	2.965	3.301	54	3.158	3.516
15	2.549	2.806	35	2.979	3.316	55	3.166	3.524

（续）

n	$\alpha = 0.05$	$\alpha = 0.01$	n	$\alpha = 0.05$	$\alpha = 0.01$	n	$\alpha = 0.05$	$\alpha = 0.01$
16	2.585	2.852	36	2.991	3.330	56	3.172	3.531
17	2.620	2.894	37	3.003	3.343	57	3.180	3.539
18	2.651	2.932	38	3.014	3.356	58	3.186	3.546
19	2.681	2.968	39	3.025	3.369	59	3.193	3.553
20	2.709	3.001	40	3.306	3.381	60	3.199	3.560
21	2.733	3.031	41	3.046	3.393			
22	2.758	3.060	42	3.057	3.404			

5）肖维纳（Chauvenet）准则

这是 W. 肖维纳 1876 年提出的方法，其检验统计量和格拉伯斯方法相同，用此准则也不先剔除可疑值，肖维纳准则认为，在 n 次测量中，若误差 δ 可能的次数小于半次时，含该误差的测量值应舍去。根据该原则，得对应的概率为

$$p\{|x - \mu| < \delta\} = \frac{2n - 1}{2n}$$

其拒绝域临界值如表 3 - 11 所列。

表 3 - 11　肖维纳检验临界值 ω_n

n	ω_n	n	ω_n	n	ω_n	n	ω_n	n	ω_n
3	1.38	9	1.92	15	2.13	21	2.26	40	2.49
4	1.53	10	1.96	16	2.15	22	2.28	50	2.58
5	1.65	11	2.00	17	2.17	23	2.30	75	2.71
6	1.73	12	2.03	18	2.20	24	2.31	100	2.81
7	1.80	13	2.07	19	2.20	25	2.33	200	3.02
8	1.86	14	2.10	20	2.24	30	2.39	500	3.20

此准则是历史上第一个考虑了样本数量影响的检验方法，但对显著性水平 α 规定不明确，实际是随样本数而变的。与表 3 - 9 相比可以看出在 $n = 4$ 时与 $G_{0.01}$ 相当，$n = 5$ 时与 $G_{0.05}$ 相当，更大的样本数时会产生更多的弃真错误。

6）莱特（Wright）准则（也称 3σ 准则）

这是更陈旧的方法，但目前有些地方仍在沿用，又称之为"拉依达"准则。其检验统计量同肖维纳准则及格拉伯斯准则；但拒绝域临界值一概取为 3，也有取 2 的。其缺点是：在 $n \leqslant 10$ 时，多大的粗大误差也暴露不出来（如取 2 时，则为 $n \leqslant 5$）；而当 n 逐渐增加时，合乎正态分布的非异常值却被当作异常值而剔除了。对比表 3 - 9，可以看出这一点：$\alpha = 0.05$，$n \geqslant 56$ 或 $\alpha = 0.01$，$n \geqslant 25$ 时就会如此。所以是应该将其淘汰的时候了。

无论哪一种准则，当与其他准则比较时，永远可以找到一个数据，使两者得出相反的结论来。因此就一类特殊的问题来说，不妨多用几个准则来判断一下，对所从事领域中的某一类需要处理的数据，哪一种准则的从众率是最高的，由此来确定在这个领域中用哪一种为好。至于计算上的困难，目前已不成什么大问题，也可先用一种简单的判断方法，再仔细地去证明或否定这一判断，因为认识过程常常是有反复的。

应当指出,利用上述原则还不能充分肯定的可疑值,为保险起见,一般以不剔除为好。同时在任何实验中,决不允许大量剔除实测得到的数据。如果被剔除的异常值居然经常超过3% ~ 6%(平均而言),就很值得从头到尾把整个实验用的测试仪器、测试环境好好检查一下,实验秩序好好整顿一次,操作人员也应加强训练,使其操作规范化起来。

【例3 – 5】 以表3 – 12的数据按各种检验判定是否有系统误差和粗大误差。

表3 – 12 待分析数据列(任意单位)

i	1	2	3	4	5	6	7	8	9	10
(i)	17	20	19	2	6	15	11	16	18	7
x	38.08	36.94	37.21	39.98	39.52	38.33	38.86	38.26	37.67	39.46
i	11	12	13	14	15	16	17	18	19	20
(i)	12	13	5	10	3	14	8	4	9	1
x	38.77	38.75	39.67	39.08	39.81	38.74	39.34	39.68	39.19	40.28

解: 先作初步处理:

(1)时序排列见表3 – 12。

(2)次序统计为节省篇幅已列在同一表中。

(3)和 $\sum_{i=1}^{20} x_i = 777.52$,平均值 $\bar{x} = 38.876$

(4)残差值表(略),其图示见图3 – 11。

(5)残差平方和 $\sum_{i=1}^{20}(x_i - \bar{x}) = 15.575$

(6)方差估计值 $s^2 = 15.575/(20 - 1) = 0.8197$

(7)标准偏差估计值 $s = 0.905$

再作系统误差检查:

(1)残差观察法

从图3 – 11可看出随着测量过程的进行,残差由偏负转向偏正有一种渐进性的系统误差存在,似乎还叠加有短周期性变化。后者由于点数不够还不易判断。

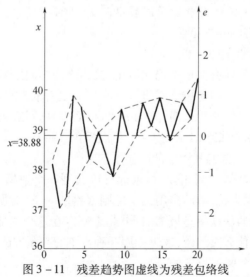

图3 – 11 残差趋势图虚线为残差包络线

（2）t 分布检验

将 x_i 分为 $i = 1 \sim 10$ 和 $11 \sim 20$ 两组,各组平均值 $\bar{x}_1, \bar{x}_2$ 各为 38.421 和 39.331;样本标准偏方差 s_1, s_2 各为 0.999 和 0.522。

先求:$s_p = \sqrt{(9 \times 0.999^2 + 9 \times 0.522^2)/18} = 0.797$

检验统计量:$t = (38.421 - 39.331) \times \sqrt{10 \times 10/20}/0.797 = -3.52$

拒绝域临界值:$t_{0.025}(18) = 2.0244, t_{0.005}(18) = 2.7116$

结论:$|t| > t_{0.005} > t_{0.025}$,存在系统误差。

（3）秩和检验

取 $n_1 = n_2 = 10$,求出 T_1, T_2 各为 79,131,其总和等于 210 与 $T_L + T_H = [n(n+1)]/2$ 相等,可以为验证。（实际只算 T_1 即可,因为 $T_1 + T_2 = T_L + T_H$）。查表 3 - 4 得出:

拒绝域临界值:$\alpha = 0.05$　　$T_L, T_H = 83, 127; \alpha = 0.01$　　$T_L, T_H = 78, 132$。

结论:$\alpha = 0.05, T_1 < T_L < T_H < T_2$,表明有系统误差存在;

$\alpha = 0.01, T_L < T_1 < T_2 < T_H$,表明还不能否定无系统误差存在。

（4）符号检验

在表 3 - 13 中列出了 C_i 值。

表 3 - 13　例 3 - 5 的符号检验表

i	1	2	3	4	5	6	7	8	9	10
C_i	-1	-1	-1	1	-1	-1	-1	-1	-1	-1

检验统计量:$\left(\sum C_i \right)^2 = [9 \times (-1) + 1 \times (+1)]^2 = 64$

拒绝域临界值:$\alpha = 0.05, z_{\alpha/2}^2 \cdot n = 3.84n \in \approx 4n = 40$

　　　　　　　$\alpha = 0.01, z_{\alpha/2}^2 \cdot n = 6.65n \approx 66.7$

结论:$\alpha = 0.05$ 时,表明有系统误差存在;

$\alpha = 0.01$ 时,表明还不能否定无系统误差存在。

与秩和检验结论一致。

再进行粗大误差检验(注:本来如果有渐进性系统误差存在时,一定程度上会掩盖粗大误差,此处仅系作算例,故仍用上述数据):

（1）t 准则

被怀疑值为 $x_2 = x_{(20)} = 36.94$ 和 $x_{20} = x_{(1)} = 40.28$

先检查 $x_{(20)}$ 即 x_2,求得 $\bar{x}^* = 38.98, s^* = 0.804$

检验统计量:$t = (36.94 - 38.98)/0.804 = -2.54$

再检查 $x_{(1)}$ 即 x_{20},求得 $\bar{x}^* = 38.80, s^* = 0.866$

检验统计量:$t = (40.28 - 38.80)/0.866 = 1.71$

拒绝域临界值:查表 3 - 6,得 $K_{0.05}(20) = 2.16, K_{0.01}(20) = 2.95$

结论:$x_2 = 36.94$ 在 $\alpha = 0.05$ 显著性水平下存在粗大误差,在 $\alpha = 0.01$ 显著性水平下不能肯定粗大误差的存在。$x_{(20)} = 40.28$ 不能肯定有粗大误差。

剔除 x_2 以后,得到其余的 19 个值的平均值为 $\bar{x} = 38.98, s = 0.804$。

（2）狄克松准则(参阅表 3 - 7)

根据 $n = 20$,选 r_{22} 和 r'_{22}。

先检验 $x_{(20)}$：

检验统计量：$r_{22} = (36.94 - 37.67)/(36.94 - 39.81) = 0.254$

拒绝域：$f_{0.05}(20) = 0.535$，$f_{0.01}(20) = 0.450$

结论：$r_{22} < f_\alpha(n)$，不能肯定粗大误差存在。

再检查 $x_{(1)}$：

检验统计量：$r'_{22} = (40.28 - 39.81)/(40.28 - 37.67) = 0.180$

结论：$r'_{22} < f_\alpha(n)$，不能肯定粗大误差存在。

根据此情况，无需再进行双侧狄克松检验。

（3）格拉伯斯准则

检验统计量中 $\bar{x}$ 和 s 分别为 38.876 和 0.905，故先检验偏离平均值最远的 $x(20)$：

检验统计量：$g = (36.94 - 38.876)/0.905 = -2.139$

查表 3-6，拒绝域临界值：$G_{0.05}(20) = 2.557$，$G_{0.01}(20) = 2.884$

结论：不能肯定粗大误差存在。

$x_{(1)}$ 的残差值更小，不再检验。

（4）肖维纳准则（只作示例，并非提倡）

检验统计量与格拉伯斯方法相同，$\omega = -2.139$

拒绝域临界值：$\omega_n = 2.24$（见表 3-11）

结论：不能肯定粗大误差存在。

（5）莱特准则（只作示例，并非提倡）

统计量计算同上。

拒绝域临界值取 3 时，不能肯定粗大误差存在，相当于 $\alpha = 0.0027$；若取 2，相当于 $\alpha = 0.05$，则认为 $x_{(20)}$ 值应剔除。

总的评价：该数据列在 $\alpha = 0.05$ 下，四种方法均判定有系统误差，在 $\alpha = 0.01$ 下有两种方法不能肯定有系统误差。从残差趋势看，是一种叠加有周期性的渐进性系统误差。所以应该认为存在有显著水平 $\alpha = 0.05$ 的系统误差，即误判概率小于 0.05。

关于粗大误差，在 $\alpha = 0.01$ 下，各方法均不肯定最小值 $x_{(20)} = 36.94$ 应剔除，在 $\alpha = 0.05$ 下有两种准则判定其应剔除，属于可剔除可不剔除的情况。结合其存在系统误差的特点，除非现场记录到特殊异常情况，不宜将其剔除，以免造成虚假的测量准确度。

这组数据的全面检验提示了测量者改进工作的方向，首先是消除系统误差，特别是注意实验中有哪些随时间而递增或递减的影响因素。从残差观察中已经看到短周期性变化，需要加密测试点才能暴露；如做不到在短期内多测数据，则只有将其当作随机误差考虑，此时有可能出现粗大误差。但因为已有一定的判据提示粗大误差的存在，再做实验时更应加强现场观察。这种分析，不是单纯统计检验所能发现的，必须结合实际来分析。

系统误差的分析还可以用相关分析的方法来定性地发现和定量地消除，我们将在第 5 章中学到这种方法。

3.2.4 报道值的表示方法

经过数据初步处理系统误差及粗大误差的检验，我们已经得到了测量数据列的平均值和标准偏差估计值，由此根据样本的数量可以得出平均值的标准偏差。报道值（reported value），即

对外发表的实验结果的表示方法应当是

报道值(实验结果) = 样本平均值 ± k × 置信区间半长　(置信概率)

其中置信区间半长原则上用样本标准偏差除以样本量的平方根就可以得到,k 为置信因子,则上式写成数学符号就是

$$X = \bar{x} \pm k \times s/\sqrt{n} \qquad (3-24a)$$

或者

$$X = \bar{x} \pm k \times \overline{\sigma_{\bar{x}}} \qquad (3-24b)$$

历来在报道数据时强调所谓极限误差,记作 δ_{max}。实际按照误差的定义,它并非误差而是误差的限值,误差不致超过的范围。因为沿用已久,也就不去认真正名了。更重要的是它的实质性内容已经不适应现代误差分析要求。过去强调误差是有限的,也是实际的。但除了少量的计量标准授权问题以外,多数实验很难应用这个概念。这是由误差的随机性质所决定的。可以这样说,只要规定任一个限度,就有被超过的概率,只是概率的大小而已。为了求得超过的概率,或者被超过的危险性尽可能小,这个限度常常被扩大到了不合理的地步。从概率论和数理统计的观点看,所谓极限误差不过是在一定的置信水平(置信概率)下的一种区间估计。对不同置信水平应当设定不同的误差限(置信区间),而且这种估计还很大程度上取决于误差所服从的概率分布。这样"极限误差"的含义已经在转化为一种置信区间,成为从事测量工作者的共识,而不再是原来绝对的、不可逾越的界限。目前,国际上越来越多使用不确定度来表征报道值,而不确定度的数字量则使用标准偏差,以物理和化学常数这样的最准确的数字都用这种表述方法来公布。有关的知识在后面关于不确定度的综合时还将进一步介绍和讨论。

3.3　不等精度测量数据处理

不等精度测量是指在测量过程中,参与测量的测量对象、测量单位、测量条件、测量资源除被测对象不能改变外,其他四个要素发生改变所进行的测量,又称为复现性测量,常用于高准确度的测量问题。

在实际测量中,若每次测量的条件不尽相同,如仪器、测量方法、测量环境以及测量人员中任何一项发生明显变化,都有充分理由认为 n 次测量值是不等精度或不等权的测量。

产生不等精度测量主要有下面两种情况:一是对同一被测量进行了 m 组等精度测量,即有 m 组等精度测量列,每次测量的标准偏差均为 s,但每组的测量次数 $n_i(i=1,2,\cdots,m)$ 不相等。对每一测量列而言,自然以它们的算术平均值 $\bar{x}_i(i=1,2,\cdots,m)$ 作为被测量的测量结果。各组平均值在标准偏差按等精度测量估计,按下式计算:

$$s_{\bar{x}_i} = \frac{s}{\sqrt{n_i}}(i=1,2,\cdots,m) \qquad (3-25)$$

由于各组的测量次数 n_i 均不相等,由上式知 s_i 也不等。因此,$\bar{x}_i(i=1,2,\cdots,m)$ 是被测量 m 个不等精度的测量结果。

第二种情况是同一被测量,由不同的仪器,或不同的环境,或不同的方法,或不同的标准器具,即式(3-25)中的 s 不相等。总之,是在不同的测量条件下测量。因此,测量结果的标准偏差也不相同,形成被测量的不等精度的若干个测量结果,即被测量的 m 个测量结果 $\bar{x}_i(i=1,$

$2,\cdots,m)$ 的标准偏差 $s_i(i=1,2,\cdots,m)$ 不相等。

为作进一步理解,还需说明以下几点。

(1) σ 称为单次测量的标准偏差,一般来说,它反映测量仪器的性能,改善测量仪器的性能,可使 σ 减小,$\sigma_{\bar{x}}$ 称为算术平均值的标准误差,它反映测量结果的精密度。

(2) 由测量列算出的样本标准偏差 $\hat{\sigma}$ 反映了随机因素的影响程度,要理解这种数据分散性的物理本质,应注意区分以下三中情况:

① 被测对象稳定不变,而仪器易于受到环境条件等随机因素的影响,则 $\hat{\sigma}$ 反映测量的稳定性,如果环境和操作都受到严格控制,则 $\hat{\sigma}$ 主要反映测量仪器的性能——重复性、精密度。

② 被测对象变动,仪器性能稳定,则 $\hat{\sigma}$ 反映被测对象的波动性。

③ 被测对象和仪器都变动,则 $\hat{\sigma}$ 反映两者的综合影响,但它们各自的变动性所占比例需另行设法估算。

原则上讲:只有当被测对象稳定时,由 $\hat{\sigma}$ 进一步计算得的 $\hat{\sigma}_{\bar{x}}$ 才是测量结果精密度的表征;如果被测对象变动,本身就是随机变量。n 次测量值实质上是 n 个不同量值的测得值。这时 $\hat{\sigma}$ 是被测随机对象波动性的估计,无需进一步计算 $\hat{\sigma}_{\bar{x}}$。

(3) 要注意仪器分辨率(灵敏阈)的影响。如对同一量值进行多次等精度重复测量得到的 n 个测得值完全相同,若用贝塞尔公式计算标准偏差,将有 $\hat{\sigma}=0$,测得值完全一致,往往反映仪器分辨率不够。

1. 权的定义及其确定

等精度测量中各个测得值的可靠程度相同,因此用它们的算术平均值作为测量结果。然而,由各不等精度测量得到的各个测量结果的可靠程度不一样,应当根据相应的可靠程度来确定各测量结果在最后结果中所占的比重。表示各测量结果可靠程度的数值称为该测量结果的"权",计作 p。因此,测量结果的权可理解为当它与另一些测量结果比较时对该测量结果的信赖程度。权是个相对数值,测量结果的可靠程度越高,则其权的数值也越大。

权的求法有以下几种:

(1) 若根据测量精度来定,则某测得值的权 p 应与其方差 σ^2 成反比,或权值与方差的乘积等于常数,即

$$p_1\sigma_1^2 = p_2\sigma_2^2 = \cdots = p_m\sigma_m^2 = K \qquad (3-26\text{a})$$

或者

$$p_1 : p_2 : \cdots : p_m = \frac{c}{\sigma_1^2} : \frac{c}{\sigma_2^2} : \cdots : \frac{c}{\sigma_m^2} \qquad (3-26\text{b})$$

其中 K 和 c 为任意正常数,通常可以取 1,这种方法是计算权的通用方法,适合于各种不等精度测量。

(2) 若以测量次数来定权值,对于在相同测量条件下,有与测量次数不同形成的不等精度测量,则权值 p 应与测量次数 n 成正比,即

$$p_1 : p_2 : \cdots : p_m = n_1 : n_2 : \cdots : n_m \qquad (3-27\text{a})$$

或者

$$p_1 = n_1, p_2 = n_2, \cdots, p_m = n_m \qquad (3-27\text{b})$$

(3) 估计法,当不知道各测量结果的方差时,可根据权表征各测量结果的可靠程度的原则估计权的数值,如由熟练的实验者得出的测量结果的权可是实验新手得出的测量结果的权的若

干倍。估计值虽然简单,但带有主观性,不甚严密。

【例3−6】 利用三台测角仪器,测量某角度时,若已知它们的标准差分别为

$$\sigma_1 = 0.04',\ \sigma_2 = 0.06',\ \sigma_3 = 0.03'$$

则三台仪器上所得测量值相应的权为:

$$p_1 = \frac{c}{(0.04)^2},\ p_2 = \frac{c}{(0.06)^2},\ p_3 = \frac{c}{(0.03)^2}$$

若取 $c = 0.0144$,可得

$$p_1 = 9,\ p_2 = 4,\ p_3 = 16$$

即

$$p_1 : p_2 : p_3 = 9 : 4 : 16$$

2. 加权算术平均值计算

设有 m 组不等精度测量,则各组测量结果的加权算术平均值 $\bar{x}_p$ 为

$$\bar{x}_P = \frac{p_1 x_1 + p_2 x_2 + \cdots + p_n x_n}{p_1 + p_2 + \cdots + p_n} = \frac{\sum\limits_{i=1}^{n} p_i x_i}{\sum\limits_{i=1}^{n} p_i} \tag{3−28}$$

式中: x_i 为不等精度测量的测得值; p_i 为相应的权。

3. 加权算术平均值的标准偏差的计算

(1) 对同一被测量进行 m 组不等精度测量,得到 m 个测量结果 $\bar{x}_1, \bar{x}_2, \cdots \bar{x}_m$,若已知单位权测得值的标准差 σ,则由式(2−65)知

$$\sigma_P = \frac{\sigma}{\sqrt{n_1 + n_2 + \cdots n_m}} = \frac{\sigma}{\sqrt{\sum\limits_{i=1}^{m} n_m}} \xrightarrow{\sigma_{\bar{x}_i} = \sigma / \sqrt{n_i}} \sigma_{\bar{x}_i} \sqrt{\frac{p_i}{p_1 + p_2 + \cdots + p_n}} \tag{3−29}$$

由式(3−29)可知,当各组测量的总权数 $\sum\limits_{i=1}^{m} p_i$ 为已知时,可由任一组的标准差 $\sigma_{\bar{x}_i}$ 和相应的权 p_i,或者由单位权的标准差 σ 求得加权算术平均值的标准偏差 σ_p。

(2) 在不等精度测量中,各个测量结果的精度不等,权数也不相同,不能应用等精度测量的计算公式。有时为了计算需要,可将不等精度测量列转化为等精度测量列,这样就可用等精度测量的计算公式来处理不等精度测量结果。所采用的方法是使权数不同的不等精度测量列转化为具有单位权的等精度测量列,即所谓的单位权化。

单位权化的实质是使任何一个量值乘以自身权数的平方根,得到新的量值权数为1。若将不等精度测量的各组测量结果皆乘以自身权数的平方根 $\sqrt{p_i}$,此时得到的新值 z 的权值为1,证明如下:

$$z = \sqrt{p_i}\,\bar{x}_i \qquad (i = 1, 2, \cdots, m) \tag{3−30}$$

取方差

$$D(z) = p_i D(\bar{x}_i)$$

$$\sigma_z^2 = p_i \sigma_{\bar{x}_i}^2$$

前面已知各组测量结果的权数与相应的方差成反比,若用权数来表示上式中的方差,则有

$$\frac{1}{p_z} = p_i \frac{1}{p_i} = 1$$

故得

$$p_z = 1$$

由此可知,单位权化以后得到的新值 z 的权数为 1。用这种方法可将不等精度的各组测量结果皆进行单位权化,使该测量列转化为等精度测量列。

已知各组测量结果的残余误差为

$$v_{\bar{x}_i} = \bar{x}_i - \bar{x}$$

将各组 x_i 单位权化,则有

$$\sqrt{p_i} v_{\bar{x}_i} = \sqrt{p_i} \bar{x}_i - \sqrt{p_i} \bar{x} \qquad (3-31)$$

因为式(3-31)中各组新值 $\sqrt{p_i}\bar{x}_i$ 已为等精度测量列的测量结果,相应地 $\sqrt{p_i}v_{\bar{x}_i}$ 也成为等精度测量列的残余误差,则可用 $\sqrt{p_i}v_{\bar{x}_i}$ 代替 v_i 代入等精度测量的公式(2-62b),得到

$$\sigma = \sqrt{\frac{p_1 v_1^2 + p_2 v_2^2 + \cdots + p_n v_n^2}{m-1}} = \sqrt{\frac{\sum\limits_{i=1}^{m} p_i v_i^2}{m-1}} \qquad (3-32)$$

再将式(3-32)代入式(3-29)得

$$\sigma_p = \sqrt{\frac{\sum\limits_{i=1}^{m} p_i v_i^2}{(m-1)\sum\limits_{i=1}^{m} p_i}} \qquad (3-33)$$

用式(3-33)可由各组测量结果的残余误差求得加权算术平均值的标准偏差,但必须指出,只有当组数 m 足够多时,才能得到较为精确的 σ_p 值,一般组数较少的情况下,只能得到近似的估计值。

(3)若已知各测量结果的权和方差,则可证明得:

$$\sigma_p = \sqrt{\frac{1}{\dfrac{1}{\sigma_1^2} + \dfrac{1}{\sigma_2^2} + \cdots + \dfrac{1}{\sigma_m^2}}} = \sqrt{\frac{1}{\sum\limits_{i=1}^{m} \dfrac{1}{\sigma_i^2}}} \qquad (3-34)$$

【例 3-7】 对某一角度进行六组不等精度测量,各组测量结果如下:
第一组测 6 次得 $\alpha_1 = 75°18'06''$,第二组测 30 次得 $\alpha_2 = 75°18'10''$,
第三组测 24 次得 $\alpha_3 = 75°18'08''$,第四组测 12 次得 $\alpha_4 = 75°18'16''$,
第五组测 12 次得 $\alpha_5 = 75°18'13''$,第六组测 36 次得 $\alpha_6 = 75°18'09''$。
求加权算术平均值及其标准差。

解: 假定各组测量结果不存在系统误差和粗大误差。

根据测量次数确定各组的权,有

$$p_1 : p_2 : p_3 : p_4 : p_5 : p_6 = 1 : 5 : 4 : 2 : 2 : 6$$

根据式(3-27)得 $p_1 = 1, p_2 = 5, p_3 = 4, p_4 = p_5 = 2, p_6 = 6$

加权算术平均值为

$$\bar{x_p} = \sqrt{\frac{\sum\limits_{i=1}^{n} p_i x_i}{\sum\limits_{i=1}^{n} p_i}} = 75°18'06'' + \frac{1 \times 0'' + 5 \times 4'' + 4 \times 2'' + 2 \times 10'' + 2 \times 7'' + 6 \times 3''}{20}$$

计算各组的残差

$$v_1 = -4'', v_2 = 0'', v_3 = -2''$$
$$v_4 = ,6'', v_5 = 3'', v_6 = -1''$$

$m = 6$,加权算术平均值的标准差为

$$\sigma_p = \sqrt{\frac{\sum_{i=1}^{m} p_i x_i}{(m-1) \sum_{i=1}^{m} p_i}} = \sqrt{\frac{1 \times (4'')^2 + 5 \times (0'')^2 + 4 \times (2'')^2 + 2 \times (6'')^2 + 2 \times (3'')^2 + 6 \times (1'')^2}{(6-1) \times 20}}$$

$$= \sqrt{\frac{128 \times (1'')^2}{5 \times 20}} = 1.1''$$

3.4　间接测量结果的处理与综合

　　任何间接测量结果都表现为各直接测量处理得到的量值及其标准偏差的综合。直接测量结果的准确与否决定了间接测量值的准确度。我们假定这些直接测量值都已经消除了已定系统误差,因为这是应该事先做好而且也是做得到的。未定系统误差和随机误差则已经在直接测量值的不确定度中反映。作为这些直接测量值的函数的间接测量值只要将所有测得的平均值或单个读数代进去,就可以得到。于是问题就只剩下一个:这样得到的间接测量值的准确度或者它的扩展个确定度究竟多大? 为此我们需要分析:直接测量值的误差是怎样影响或者造成间接测量值的误差的? 或者说,误差是怎样传递到求出的间接测量值中的? 它们有什么规律?

3.4.1　误差传递的规律

　　将间接测量值记作 y,它应是直接测量值 $x_1, x_2, x_3, \cdots, x_n$ 的单值函数,可以写成

$$y = f(x_1, x_2, x_3, \cdots, x_n) \tag{3-35}$$

　　由于直接测量值都有误差,即

$$x_i = \mu_i + \delta_i \tag{3-36}$$

式中 μ_i 为 x_i 的真值,δ_i 为其误差。

　　一般,测量误差都比较小,将 y 函数在点 $(\mu_1, \mu_2, \cdots, \mu_n)$ 的邻域上展开为泰勒级数,略去高次项而作一级近似有

$$y = \mu_y + \delta_y = y(\mu_i) + \sum_{i=1}^{n} \frac{\partial y}{\partial x_i}(x_i - \mu_i) = y(\mu_i) + \sum_{i=1}^{n} \frac{\partial y}{\partial x_i}\delta_i \tag{3-37}$$

式中 μ_y 是各 x_i 均为真值 μ_i 时 y 的真值,δ_y 为由于各 $x_i \neq \mu_i$ 引起的 y 值的误差,各 $\frac{\partial y}{\partial x_i}$ 值指除该 x_i 外,其它 $x_j (i \neq j)$ 值均为真值时的偏导数,即

$$\frac{\partial y}{\partial x_i} = \left(\frac{\partial y}{\partial x_i}\right)_{x_j = \mu_j, j \neq i} \tag{3-38}$$

　　显然

$$\mu_y = y(\mu_i) \tag{3-39}$$

从而

$$\delta_y = \sum_{i=1}^{n} \frac{\partial y}{\partial x_i}\delta_i \tag{3-40}$$

在点$(\mu_i; i = 1,2,3,\cdots,n)$附近，可以认为$\dfrac{\partial y}{\partial x_i}$是一常量。这样，$y$的误差$\delta_y$可以看作是各$x_i$的误差$\delta_i$的线性组合，每一个分量对应于由该$x_i$所导致的误差，$\dfrac{\partial y}{\partial x_i}$则是在这分量对误差$\delta_i$影响大小的表征，说明以多大的比例部分参与到$\delta_y$中去。

前面已经说过只考虑随机性的误差（但包括未定统误差，因为它也具有一定随机性），根据均值与方差的性质

$$E(y) = \mu_y = y(\mu_i) \tag{3-41a}$$

$$D(y) = \sum_{i=1}^{n} \left(\frac{\partial y}{\partial x_i}\right)^2 D(x_i) + 2\sum_{1 \le i < j \le n} \left(\frac{\partial y}{\partial x_i}\right)\left(\frac{\partial y}{\partial x_j}\right)\mathrm{Cov}(x_i, x_j) \tag{3-41b}$$

在各x_i都互不相关时，有$\mathrm{Cov}(x_i, x_j) = 0$[对所有$i \ne j$组合]，式（3-41b）就变为

$$D(y) = \sum_{i=1}^{n} \left(\frac{\partial y}{\partial x_i}\right)^2 D(x_i) \tag{3-42}$$

可以理解为间接测量值的方差等于各直接测量值方差的加权和，权值就是对各直接测得量的偏导数$\dfrac{\partial y}{\partial x_i}$的平方。与前面一节计权平均的权不同的地方是这些都是有量纲量而不是纯数，也可以理解为右边求和式中的每一项$\left(\dfrac{\partial y}{\partial x_i}\right)^2 D(x_i)$就是由直接测量值误差传递到间接测量值方差中的那一部分，通常称为部分方差。在有x_i之间相关时，就不能这样分，因为还有两因素交叉影响产生的部分协方差，要用相关矩阵来描写了，可见后面相关章节。

有时，把量

$$\sigma'_i = \frac{\partial y}{\partial x_i}\sigma_i \tag{3-43}$$

称为量值x_i的误差对y的影响，实际上，它是因x_i含有误差而传递至y量值上的误差，其量纲与量y的量纲相同，又称为"贡献"。引入贡献后，式（3-42）可写为

$$\sigma_y = \sqrt{\sum_{i=1}^{n} \sigma'^2_i} \tag{3-44}$$

如果给出的是各直接测量的量的极限误差Δ_i，置信因子k_i和置信概率p_i，若记各相应的标准偏差为σ_i，则有

$$\sigma_i = \frac{\Delta_i}{k_i}$$

因而有

$$\sigma_y = \sqrt{\sum_{i=1}^{n} \left(\frac{\partial y}{\partial x_i}\right)^2 \left(\frac{\Delta_i}{k_i}\right)^2} \tag{3-45}$$

3.4.2　误差传递公式的应用

误差传递公式有三个基本用途。

（1）根据间接测量的已知函数和各种有关的直接测量的误差来计算间接测量量的误差。

【例3-8】　单摆法测量重力加速度的公式为$g = \dfrac{4\pi^2 L}{T^2}$，各直接测量量的结果为：$T =$

$1.984 \pm 0.002\mathrm{s}, \dfrac{\Delta T}{T} = 0.10\%; L = 97.8 \pm 0.1\mathrm{cm}, \dfrac{\Delta L}{L} = 0.10\%\, (p = 0.683)$。试进行数据处理,写出测量结果。

解:按照式(3 – 39)得

$$\bar{g} = \frac{4\pi^2 L}{T^2} = 980.9\,\mathrm{cm/s^2}$$

由于 L 和 T 相互独立,根据式(3 – 42)得

$$\frac{\Delta g}{g} = \sqrt{\left(\frac{\Delta L}{L}\right)^2 + \left(2\,\frac{\Delta T}{T}\right)^2} = 0.22\%$$

把 $\bar{g}$ 带入上式,可以得到

$$\Delta g = 2\,\mathrm{cm/s^2}$$

测量结果

$$g = \bar{g} \pm \Delta g = (981 \pm 2)\,\mathrm{cm/s^2} \qquad (p = 0.683\ \text{或}\ k = 1)$$

相对误差为

$$\frac{\Delta g}{g} = 0.22\%$$

(2)误差分配。误差分配是误差传递的反面问题,间接测量的总误差是各直接测量的分项误差的函数。

根据给定测量结果允许的总误差,合理确定各有关直接测量的量的误差。在误差分配时,随机误差和未定系统误差可同等看待。

假设各误差因素皆为随机误差,且互不相关,根据式(3 – 44)有

$$\sigma_y = \sqrt{\sigma_1'^2 + \sigma_2'^2 + \cdots + \sigma_n'^2}$$

给定 σ_y,如何确定 σ_i,应满足 $\sqrt{\sigma_1'^2 + \sigma_2'^2 + \cdots + \sigma_n'^2} \leqslant \sigma_y$。

【例 3 – 9】　要求用定义测量法以 95% 置信水平,以 0.04% 的相对标准偏差(或相对不确定度)(置信限)来测定约 800m/s 的弹丸速度,设计一个实验方案并规定测量仪器的准确度要求。

解:由题意得

$$\frac{z_{\alpha/2} \cdot \sigma_v}{v} = 0.04\%$$

当 $\alpha = 0.05, z_{\alpha/2} = 1.96$ 得相对标准偏差为

$$\sigma_v/v = 0.04\%/1.96 \approx 0.02\%,\ \sigma_v = 800 \times 0.02\% = 0.16\,\mathrm{m/s}$$

注意到 $v = l/t$,所以有

$$\left(\frac{\sigma_v}{v}\right)^2 = \left(\frac{\sigma_l}{l}\right)^2 + \left(\frac{\sigma_t}{t}\right)^2$$

由于该式可以有无限多个分解方法及相应的解,但是其中比较合理的方案为

$$\left(\frac{\sigma_l}{l}\right)^2 = \left(\frac{\sigma_t}{t}\right)^2$$

该方案也称为等作用原则。这可以从直观判定,可确定为

$$\frac{\sigma_l}{l} = 0.014\%,\ \frac{\sigma_t}{t} = 0.014\%$$

此时

$$\frac{\sigma_v}{v} = 0.0196\% < 0.02\%$$

也可以用加以下约束条件来解：

$$\left|\frac{\sigma_l}{l}\right| + \left|\frac{\sigma_t}{t}\right| = \min$$

接着，我们选择距离和飞越时间，根据外弹道学的特点，弹丸速度在不断减小，靶距过大会导致平均速度偏离两靶中心点瞬时值。实践中采用在 $1 \sim 10m$ 间是比较成功的，容易保证测长准确度。靶距过短，飞越时间相应缩短，会使测时准确度变劣。因此选定靶距 $l = 1m$，相应飞越时间 $t = 1.25ms$，为留有余地，即使弹丸速度达到 $1000m/s$，仍有 $t = 1ms$。这样就指定了 $\sigma_l = 0.14mm$，$\sigma_t = 0.14\mu s$。

（3）确定最佳测量条件，即能使间接测量的误差为最小的测量条件。

一般说来在间接测量的函数公式中，直接测量量的数目越少，其间接测量值的标准偏差就会越小。因而在间接测量中，如果可由不同的函数公式来表示间接测量量则应选取直接测量量的数目最少的函数公式。若不同的函数公式包含的直接测量量的数目相同，则应选择标准偏差较小的直接测量量的函数公式。比如测量零件几何尺寸，在相同条件下测量内尺寸的误差较测量外尺寸的误差大，应尽量选择包含测量外尺寸的函数公式。

【例 3 – 10】 测量某箱体零件的轴心距 L（见图 3 – 12），试选择最佳测量方案。其中

$$\sigma_{d_1} = 5\mu m, \quad \sigma_{d_2} = 7\mu m, \quad \sigma_{L_1} = 8\mu m, \quad \sigma_{L_2} = 10\mu m$$

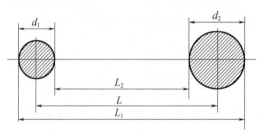

图 3 – 12　某箱体零件尺寸图

解：根据图 3 – 12 所示，测量轴心距 L 有下列三种方法：

第一种方法　$L = L_1 - \frac{1}{2}d_1 - \frac{1}{2}d_2$

第二种方法　$L = L_2 + \frac{1}{2}d_1 + \frac{1}{2}d_2$

第三种方法　$L = \frac{1}{2}L_1 + \frac{1}{2}L_2$

由式（3 – 42）可得上述三种方法的函数的标准偏差分别为：

第一种方法

$$\sigma_L = \sqrt{\left(\frac{\partial L}{\partial L_1}\right)^2 \sigma_{L_1}^2 + \left(\frac{\partial L}{\partial d_1}\right)^2 \sigma_{d_1}^2 + \left(\frac{\partial L}{\partial d_2}\right)^2 \sigma_{d_2}^2} = \sqrt{\sigma_{L_1}^2 + \left(\frac{1}{2}\right)^2 \sigma_{d_1}^2 + \left(\frac{1}{2}\right)^2 \sigma_{d_2}^2}$$

$$= \sqrt{8^2 + 2.5^2 + 3.5^2} = 9.1(\mu m)$$

第二种方法

$$\sigma_L = \sqrt{\left(\frac{\partial L}{\partial L_2}\right)^2 \sigma_{L_2}^2 + \left(\frac{\partial L}{\partial d_1}\right)^2 \sigma_{d_1}^2 + \left(\frac{\partial L}{\partial d_2}\right)^2 \sigma_{d_2}^2}$$

$$= \sqrt{\sigma_{L_2}^2 + \left(\frac{1}{2}\right)^2 \sigma_{d_1}^2 + \left(\frac{1}{2}\right)^2 \sigma_{d_2}^2}$$

$$= \sqrt{10^2 + 2.5^2 + 3.5^2} = 10.9(\mu m)$$

第三种方法

$$\sigma_L = \sqrt{\left(\frac{\partial L}{\partial L_1}\right)^2 \sigma_{L_1}^2 + \left(\frac{\partial L}{\partial L_2}\right)^2 \sigma_{L_2}^2} = \sqrt{\left(\frac{1}{2}\right)^2 \sigma_{L_1}^2 + \left(\frac{1}{2}\right)^2 \sigma_{L_2}^2} = \sqrt{4^2 + 5^2} = 6.4(\mu m)$$

由计算结果可知,第三种方法误差最小,而第二种方法误差最大,主要是因为第三种方法的函数式简单,而第二种方法的函数式包含的直接测量值数目较多,且又含有内尺寸测量的缘故。

3.5　计算检定中的一些问题

测量离不开仪器(和量具),仪器本身的误差是测量误差的重要组成部分。为评定测量仪器的性能(准确度、稳定度、灵敏度等),并确定其是否合格所进行的全部工作称为检定,检定一般由受检仪器和标准器相比对来完成。为保证对被测对象测得的量值正确一致,常用的仪器和量具都应定期进行检定,确定它们的精度等级。

计量检定通常是这样实施的:在相同的条件下,用受检仪器和标准器测量同一量值(当标准器是量具时,也可以是以受检仪器去测量标准器的量值),把标准器的示值作为约定真值,得出受检仪器的误差 δ_x

$$\delta_x = x - \mu$$

受检仪器的误差是一个随机变量,它由已定系统误差 E_x 和随机误差(包括未定系统误差)组成,随机误差的标准误差为 σ_x。设 δ_x 服从正态分布,其概率密度函数见图 3 - 13 所示,有 $\delta_x \sim N(E_x, \sigma_x^2)$。经过 N 次比对测量,便可求得

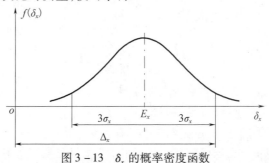

图 3 - 13　δ_x 的概率密度函数

$$\hat{E}_x = \frac{1}{n} \sum_{i=1}^{n} \delta_{xi} \approx E_x$$

$$\hat{\sigma}_x = \sqrt{\frac{1}{n-1} \sum_{i=1}^{n} (\delta_{xi} - \hat{E}_x)^2} \approx \sigma_x$$

由误差 δ_x 的概率密度曲线,且取置信因子 $k_x = 3$,则有 δ_x 的极端误差 Δ_x 为

$$\Delta_x = E_x + 3\sigma_x$$

受检仪器的精度 A 为

$$A = \frac{\Delta_x}{y_{FS}} \times 100\%$$

如果给定相应等级仪器的允许极限误差是 Δ_g,若 $\Delta_x \leqslant \Delta_g$,则受检仪器合格,若 $\Delta_x > \Delta_g$,则受检仪器不合格。这实质上是个假设检验问题,为减小犯第一类错误和犯第二类错误的概率,应当进行 n 次比对测量,n 的数值视具体情况而定。

上面的讨论适合于标准器的误差可完全忽略不计的情况。实际上标准器也有误差,它的误差将影响计量检定。设标准器的误差为 δ_n,且服从正态分布 $\delta_n \sim N(E_n, \sigma_n^2)$,则标准器的极限误差 Δ_n 为

$$\Delta_n = E_n + 3\sigma_n$$

设 δ 为受检仪器和有误差的标准器进行比对测量时的误差,它也应服从正态分布 $\delta \sim N(E, \sigma^2)$,且有

$$E = E_n + E_x = E_x \left(1 + \frac{E_n}{E_X} \right)$$

$$\sigma = \sqrt{\sigma_n^2 + \sigma_x^2} = \sigma_x \sqrt{1 + \left(\frac{\sigma_n}{\sigma_x} \right)^2}$$

$$\Delta = E_x \left(1 + \frac{E_n}{E_x} \right) + 3\sigma_x \sqrt{1 + \left(\frac{\sigma_n}{\sigma_x} \right)^2}$$

很显然,有 $\Delta > \Delta_x$。这就是说,如果不考虑标准器的误差,将使算得的受检仪器的极限误差偏小。

为了减小标准器误差对计量检定的影响,自然希望标准器的误差越小越好。然而这是不现实的,可行的办法是对标准器的误差提出的某种限制。

如果标准器和受检仪器的已定系统误差较小或可以修正,因而,与随机误差相比该项误差可忽略不计,这时

$$\Delta \approx 3\sigma_x \sqrt{1 + \left(\frac{\sigma_n}{\sigma_x} \right)^2} \approx \Delta_x \sqrt{1 + \left(\frac{\sigma_n}{\sigma_x} \right)^2}$$

只要 $\sigma_n / \sigma_x < 1/3$,便有

$$\Delta < 1.05\Delta_x$$

这就是说,在随机误差是主要影响因素的条件下,应使检定用标准器的误差小于受检仪器误差的1/3,才能使标准器误差对检定结果的影响不超过5%。这就是某些检定规程上要求:"标准器的允许基本误差不应超过受检仪器允许基本误差的 $1/3 \sim 1/5$" 的理由。

如果仪器的随机误差较小,与已定系统误差相比,该项误差可忽略不计,则有

$$\Delta \approx E_x \left(1 + \frac{E_n}{E_x} \right) \approx \Delta_x \left(1 + \frac{E_n}{E_x} \right)$$

只要 $E_n / E_x < 1/10$,便有 $\Delta < 1.10\Delta_x$,由标准器误差对检定结果产生的影响不超过10%。这就是说,在系统误差是主要影响因素的条件下,应使检定用标准器的误差小于受检仪器误差的1/10。因而,有些专家认为标准器的精度应当比受检仪器的精度高一个数量级。

在检定实践中,受检仪器的 E_x 和 σ_x 往往是未知的,这时可取 $\Delta_n \leqslant (1/3 \sim 1/10)\Delta_g$,$\Delta_g$ 为受检仪器的允许极限误差。

如果标准器的误差不可忽略,则应从误差估算的结果中扣除标准器误差的影响,即如果受检仪器的允许误差限为 $e\%$,用误差限为 $n\%$ 的标准器进行检定,则受检仪器的检定极限误差应保持在 $\pm(e-n)\%$,才认为受检仪器合格,这就是 $(e-n)$ 准则。

如果用户用误差限为 $m\%$ 的标准器验收允许误差限为 $e\%$ 的仪器,当受检仪器的检定极限误差超过 $\pm e\%$,但在 $\pm(e+m)\%$ 范围内,则不能认为受检仪器超差而拒收,这就是 $(e+m)$ 原则。

习题

3-1　请计算表 3-14 中顺序连续的 3 个数、7 个数、10 个数的平均值、方差和标准偏差。可以组织全班学生分别从各自的学号为开始点顺数这些数据,各自用手工计算;也可以在此以后用科学计算器处理更多的数据。将这些数据收集起来备做第二题之用。也可试用第 2 章介绍的极差和中位数估计方法作比较。

表 3-14　随机正态分布数据 100 个(均值 =3124.5,方差 =142.917)

3164	3213	3742	2632	3738	2333	3481	2910	3023	3126
3251	3321	3494	2775	2693	3069	3402	3323	3153	2618
3300	3180	3244	3160	2301	3012	3740	3098	3400	3466
3452	3783	2538	3332	2837	2762	3489	3366	3100	3629
3141	3293	2976	3074	2891	2517	2924	3301	2635	2990
3228	2986	3492	3270	3027	3698	2701	2764	2782	3203
3307	3286	2482	2959	2332	3463	3422	3162	3280	2971
3078	3619	2487	2739	2833	2937	3226	2981	3451	2716
3211	2509	2917	3597	3756	3249	3465	2967	2039	3451
3668	3269	2702	2695	3406	3348	3978	3433	3401	3141

注:数据顺序自左至右读完一行再读下行

3-2　将第一题各个计算结果收集起来,编成各有 30 个以上数据的九张统计表。再次求它们的平均值、方差和标准偏差。观察这些表上数据的分布与表 3-14 题栏所列的均值和方差的差异,并结合第 2 章关于样本统计量和点估计量的性质,作出比较。

3-3　测量某物体重量共 8 次,测得数据(单位为 g)为 236.45,236.37,236.51,236.34,236.39,236.48,236.47,236.40。试求算术平均值及其标准差。

3-4　在立式测长仪上测量某校对量具,重复测量 5 次,测得数据(单位为 mm)为 20.0015,20.0016,20.0018,20.0015,20.0011。若测量值服从正态分布,试以 99% 的置信概率确定测量结果。

3-5　用某仪器测量工件尺寸,在排除系统误差的条件下,其标准差 $\sigma = 0.004$ mm,若要求测量结果的置信限为 ± 0.005 mm,当置信概率为 99% 时,试求必要的测量次数。

3-6　对某量进行 10 次测量,测得数据为 14.7,15.0,15.2,14.8,15.5,14.6,14.9,14.8,15.1,15.0,试判断该测量列中是否存在系统误差。

3-7 等精度测得某一电压 10 次,测得结果(单位为 V)为 25.94,25.97,25.98,26.01,26.04,26.02,26.04,25.98,25.96,26.07。测量完毕后,发现测量装置有接触松动现象,为判断是否因接触不良而引入系统误差,将接触改善后,又重新作了 10 次等精度测量,测得结果(单位为 V)为 25.93,25.94,25.98,26.02,26.01,25.90,25.93,26.04,25.94,26.02。试用 t 检验法(取 $\alpha = 0.05$)判断两组测量值之间是否有系统误差。

3-8 JWS. 瑞利用不同方法制氮得出的氮的密度平均值及其标准偏差如下(量值换算到法定计量单位):

由亚硝酸铵(NH$_4$NO$_2$)分解制得的氮气平均密度 $\bar{\rho}_A = 1.2805 \text{g/L}$,标准偏差 $\sigma_{\bar{\rho}_A} = 0.0002 \text{g/L}$;

由大气经灼热铁粉脱氧制得的氮气平均密度 $\bar{\rho}_B = 1.2572 \text{g/L}$,标准偏差 $\sigma_{\bar{\rho}_B} = 0.0001 \text{g/L}$。

试比较这两组数之间是否存在系统误差($\alpha = 0.01$)。后来瑞利根据这一分析与 W. 拉姆塞合作发现了惰性气体并因此分获了 1904 年诺贝尔奖金的物理奖和化学奖。

3-9 表 3-14 中任一序号起抽取相连各 10 个数据组成两组,用 t 检验和秩和检验法判别这两组之间是否存在系统误差,各用 $\alpha = 0.05$ 和 0.025 试一次,得出哪一个 α 值界限更严一些,并解释这一结论。

3-10 用本章介绍的几种方法检验表 3-15 所给出的数据列是否存在系统误差。可在所给数据列中任截一段进行。注意所截数据段长度对判定的结论的影响,可以用不同长度作比较。

表 3-15 待检验数据列

2525	2548	2565	2528	2477	2535	2496	2579	2647	2507
2610	2521	2518	2512	2519	2572	2663	2539	2472	2691
2659	2599	2589	2782	2746	2650	2628	2685	2703	2683
2637	2688	2557	2621	2644	2628	2714	2622	2706	2661
2665	2718	2665	2705	2740	2601	2556	2663	2612	2640
2622	2615	2612	2709	2644	2680	2653	2589	2591	2684
2618	2554	2577	2765	2766	2699	2715	2663	2634	2735
2632	2635	2685	2591	2664	2603	2629	2669	2672	2745
2765	2775	2621	2709	2811	2754	2794	2819	2814	2765
2741	2712	2803	2780	2761	2830	2789	2841	2801	2756
2845	2840	2935	2868	2956	2916	2997	2915	2915	2974
2933	2922	2961	2862	2982	2889	2902	2788	2854	2861

(给教师的建议:在布置此题时请注意这批数据的各段系统误差包含着多种变化成分,一定要亲自算一下才指导好学生,各位学生得出结论将有较大差异,目的是为每个学生独立做题)

3-11 对某量进行 15 次测量,测得数据为 28.53,28.52,28.50,28.52,28.53,28.53,28.50,28.49,28.49,28.51,28.53,28.52,28.49,28.40,28.50,若这些测得值已消除系统误差,试用莱特准则、格拉布斯准则和狄克松准则分别判别该测量列中是否含有粗大误差的测量值。

3-12 甲、乙两测试者用正弦尺对一锥体的锥角 α 各重复测量 5 次,测得值如下:

$\alpha_{甲}$:7°2′20″,7°3′0″,7°2′35″,7°2′20″,7°2′15″;

α_Z：$7°2'25''$，$7°2'25''$，$7°2'20''$，$7°2'50''$，$7°2'45''$。

试求其测量结果。

3-13　重力加速度的 20 次测量具有平均值为 9.811m/s^2、标准差为 0.014m/s^2。另外 30 次测量具有平均值为 9.802m/s^2，标准差为 0.022m/s^2。假设这两组测量属于同一正态总体。试求此 50 次测量的平均值和标准差。

3-14　圆弧样板的弦长为 $b = 2.000(1)\text{cm}$，矢高为 $h = 1.738(2)\text{mm}$，求圆弧半径及其标准偏差。

3-15　用惠斯顿电桥测量某电阻器的电阻值 R，有 $R_x = R_s l_1/l_2$，R_s 为标准电阻之值，$l_1 + l_2 = L$ 为定值，求最佳测量条件（设 $\sigma_{l_1}^2 = \sigma_{l_2}^2$）。

3-16　已知三角形两边分别为 $b = 30.5(1)\text{m}$，$c = 120.3(5)\text{m}$，通过测定其夹角 A，可利用余弦定律求出第三边长 a，试分析若需要 $\sigma_a < 0.5\text{m}$，σ_A 应控制在多少范围内？（提示：此值与长度 a 是有关的）。这种测量方法最适合测量的 a 的长度是多少？（提示：即允许 σ_A 最大的 a 值）。

3-17　为求长方体体积 V，直接测量其各边长为 $a = 161.6\text{mm}$，$b = 44.5\text{mm}$，$c = 11.2\text{mm}$，已知测量的系统误差为 $\Delta_a = 1.2\text{mm}$，$\Delta_b = -0.8\text{mm}$，$\Delta_c = 0.5\text{mm}$，测量的极限误差为 $\delta_a = \pm0.8\text{mm}$，$\delta_a = \pm0.5\text{mm}$，$\delta_a = \pm0.5\text{mm}$，试求立方体的体积及其体积的极限误差。

3-18　已知 $x \pm \sigma_x = 2.0 \pm 0.1$，$y \pm \sigma_y = 3.0 \pm 0.2$，相关系数 $\rho_{xy} = 0$，试求 $\varphi = x^3\sqrt{y}$ 的值及其标准差。

3-19　如图所示，用双球法测量孔的直径 D，其钢球直径分别为 d_1、d_2，测出距离分别为 H_1、H_2，试求被测孔径 D 与各直接测量量的函数关系 $D = f(d_1, d_2, H_1, H_2)$ 及其误差传递系数。

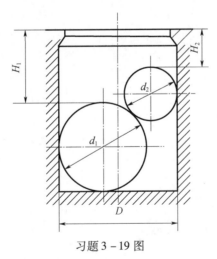

习题 3-19 图

3-20　按公式 $V = \pi r^2 h$ 求圆柱体体积，若已知 r 约为 2cm，h 约为 20cm，要使体积的相对误差等于 1%，试问 r 和 h 测量时误差应为多少？

3-21　假定从支点到重心的长度为 L 的单摆振动周期为 T，重力加速度可由公式 $T = 2\pi\sqrt{L/g}$ 中给出。若要求测量 g 的相对标准差 $\sigma_g/g \leq 0.1\%$，试问按等作用原则分配误差时，测量 L 和 T 的相对标准差应是多少？

3-22　用比重瓶称重法测量液体的密度 D，瓶的空重为 $25.365(1)\text{g}$，充满水后重量为

45.274(1)g,充满待测液体后重量为 58.432(1)g,求 D 及其标准偏差。如果比重瓶的容积有 0.05% 的相对标准偏差时对测得密度的标准偏差会有多大影响？如果天平因臂长比不等于 1 时,对测得密度及其标准偏差各会有什么影响？如果两液体的体膨胀系数有差异,试分析在不是标准温度下产生什么样的误差？为消除这些误差可以采取什么措施？如果作为标准物质的水,其密度值有 0.01% 的相对标准偏差,对液体密度 D 值及其标准偏差会有什么影响？

参考文献

［1］宋文爱,等. 工程实验理论基础. 北京:兵器工业出版社,2000.

［2］费业泰. 误差理论与数据处理. 第四版. 机械工业出版社,2004.

［3］李金海. 误差理论与测量不确定度. 北京:中国计量出版社,2003.

［4］肖明耀. 误差理论与应用. 北京:中国计量出版社,1985.

［5］肖明耀. 误差理论常见问题与解答. 北京:中国计量出版社,1983.

［6］邓勃. 数理统计方法在分析测试中的应用. 北京:化学工业出版社,1984.

［7］何国伟. 计量与测试的分析方法. 北京:国防工业出版社,1985.

［8］汪胡祯. 现代工程数学手册(IV). 武汉:华中理工大学出版社,1987.

［9］陆秀成. 如何检验实验数据使之科学合理的改进意见. 测试技术学报,1988,1:13 - 27.

［10］Sachs L. Applied Statistics—A Handbook of Techniques. 2nd ed. Springer – Verlag,1984:245 – 381.

第4章
测量不确定度及其分析

为了使涉及测量的技术领域和部门可以统一的准则对测量结果及其质量进行评定、表示和比较,必须执行统一的测量不确定度评定和表示的技术规范。国际上公认和执行的标准为国际标准化组织(ISO)等七个国际组织联合发布的《测量不确定度表示指南》(Guide to Expression of Uncertainty in Measurement,GUM)。为了贯彻 GUM 在我国的实施,由全国法制计量委员会委托中国计量科学研究院起草制定了国家计量技术规范《测量不确定度评定与表示》(JJF1059.1—2012),本规范原则上等同 GUM 的基本内容,而未详细规定和说明的内容,可参考 GUM 及相关的国际标准、我国国家标准及部门标准执行。

4.1 测量不确定度的基本概念

从第 1 章中的不确定度的定义可以看出,不确定一词意指可疑程度,就广义而言,测量不确定度意为对测量结果正确性的可疑程度。为此,测量不确定度也曾有不同形式的定义,但它们之间没有本质上的区别,其评定方法均相同,表达形式均相同。

4.1.1 测量不确定度的分类

不确定度由误差分析得出,可以用先验的分析方法,也可以用后验的方法,即根据实验结果来分析的统计方法。先验的方法也要依据以前的实验结果,不过在推断中主观臆断的成分较多,有时失之保守,有时却往往忽略了某个重要因素未加分析,但它仍是分析误差不可缺的一种方法。特别是在实验之前,要分配测量系统中各部分精度指标,往往还只能用这种方法。于是,相应地就有了 A 类不确定度和 B 类不确定度之分。

分为 A 类和 B 类的目的,在于说明计算不确定度分量的两种不同的途径,仅仅是为了便于研究而已,并非执意表明两种方法得到的不确定度分量在本质上的差异,两种评定方法均基于概率分布,并都用标准偏差来表征。

当测量结果是由若干个其他量的值求得时,按其他各量的方差或协方差算得的标准不确定度称为合成标准不确定度,统一规定用符号 u_c 表示。它是测量结果标准偏差的估计值。

由于标准偏差所对应的置信水平(也称为置信概率)通常还不够高,在正态分布情况下仅为 68.27%,因此还规定测量不确定度也可以用标准偏差的倍数是 $k\sigma$ 来表示。这种不确定度称为扩展不确定度,有时也称展伸不确定度或范围不确定度,统一规定用大写英文字母 U 表示。于是可得标准不确定度对应于置信概率 p 的扩展不确定度:

$$U_p = k_p \sigma = k_p u_c(y)$$

式中，k_p 称为置信因子(有时也称为包含因子)。

在实际使用中，往往希望知道测量结果的置信区间，因此还规定测量不确定度也可以用说明了置信概率的区间的半宽度 a 来表示，实际上它也是一种扩展不确定度。

不确定度也同样可以有绝对不确定度和相对不确定度两种形式。绝对形式表示的不确定度与被测量有相同的量纲。相对形式表示的不确定度，其量纲为 1，或称为无量纲。被测量 x 的标准不确定度 $u(x)$ 和相对标准不确定度 $u_{\mathrm{rel}}(x)$ 间的关系：

$$u_{\mathrm{rel}}(x) = \frac{u(x)}{x} \tag{4-1}$$

4.1.2 测量误差与测量不确定度

测量误差和测量不确定度是误差理论中两个重要的概念，它们具有相同点，都是评价测量结果质量高低的重要指标。但它们又有明显的区别，必须正确认识和区分，以防混淆和误用。

测量误差与测量不确定度的主要区别见表 4-1。

表 4-1　测量误差与测量不确定度的主要区别

序号	内　容	测　量　误　差	测　量　不　确　定　度
1	定义的要点	表明测量结果偏离真值，是一个差值	表明赋予被测量之值的分散性，是一个区间
2	分量的分类	按出现于测量结果中的规律，分为随机和系统，都是无限多次测量时的理想化概念	按是否用统计方法求得，分为 A 类和 B 类，都是标准不确定度
3	可操作性	由于真值未知，只能通过约定真值求得其估计值	按实验、资料、经验等信息进行评定，从而确定测量不确定的值
4	表示的符号	非正即负，不要用正负(±)号表示	为正值，当由方差求得时取其正平方根
5	合成的方法	分为系统误差和随机误差的合成，系统误差合成一般采用代数和法，随机误差合成采用方和根法	当各分量彼此独立时为方和根，必要时加入协方差
6	结果的修正	已知系统误差的估计值时，可以对测量结果进行修正，得到已修正的测量结果	不能用不确定度对结果进行修正，在已修正结果的不确定度中应考虑修正不完善引入的分量
7	自由度	不存在	可作为不确定度评定是否可靠的指标
8	置信概率	不存在	当了解分布时，可按置信概率给出置信区间

从表 4-1 可以看到，虽然测量误差和测量不确定度都可用来描述测量结果，两者在数值上并无确定的关系。测量结果可能非常接近于真值，此时其误差很小，但由于对不确定度来源认识不足，评定得到的不确定度可能很大；也可能测量误差实际上较大，但由于分析估计不足，评定得到的不确定度可能很小，例如当存在还未发现的较大系统误差时。

误差理论是测量不确定度的基础。研究测量不确定度首先需要研究误差，只有对误差的性质、分布规律、相互联系及对测量结果的误差传递关系等有了充分的认识和了解，才能更好地估计各不确定度分量，正确得到测量结果的不确定度。

4.2　标准不确定度的 A 类评定

4.2.1　单次测量结果标准偏差与平均值标准偏差

某物理量的观测值,若已消除了系统误差,只存在随机误差,则观测值散布在其期望值附近。当取若干组观测值,它们各自的平均值也散布在期望值附近,但比单个观测值更靠近期望值。也就是说,多次测量的平均值比一次测量值更准确,随着测量次数的增多,平均值收敛于期望值。因此,通常以样本的算术平均值 $\bar{x}$ 作为被测量值的估计(即测量结果),以平均值的标准偏差 $s(\bar{x})$ 作为测量结果的标准不确定度,即 A 类标准不确定度。

$$s(\bar{x}) = \frac{s(x_i)}{\sqrt{n}} \qquad (4-2)$$

式中: $s(x_i)$ 为单次测量标准偏差; n 为独立重复观测次数。观测次数 n 充分多,才能使 A 类不确定度的评定可靠。一般认为 n 应大于 6,但也要视实际情况而定。当该 A 类不确定度分量对合成标准不确定度的贡献较大时, n 不宜太小,反之,当该 A 类不确定度分量对合成标准不确定度的贡献较小时, n 小一些关系也不大。

4.2.2　A 类不确定度评定的自由度

对于 A 类评定,各种情况下的自由度为:

(1) 用贝塞尔公式计算标准偏差时,若测量次数为 n,则自由度 $\nu = n - 1$。

(2) 当同时测量 t 个被测量时,自由度 $\nu = n - t$。

(3) 当用极差法估计标准偏差时,其自由度与测量次数 n 的关系见表 4-2。

表 4-2　极差法自由度表

n	2	3	4	5	6	7	8	9	10	15	20
ν	0.9	1.8	2.7	3.6	4.5	5.3	6.0	6.8	7.5	10.5	13.1

比较贝塞尔法和极差法的自由度,就可以发现在相同测量次数的条件下,极差法的自由度比贝塞尔法小。这就是说,用极差法得到的标准偏差的准确度比贝塞尔法低。由于极差法没有有效利用所提供的全部信息量,其准确程度较差也是必然的。

4.3　标准不确定度的 B 类评定

4.3.1　B 类不确定度评定的信息来源

测量工作中,有时难以取得观测列并作统计分析,对一般测量,对所有不确定度原因做统计分析并不经济。如不能进行或不需要重复测量等情况,这时不确定度无法由 A 类评定得到,而只能用 B 类方法评定。即当被测量 X 的估计值 x_i 不是由重复观测得到,其标准不确定度 $u(x_i)$ 可用 x_i 的可能变化的有关信息或资料来评定。

B 类评定的信息来源有以下六项：

（1）以前的观测数据；

（2）对有关技术资料和测量仪器特性的了解和经验；

（3）生产部门提供的技术说明文件；

（4）校准证书、检定证书或其他文件提供的数据、准确度的等别或级别，包括目前仍在使用的极限误差、最大允许误差等；

（5）手册或某些资料给出的参考数据及其不确定度；

（6）规定实验方法的国家标准或类似技术文件中给出的重复性限 r 或复现性限 R。

对 B 类评定的不确定度，给出其标准不确定度的主要信息来源为各种标准和规程等技术性文件对产品和材料性能的规定，生产部门提供的技术说明文件，有时还来源于测量人员对有关技术资料和测量仪器特性的了解和经验。因此，在测量不确定度的 B 类评定中，往往会在一定程度上带有某种主观的因素，如何恰当并合理地给出 B 类评定的标准不确定度是测量不确定度评定的关键问题之一。

4.3.2　B 类不确定度的评定方法

1. 已知置信区间和置信因子

根据经验和有关信息或资料，先分析或判断被测量值落入的区间 $[\bar{x} - a, \bar{x} + a]$，并估计区间内被测量值的概率分布，再按置信概率 p 来估计置信因子 k，则 B 类标准不确定度 $u(x)$ 为

$$u(x) = \frac{a}{k} \tag{4-3}$$

式中：a 为置信区间半宽；k 为对应于置信概率的置信因子。

除了正态分布和 t 分布以外，其他常见的分布有均匀分布、反正弦分布、三角分布等，k 与分布状态有关，见表 4-3。

表 4-3　常用分布与 k，$u(x_i)$ 的关系

分布类型	$p/\%$	k	$u(x_i)$
正态	99.73	3	$a/3$
三角	100	$\sqrt{6}$	$a/\sqrt{6}$
矩形（均匀）	100	$\sqrt{3}$	$a/\sqrt{3}$

2. 已知扩展不确定度 U 和置信因子 k

（1）如估计值 x_i 来源于制造部门的说明书、校准证书、手册或其他资料，其中同时还明确给出了其扩展不确定度 $U(x_i)$ 是标准偏差 $s(x_i)$ 的 k 倍，指明了置信因子 k 的大小，则标准不确定度 $u(x)$ 可取 $U(x_i)/k$，而估计方差 $u^2(x)$ 为其平方。

（2）如果给出了置信概率 p 和置信区间的半宽 U_p，除非另有说明，一般按正态分布考虑评定其标准不确定度 $u(x_i)$。

$$u(x_i) = \frac{U_p}{k_p} \tag{4-4}$$

正态分布的置信概率 p 与置信因子 k_p 之间的关系可查正态分布表便可获得。

【例 4 − 1】　校准证书上给出标称值为 10Ω 的标准电阻器的电阻 R_s 在 $23℃$ 时为

$$R_s(23℃) = (10.000\ 74 \pm 0.000\ 13)\Omega$$

同时说明置信概率 $p = 99\%$,求其相对标准不确定度。

解:由于 $U_{99} = 0.13\text{m}\Omega$,当 $p = 99\%$ 时, $k_p = 2.58$,其标准不确定度为

$u(R_s) = 0.13\text{m}\Omega/2.58 = 50\mu\Omega$,相应的相对标准不确定度为

$$u_{\text{rel}}(R_s) = u(R_s)/R_s = 50 \times 10^{-6}\Omega/10.000\ 74\Omega = 5 \times 10^{-6}$$

(3) 若 x_i 的扩展不确定度不仅给出了扩展不确定度 U_p 和置信概率 p ,而且给出了有效自由度 ν_{eff} 或置信因子 k_p ,这时必须按 t 分布处理。

$$u(x_i) = \frac{U_p}{k_p} = \frac{U_p}{t_p(\nu_{\text{eff}})} \tag{4 − 5}$$

即

$$k_p = t_p(\nu_{\text{eff}})$$

这种情况提供给不确定度评定的信息比较齐全,常出现在标准仪器的校准证书上。

【例 4 − 2】　校准证书上给出标称值为 5kg 的砝码的实际质量为 $m = 5000.078\text{g}$,并给出了 m 的测量结果扩展不确定度 $U_{95} = 48\text{mg}$,有效自由度 $\nu_{\text{eff}} = 35$ 。

查附录中 t 分布表可得知 $t_{95}(35) = 2.03$ (即查 $\alpha/2 = 0.05/2 = 0.025$),故 B 类标准不确定度为

$$u(x_i) = \frac{U_{95}}{t_{95}(\nu_{\text{eff}})} = \frac{48}{2.03} = 24(\text{mg})$$

3. 以"级"使用仪器的不确定度计算

当测量仪器检定证书上给出准确度级别时,可按检定系统或检定规程所规定的该级别的最大允许误差进行评定。假定最大允许误差为 $\pm A$,一般采用均匀分布,得到示值允差引起的标准不确定度分量

$$u(x) = \frac{A}{\sqrt{3}} \tag{4 − 6}$$

以"级"使用的仪器,上面计算所得到的不确定度分量并没有包含上一个级别仪器对所使用级别仪器进行检定带来的不确定度,因此,当上一级别检定的不确定度不可忽略时,还要考虑这一项不确定度分量。

以"级"使用的指示类仪器,使用时直接使用其示值而不需要进行修正;量具使用其标称值。所以可以认为仪器的示值允差中已包含了仪器长期稳定性的影响,不必要考虑仪器长期稳定性引起的不确定度。

以"级"使用的仪器,使用时环境条件只要不超出允许使用范围,仪器的示值误差始终没有超出示值允差的要求,在这种情况下,不必考虑环境条件引起的不确定度分量。

4.3.3　B 类不确定度评定的自由度及其意义

对于 B 类评定,其标准不确定度并不是由实验测量得到的,也就不存在测量次数的问题,因此原则上也就不存在自由度的概念。但如果将 A 类不确定度评定中的计算自由度关系式借用到 B 类评定中,即认为该式同样适用于 B 类评定不确定度,则该式就成为估计 B 类评定不确定度自由度的基础。对于 A 类评定,从测量次数立即可以得到其自由度,并可以得到标准不确定度 $u(y)$ 的可靠程度。B 类评定不确定度的情况正好相反,我们可以反方向利用标准偏差的

标准偏差 S_s 的确定公式

$$S_s = \frac{S}{\sqrt{2(n-1)}} \tag{4-7}$$

其中，S 为样本标准偏差。

如果根据经验能估计出 B 类评定不确定度的相对标准不确定度，则就可以由式(4-7)估计出 B 类评定不确定度的自由度。

B 类不确定度分量的自由度与所得到的标准不确定度以及 $u(x_i)$ 的相对标准不确定度 $\sigma[u(x_i)]/u(x_i)$ 有关，其关系为

$$\nu_i \approx \frac{1}{2} \frac{u^2(x_i)}{\sigma^2[u(x_i)]} \approx \frac{1}{2} \left[\frac{\Delta u(x_i)}{u(x_i)} \right]^{-2} \tag{4-8}$$

式中，$\sigma[u(x_i)]$ 是 $u(x_i)$ 的标准偏差，即 $\sigma[u(x_i)]$ 是标准不确定度的标准偏差，不确定度的不确定度。

根据经验，按所依据的信息来源的可信程度来判断 $u(x_i)$ 的标准不确定度，从而推算出比值列于表 4-4。

表 4-4　$\sigma[u(x_i)]/u(x_i)$ 与 ν_i 关系

$\sigma[u(x_i)]/u(x_i)$	ν_i	$\sigma[u(x_i)]/u(x_i)$	ν_i
0	∞	0.30	6
0.10	50	0.40	3
0.20	12	0.50	2
0.25	8		

无论 B 类评定还是 A 类评定，自由度越大，不确定度的可靠程度越高，不确定度是用来衡量测量结果的可靠程度，自由度则是用来衡量不确定度的可靠程度，所以可以说自由度是一种二次或二阶不确定度。

应该说明的是：式(4-8)不仅仅适用于正态分布，还适合于其他任何分布的情况。

所以，不确定度的 B 类评定，除了要设定其概率分布，还要设定评定的可靠程度。这要靠经验并对有关知识有深刻的了解。这是一门技巧，要靠实践积累。下面举一些例子予以说明。

当不确定度的评定有严格的数字关系，如数显仪器量化误差和数据修约引起的不确定度计算，自由度为 ∞ 。

当计算不确定度的数据来源于校准证书、检定证书或手册等比较可靠资料时，可取较高自由度。

当不确定度的计算带有一定主观判断因素，如指示类仪器的读数误差引起的不确定度，可取较低的自由度。

当不确定度的信息来源难以用有效的实验方法验证，如量块检定时标准量块和被检量块的温度差的不确定度，自由度可以非常低。

不要认为把不确定度的可能值估大了，即把影响量的可能半宽放宽后，可能值完全落在区间中，就可以提高可靠性，从而提高自由度。其实不确定度估大或估小了，都会降低自由度，只有估准了才有高自由度。

4.4 合成标准不确定度的评定

将间接被测量值记作 y，它应是直接输入量 $x_1, x_2, x_3, \cdots, x_n$ 的单值函数，可以写成

$$y = f(x_1, x_2, x_3, \cdots, x_n) \tag{4-9}$$

被测量 Y 的估计值 y 的标准不确定度，由相应输入量 $x_1, x_2, \cdots, x_n$ 的标准不确定度适当合成求得，估计值 y 的合成标准不确定度记为 $u_c(y)$，它表征合理赋予被测量估计值 y 的分散性。

4.4.1 全部输入量 X 不相关时不确定度的合成

类似第 3 章的间接测量误差传递规律，合成标准不确定度 $u_c(y)$ 由式（4-10）求得：

$$u_c^2(y) = \sum_{i=1}^{N} \left(\frac{\partial f}{\partial x_i} \right)^2 u^2(x_i) = \sum_{i=1}^{N} [c_i u(x_i)]^2 = \sum_{i=1}^{N} u_i^2(y) \tag{4-10}$$

称为不确定度传播律，也称为合成方差。式中：$c_i = \partial f / \partial x_i$，$u_i(y) = |c_i| u(x_i)$，$u(x_i)$ 为 A 类或 B 类评定标准不确定度。可以理解为间接测量值的方差等于各直接测量值方差的加权和，权值就是对各直接测得量的偏导数 $\dfrac{\partial f}{\partial x_i}$ 的平方。与前面一节计权平均的权不同的地方是这些都是有量纲量而不是纯数，也可以理解为右边求和式中的每一项 $\left(\dfrac{\partial f}{\partial x_i} \right)^2 u^2(x_i)$ 就是由直接测量值误差传递到间接测量值方差中的那一部分，通常称为部分方差（或称贡献，见第 3 章）。当 x_i 之间存在相关时，就不能这样分，因为还有两因素交叉影响产生的部分协方差，要用相关矩阵来描写了。不确定度 $u_c(y)$ 是一个估计标准偏差，它表征合理赋予被测量 Y 的分散性。

当函数 f 的形式表现为

$$Y = f(X_1, X_2, \cdots, X_N) = cX_1^{p_1} X_2^{p_2} \cdots X_N^{p_N}$$

式中，X_i 彼此独立，系数 c 并非灵敏系数，指数 p_i 可以是正数、负数或分数，设 p_i 的不确定度 $u(p_i)$ 可忽略不计，则相对标准不确定度为

$$[u_c(y)/y] = \sqrt{\sum_{i=1}^{N} [p_i u(x_i)/x_i]^2} \tag{4-11}$$

这里要求 $y \neq 0, x \neq 0$。

【例 4-3】 如立方体体积 V 的测量，是对长 l，宽 b 和高 h 直接测量再计算，试求其相对标准不确定度。

解：立方体体积与长宽高的函数关系为

$$V = f(l, b, h) = lbh$$

按式（4-11）可得

$$\left[\frac{u_c(V)}{V} \right]^2 = \left[\frac{u(l)}{l} \right]^2 + \left[\frac{u(b)}{b} \right]^2 + \left[\frac{u(h)}{h} \right]^2$$

或写成

$$u_{\text{crel}}(V) = \sqrt{u_{\text{rel}}^2(l) + u_{\text{rel}}^2(b) + u_{\text{rel}}^2(h)}$$

又如，当被测量 Y 为相互独立的输入量 X_i 的线性函数

$$Y = c_1 X_1 + c_2 X_2 + \cdots + c_N X_N$$

则

$$u_c^2(y) = \sum_{i=1}^{N} c_i^2 u(x_i)^2 \qquad (4-12)$$

4.4.2　输入量相关时不确定度的合成

当输入量相关时,按传播律,类似式(3-41),测量结果的标准不确定度 $u_c^2(y)$ 应表示为

$$u_c^2(y) = \sum_{i=1}^{N} \left(\frac{\partial f}{\partial x_i}\right)^2 u^2(x_i) + 2\sum_{i=1}^{N-1}\sum_{j=i+1}^{N} \frac{\partial f}{\partial x_i}\frac{\partial f}{\partial x_j} u(x_i, x_j) \qquad (4-13)$$

式中: x_i, x_j 为 X_i, X_j 的估计; $u(x_i, x_j)$ 为 x_i, x_j 的估计协方差,且 $u(x_i, x_j) = u(x_j, x_i)$。

x_i, x_j 的相关程度也可按估计相关系数 $\rho(x_i, x_j)$ 表示为

$$\rho(x_i, x_j) = \frac{u(x_i, x_j)}{u(x_i)u(x_j)} \qquad (4-14)$$

4.4.3　合成标准不确定度的自由度

合成标准不确定度 $u_c(y)$ 的自由度称为有效自由度 ν_{eff}。如果 $u_c^2(y)$ 是两个或多个估计方差分量的合成,即 $u_c^2(y) = \sum_{i=1}^{N} c_i^2 u^2(x_i)$,则即使每个 x_i 是正态分布的输入量 X_i 的估计值时,变量 $(y-Y)/u_c(y)$ 的分布是 t 分布,其有效自由度 ν_{eff} 可由韦尔奇-萨特思韦特(Welch-Satterthwaite)公式计算

$$\nu_{eff} = \frac{u_c^4(y)}{\sum_{i=1}^{N} \dfrac{u_i^4(y)}{\nu_i}} \qquad (4-15)$$

显然有

$$\nu_{eff} \leqslant \sum_{i=1}^{N} \nu_i$$

式(4-15)也可用于相对标准不确定度的合成,按式(4-11)计算时有

$$\nu_{eff} = \frac{\left[u_c(y)/y\right]^4}{\sum_{i=1}^{N} \dfrac{\left[p_i u(x_i)/x_i\right]^4}{\nu_i}} = \frac{\left[u_{crel}(y)\right]^4}{\sum_{i=1}^{N} \dfrac{\left[p_i u_{rel}(x_i)\right]^4}{\nu_i}} \qquad (4-16)$$

【例4-4】　已知某量包含互不相关的不确定分量,其值与自由度分别如下:

$$u_1 = 10.0, \qquad \nu_1 = 5$$
$$u_2 = 10.0, \qquad \nu_2 = 10$$
$$u_3 = 10.0, \qquad \nu_3 = 2$$
$$u_4 = 10.0, \qquad \nu_4 = 5$$

求合成标准不确定度 u_c 及有效自由度 ν_{eff}。

解: 由于各不确定度分量不相关,则

$$u_c^2 = u_1^2 + u_2^2 + u_3^2 + u_4^2 = 400$$
$$u_c = 20$$

由公式(4-15)得有效自由度为

$$\nu_{\text{eff}} = \frac{u_c^4}{\dfrac{u_1^4}{\nu_1} + \dfrac{u_2^4}{\nu_2} + \dfrac{u_3^4}{\nu_3} + \dfrac{u_4^4}{\nu_4}} = 16$$

4.5　扩展不确定度的评定

1. 扩展不确定度的含义

扩展不确定度分为两种,即 U 与 U_p。前者为标准偏差的倍数,后者为具有概率 p 的置信区间的半宽。它们的含义不同,必要时应采用符号下标加以区别,具体定义见4.1节。

2. 置信因子的选择

（1）如果 $u_c(y)$ 的自由度较小,并要求区间具有规定的置信概率 p（显著性水平 $\alpha = 1 - p$）,当按中心极限定理估计接近正态分布时,k_p 采用 t 分布临界值。即

$$k_p = t_p(\nu)$$

式中,ν 是合成标准不确定度 u_c 的自由度,根据给定的置信概率 p 与自由度 ν 查 t 分布（见附录表 A – 3）,得到 $t_p(\nu)$ 的值（即双侧 100α 百分位点）,当各不确定度分量 u_i 相互独立时,合成标准不确定度 u_c 的自由度 ν 由式（4 – 15）计算。

（2）如果可以确定 Y 可能值的分布不是正态分布,而是接近于其他某种分布,则绝不应按 $k - 2 \sim 3$ 或 $k_p = t_p(\nu_{\text{eff}})$ 计算 U 或 U_p。例如,当 Y 可能值近似为矩形分布时,则置信因子 k_p 与 U_p 之间的关系如下:

$$\text{对于 } U_{95}, k_p = 1.65$$
$$\text{对于 } U_{99}, k_p = 1.71$$

例如用高精度的电压源校准低分辨率的数字电压表。重复测量时,由于被检电压表分辨率很低,将会导致测量数据列重复性很好（甚至可能出现重复性变化为零的极端情况）。此时,由测量列进行 A 类评定时该不确定度分量将非常小。而被检数字电压表分辨率 δx 带来的 B 类不确定度分量 $u(x) = \delta x / (2\sqrt{3}) = 0.29\delta x$（属于均匀分布）将占主导地位。此时 Y 可能值的分布即近似为均匀分布。

（3）当 y 和 $u_c(y)$ 所表征的概率分布近似为正态分布,且 $u_c(y)$ 的有效自由度较大时,在合成标准不确定度 $u_c(y)$ 确定后,乘以一个置信因子 k,即 $U = k u_c(y)$,可以期望在 $y - U$ 至 $y + U$ 的区间包含了测量结果可能值的较大部分。k 值一般取 $2 \sim 3$,在大多数情况下取 $k = 2$,当取其他值时,应说明其来源。

当只给出扩展不确定度 U 时,不必评定各分量及合成标准不确定度的自由度 ν_i 及 ν_{eff}。值得注意的是,当直接选取置信因子 k 时,一般不给出置信概率 p。在日常校准工作中,若用户不提出 p 的要求,则可采用此方式给出扩展不确定度。若要求给出 p,就应给出 ν_{eff}。

4.6　测量不确定度的报告与表示

4.6.1　测量结果及其不确定度的报告

完整的测量结果含有两个基本量,一是被测量 Y 的最佳估计值 y,一般由数据测量列的算

术平均值给出;另一个就是描述该测量结果分散性的量,这与第 3 章的测量结果的报道值表示形式是一样的。即测量不确定度。

测量结果 = 平均值 ± 测量不确定度

其中测量不确定度是测量过程中来自于测量设备、环境、人员、测量方法及被测对象所有的不确定度因素的集合。一般以合成标准不确定度 $u_c(y)$、扩展不确定度 $U(y)$ 或它们的相对形式 $u_{crel}(y)$、$U_{crel}(y)$ 给出。

当测量不确定度用合成标准不确定度表示时,应给出合成标准不确定度 $u_c(y)$ 及其自由度 ν_i;当测量不确定度用扩展不确定度表示时,除给出扩展不确定度 U 外,还应说明它计算时所依据的合成标准不确定度 $u_c(y)$,自由度 ν,置信概率 p 和置信因子 k。

为了提高测量结果的使用价值,在不确定度报告中,应尽可能提供详细的信息,如:给出原始观测数据,描述被测量估计值及其不确定度评定的方法,列出所有的不确定分量、自由度及相关系数,并说明它们是如何获得等。

如何将最佳估计值与测量不确定度表示出来? 在国家计量技术规范 JJF1059.1—2012《测量不确定度评定与表示》中对表示的格式作了明确规定。显然,以 JJF 1059.1—2012 中规定之外的形式表示测量结果,是不合适也是不允许的。

报告测量不确定度有两种方式。一类是直接用(未扩展的)合成标准不确定度,另一类是使用扩展不确定度。

1. 使用合成标准不确定度应包括的内容

当用合成标准不确定度报告测量结果的不确定度时,除上述内容要求外,还须注意:

(1) 明确说明被测量 Y 的定义;

(2) 给出被测量 Y 的估计值 y、合成标准不确定度 $u_c(y)$ 及其单位,必要时还应给出自由度 ν_{eff}。

(3) 必要时也可给出相对标准不确定度 $u_{crel}(y)$。

合成标准不确定度 $u_c(y)$ 的报告可用以下四种形式之一。例如,标准砝码的质量为 m,测量结果为 100.021 47g,合成标准不确定度 $u_c(m_s)$ 为 0.35mg,则

① $m_s = 100.021\ 47g$;合成标准不确定度 $u_c(m_s) = 0.35mg$。

② $m_s = 100.021\ 47(35)g$;括号内的数是按标准偏差给出的,其末位与前面结果内末位数对齐。一般用于公布常数、常量。

③ $m_s = 100.021\ 47(0.000\ 35)g$;括号内按标准偏差给出,与前面结果有相同计量单位。

④ $m_s = (100.021\ 47 \pm 0.000\ 35)g$;正负号后之值按标准偏差给出,它并非置信区间。

2. 使用扩展不确定度应包括的内容

当用 U 或 U_p 报告测量扩展不确定度时,其报告的基本形式见表4-5。

表4-5 扩展不确定度表示形式

类型	例子	表示形式
$U = ku_c(y)$	$u_c(y) = 0.35mg$,取置信因子 $k = 2$,$U = 2 \times 0.35mg = 0.70mg$	(a) $m_s = 100.021\ 47g$,$U = 0.70mg$;$k = 2$。 (b) $m_s = (100.021\ 47 \pm 0.000\ 70)g$;$k = 2$

（续）

类型	例子	表示形式
$U_p = k_p u_c(y)$	$u_c(y) = 0.35\text{mg}, \nu_{\text{eff}} = 9$, 按 $p = 95\%$,查附录表 A - 3 得 $k_p = t_{95}(9) = 2.26$, $U_{95} = 2.26 \times 0.35\text{mg} = 0.79\text{mg}$	（a）$m_s = 100.021\ 47\text{g}, U_{95} = 0.79\text{mg}; \nu_{\text{eff}} = 9$。 （b）$m_s = (100.021\ 47 \pm 0.000\ 79)\text{g}; \nu_{\text{eff}} = 9$,括号内第二项为 U_{95} 之值。 （c）$m_s = 100.021\ 47(79)\text{g}; \nu_{\text{eff}} = 9$,括号内为 U_{95} 之值,其末位与前 面结果内末位数对齐。 （d）$m_s = 100.021\ 47(0.000\ 79)\text{g}; \nu_{\text{eff}} = 9$,括号内为 U_{95} 之值,与前面 结果有相同计量单位
以相对形式 U_{rel} 或 u_{rel} 报告扩展 不确定度	同上	（a）$m_s = 100.021\ 47(1 \pm 7.9 \times 10^{-6})\text{g}; p = 95\%$,式中 7.9×10^{-6} 为 $U_{95\text{rel}}$ 之值。 （b）$m_s = 100.021\ 47\text{g}, U_{95\text{rel}} = 7.9 \times 10^{-6}$
扩展不确定度 U_p 已知	同上	$m_s = (100.021\ 47 \pm 0.000\ 79)\text{g}$ 式中,± 号后的值为扩展不确定度 $U_{95} = k_{95}u_c$,而合成标准不确定度 $u_c(m_s) = 0.35\text{mg}$,自由度 $\nu = 9$,置信因子 $k_p = t_{95}(9) = 2.26$,从而 具有约 95% 概率的置信区间

① 计值 y 的数值与不确定度的数值的位数（下面介绍）。

② 报告中置信概率的表述。如 U_{95}, U_{99} 等（相应的置信概率为 95% 与 99%），一般不使用 95.45% 与 99.73% 的表述,也不使用 0.95 与 0.99 表述。

国内外计量界过去常常用 $p = 99.73\%$,所谓 3σ 的置信概率,实际上只有在理论上是正态分布形式,而且重复的次数 $n \to \infty$ 时,$p = 99.73\%$ 才有可能。在工业技术领域,通常只采用 $p = 95\%$,这是 ISO 的一些标准中所推荐的。当技术规范中对置信概率或置信概率有明确规定时,则按规定执行

4.6.2　测量结果及其不确定度的有效位

（1）通常 $u_c(y)$ 和 U 最多为两位有效数字,可以理解为取一位或两位皆可以,一般不给出两位以上。这是指最后结果的形式,计算过程可适当保留多位。

（2）一旦测量不确定度的有效位数确定了,则应采用它的修约间隔来修约测量结果以确定其有效至哪一位。也就是说,当采用同一测量单位来表述测量结果和其不确定度时,它们的末位应是对齐的。

例如:被测质量的测量结果为

$$m = 100.021\ 445\ 50\text{g}$$

其扩展不确定度 $U_{95} = 0.355\text{mg}$,保留两位应修约成 0.36mg,其修约间隔为 0.01mg。用这个修约间隔来修约测量结果,得

$$m = 100.021\ 45\text{g}, U_{95} = 0.36\text{mg}$$

它们的末位是对齐的。

（3）当不确定度以相对形式给出时,不确定度也应最多保留两位有效数字。此时,测量结果的修约应将不确定度以相对形式返回到绝对形式,同样至多保留两位,再相应修约测量结果。

例如:被测质量的测量结果为 $m = 100.021\ 474\ 6\text{g}$,其相对不确定度 $U_{\text{rel}} = 7.94 \times 10^{-6}, p = 95\%$ 保留两位,应修约成 7.9×10^{-6}。则

$$U_{95} = 7.9 \times 10^{-6} \times 100.021\ 474\ 6g \approx 7.902 \times 10^{-4}g$$

修约成两位为 $7.9 \times 10^{-4}g$，则得

$$m = 100.021\ 47g, U_{rel} = 7.9 \times 10^{-6}$$

（4）当采用同一测量单位来表示测量结果和其不确定度时，它们的末位必须是对齐的。

若出现测量结果实际位数不够而无法与测量不确定度对齐时，一般的操作方法是补零后对齐。

例如：若测量结果 $m = 100.021\ 4g$，而 $U_{95} = 0.36mg$，则表示成

$$m = 100.021\ 40g, U_{95} = 0.36mg$$

4.6.3 测量不确定度评定的总流程

总结以上所述，可用图 4－1 简明地表示出测量不确定度评定的全部流程。

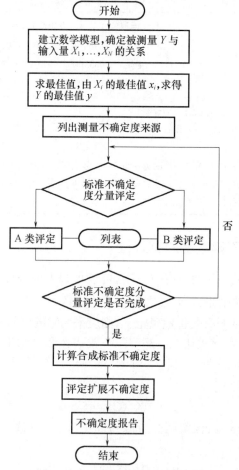

图 4－1 测量不确定度评定的总流程图

【例 4－5】 用精密激光光幕靶测量弹丸通过两靶区间的平均速度。用精密光学测量方法测得两光幕厚为 0.28mm，距离为（1000.34 ±0.12）mm；计时触发脉冲对第一靶有（2.34 ±0.05）μs 的延迟，对第二靶有（2.65 ±0.06）μs 的延迟，由 10MHz 频率计数器计数测得的数值为 12.091，求弹速并进行不确定度分析。

解:先求测速区间距离 $l=1000.34\mathrm{mm}$,由于光幕有厚度造成弹丸过靶信号不是阶跃的,假定在这段距离内都有可能使计数器触发或停止,即按均匀分布假设,这样区间距离 l 的标准偏差即由两部分构成;光学交会测量的标准不确定度为

$$u_{cl2}=\frac{0.28}{\sqrt{12}}\times\sqrt{2}$$

式中 $\sqrt{2}$ 是考虑两靶的触发误差互不相关造成方差加倍的乘数。这样总距离合成标准不确定度为

$$u_{cl}=\sqrt{u_{cl1}^2+u_{cl2}^2}=\sqrt{0.12^2+\frac{0.28^2}{12}\times2}=0.1657\mathrm{mm}$$

再求过靶时间,由于延迟时间平均值不等产生的系统误差,利用代数和法求得 $e_t=2.65-2.34=0.31(\mathrm{\mu s})$,使计时器读数比真过靶时间长了这么多。作系统误差修正,$t=1209.1-0.31=1208.79(\mathrm{\mu s})$,时间不确定度除延迟因素外还有计数器量化误差。

$$u_{ct1}=0.05\mathrm{\mu s}\qquad u_{ct2}=0.06\mathrm{\mu s},\qquad u_{ct3}=\frac{0.1}{\sqrt{12}}\times\sqrt{2}=0.041(\mathrm{\mu s})$$

$$u_{ct}=\sqrt{\sum_{i=1}^{3}u_{cti}^2}=0.0881(\mathrm{\mu s})$$

由公式 $v=l/t$ 求得(用一贯制的 SI 单位)

$$v=100\,034\times10^{-3}/1.208\times10^{-3}=827.555(\mathrm{m/s})$$

根据式(4-10)知,速度的合成标准不确定度为

$$u_{cv}=\sqrt{\left(\frac{\partial v}{\partial l}\right)^2u_{cl}^2+\left(\frac{\partial v}{\partial t}\right)^2u_{ct}^2}=0.1498\mathrm{m/s}$$

其中

$$\frac{\partial v}{\partial l}=1/t=827.27\mathrm{s}^{-1}$$

（注意有量纲）

$$\frac{\partial v}{\partial l}=-l/t^2=-684\,614\mathrm{m/s}^2$$

由此得出

$$v=827.56(15)\mathrm{m/s}$$

若取相对不确定度形式有 $u_{cv}/v=0.018\%$。

扩展不确定度的评定为

以2倍标准偏差计算置信限(置信水平95%),分别为

$$u_c=\pm0.30\mathrm{m/s}\quad\text{或}\ u_{crel}=\pm0.036\%$$

以 2.58 倍标准偏差计置信限(置信水平99%),则分别为

$$u_c=\pm0.39\mathrm{m/s}\quad\text{或}\ u_{crel}=\pm0.047\%$$

实际上对于这样简单乘除的函数式,用相对不确定度的传递公式可以更简单。

【例4-6】　用上例数据改用相对不确定度来求合成不确定度。

解:将原公式 $v=l/t$ 取对数得

$$\ln v=\ln l-\ln t$$

上式的偏微分,得 $\dfrac{\mathrm{d}v}{v}=\dfrac{\delta l}{l}-\dfrac{\delta t}{t}$

根据前面求方差的方法,以 v,l,t 均当作常量,就得

$$\left[\frac{u_c(v)}{v}\right]^2 = \left[\frac{u(l)}{l}\right]^2 + \left[\frac{u(t)}{t}\right]^2$$

该公式也可以直接利用式(4-11)获得。将上例数据代入得

$$u(l)/l = 1.656 \times 10^{-4}, \quad u(t)/t = 0.729 \times 10^{-4}$$

$$u(v)/v = \sqrt{(1.656^2 + 0.729^2) \times 10^{-8}} = 1.809 \times 10^{-4} = 0.018\%$$

$$u(v) = 827.555 \times 1.809 \times 10^{-4} = 0.1497(\text{m/s})$$

与前例相同,报道值 $v = 827.56(15)\text{m/s}$,其他写法可以是

$$\begin{cases} v = 827.56 \pm 0.15\text{m/s};827.56(\text{u}_{crel} = \pm 0.018\%)\text{m/s} \\ v = 827.56 \pm 0.30\text{m/s}(置信水平 95\%) \end{cases}$$

$$\begin{cases} v = 827.56 \pm (0.036\%)\text{m/s}(置信水平 95\%) \\ v = 827.56 \pm 0.30\text{m/s}(两倍标准偏差) \end{cases}$$

$$\begin{cases} v = 827.56 \pm 0.39\text{m/s}(置信水平 99\%) \\ v = 827.56 \pm (0.047\%)\text{m/s}(置信水平 99\%) \end{cases}$$

另外,在分配不确定度(误差置信限)时,等作用原则是经常采用的,这里指的是使误差传递公式中的各个分量 $\frac{\partial y}{\partial x_i}u_i$ 相等而不是 u_i 相等,因为只有量纲相同才能比较量值。也有相反的情况,某些不确定度分量,由于其因子 $\frac{\partial y}{\partial x_i}u_i$ 小而很容易减小到可忽略的程度,则可以不给这个 x_i 值分量不确定度指标,而可以将不确定度指标让出给较难实现精密测量的其他量,一方面抓住了影响精密度的主要因素,同时也利用了某些测量值能精密测量的优势。所以等作用原则并非是绝对的。其方法见第 3 章误差传递公式应用部分。

习题

4-1 归纳总结测量误差与测量不确定度异同点及相互之间的关系。

4-2 不确定度是如何分类的? 该分类方法的特点是什么?

4-3 用电子微量天平在重复性条件下测量某一标准超声源的总输出功率 10 次,测得值为:6.270,6.271,6.278,6.274,6.272,6.273,6.277,6.275,6.277,6.276,单位为 W。求测量的最佳估计值和测量不确定度,置信概率 $p = 99\%$。

4-4 某实验拟用四块一级量块组成基本尺寸为 43.655mm 的量块组,已知各量块中心长度及其标准偏差分别为:

$$L_1 = 40\text{mm}, \qquad \sigma_1 = 0.35\mu\text{m}$$

$$L_2 = 1.6\text{mm}, \qquad \sigma_2 = 0.20\mu\text{m}$$

$$L_3 = 1.05\text{mm}, \qquad \sigma_3 = 0.20\mu\text{m}$$

$$L_4 = 1.005\text{mm}, \qquad \sigma_4 = 0.20\mu\text{m}$$

假定给出的误差限服从正态分布,取置信概率 $p = 95\%$,求该量块组引起的测量不确定度。

4-5 某校准证书说明,标称值 10Ω 的标准电阻器的电阻 R 在 20°C 时为$(10.000\ 74 \pm 0.000\ 13)\Omega (p = 99\%)$,求该电阻器的标准不确定度,并说明属于哪一类评定的标准不确定度?

4-6 被测电压的已修正结果为 $V = \bar{V} + \Delta V$,其中重复测量 6 次的算数平均值 $\bar{V} = 0.928571\text{V}$,A 类标准不确定度 $u(\bar{V}) = 12\mu\text{V}$;修正值 $\Delta V = 0.01\text{V}$,修正值的标准不确定度由 B

类评定方法得 $u(\Delta V) = 8.7\mu V$，估计的相对误差为 25%。试求 V 的合成标准不确定度及其自由度。

4-7 某数字电压表的说明书指出,该表在校准后的两年内,其 2V 量程的测量误差不超过 $\pm(14 \times 10^{-6} \times \text{读数} + 1 \times 10^{-6} \times \text{量程})$ V,相对标准偏差为 20%。若按均匀分布,求 1V 测量时电压表的标准不确定度;设在该表校准一年后,对标称值为 1V 的电压进行 16 次重复测量,观测值的平均值为 0.928 57V,并由此算得单次测量的标准偏差为 0.000 036V,若以平均值作为测量的估计值,试分析影响测量结果不确定度的主要来源,分别求出不确定度分量,说明评定方法的类型,求测量结果的合成标准不确定度及其自由度。

4-8 某圆球的半径为 r,若重复 10 次测量得 $r \pm \sigma_r = (3.132 \pm 0.005)\text{cm}$,试求该圆球最大截面的圆周和面积及圆球体积的测量不确定度,置信概率 $P = 99\%$。

4-9 望远镜的放大率 $D = f_1/f_2$,已测得物镜主焦距 $f_1 \pm \sigma_1 = (19.80 \pm 0.10)\text{cm}$,目镜的主焦距 $f_2 \pm \sigma_2 = (0.800 \pm 0.005)\text{cm}$,求放大率测量中由 $f_1 \setminus f_2$ 引起的不确定度分量和放大率 D 的标准不确定度。

4-10 测量某电路电阻 R 两端的电压 V,由公式 $I = V/R$ 算出电路电流 I。若测得 $V \pm \sigma_U = (16.50 \pm 0.05)\text{V}, R \pm \sigma_R = (4.26 \pm 0.02) \Omega$,相关系数 $\rho_{UR} = -0.36$,试求电流 I 的标准不确定度。

参考文献

[1] 李金海. 误差理论与测量不确定度. 北京:中国计量出版社,2003.

[2] 费业泰. 误差理论与数据处理. 第四版. 北京:机械工业出版社,2004.

[3] 宋文爱,等. 工程实验理论基础. 北京:兵器工业出版社,2000.

[4] 国家质量监督检验检疫总局. 测量不确定度评定与表示:JJF1059.1-2012. 北京:国家质量监督检验检疫总局,2013.

[5] 国家质量监督检验检疫总局计量司. 测量仪器特性评定指南. 北京:中国计量出版社,2003.

第5章
最小二乘处理及其应用

随着现代数学和计算机技术的发展,最小二乘法成为参数估计、数据处理、回归分析和经验公式拟合中必不可少的手段,并已形成统计推断的一种准则。通过本章的学习,使读者掌握最小二乘法的基本原理,以及解决参数的最可信赖值估计、组合测量的数据处理、用实验来拟定经验公式以及回归分析等一系列数据处理问题的方法。

5.1　最小二乘原理

5.1.1　最小二乘原理

设直接测量量 $Y_1, Y_2, \cdots, Y_n$ 的估计值为 $y_1, y_2, \cdots, y_n$,则有

$$
\left. \begin{array}{l}
y_1 = f_1(x_1, x_2, \cdots, x_t) \\
y_2 = f_2(x_1, x_2, \cdots, x_t) \\
\vdots \\
y_n = f_n(x_1, x_2, \cdots, x_t)
\end{array} \right\} \tag{5-1}
$$

其中 $x_1, x_2, \cdots, x_t$ 是 t 个需要确定的待测量,由此得测量数据 $l_1, l_2, \cdots, l_n$ 的残余误差为

$$
\left. \begin{array}{l}
v_1 = l_1 - f_1(x_1, x_2, \cdots, x_t) \\
v_2 = l_2 - f_2(x_1, x_2, \cdots, x_t) \\
\vdots \\
v_n = l_n - f_n(x_1, x_2, \cdots, x_t)
\end{array} \right\} \text{残差方程式} \tag{5-2}
$$

首先,我们对于测量误差可以作如下的假设,若 $l_1, l_2, \cdots, l_n$ 不存在系统误差,相互独立并服从正态分布,标准偏差分别为 $\sigma_1, \sigma_2, \cdots, \sigma_n$,则 $l_1, l_2, \cdots, l_n$ 出现在相应真值附近 $\mathrm{d}\delta_1, \mathrm{d}\delta_2, \cdots, \mathrm{d}\delta_n$ 区域内的概率为 $P_i = \dfrac{1}{\sigma_i \sqrt{2\pi}} \mathrm{e}^{-\delta_i^2/(2\sigma_i^2)} \mathrm{d}\delta_i \, (i = 1, 2, \cdots, n)$。由概率论可知,各测量数据同时出现在相应区域 $\mathrm{d}\delta_1, \mathrm{d}\delta_2, \cdots, \mathrm{d}\delta_n$ 的联合概率为

$$
P = \prod_{i=1}^{n} P_i = \frac{1}{\sigma_1 \sigma_2 \cdots \sigma_n (\sqrt{2\pi})^n} \mathrm{e}^{-\sum_{i=1}^{n} \delta_i^2/(2\sigma_i^2)} \mathrm{d}\delta_1 \mathrm{d}\delta_2 \cdots \mathrm{d}\delta_n
$$

根据最大似然原理,测量值 $l_1, l_2, \cdots, l_n$ 已经出现,有理由认为这 n 个测量值出现于相应区间的概率 P 为最大。由上式不难看出,要使 P 最大,应有

$$\frac{\delta_1^{\ 2}}{\sigma_1^{\ 2}} + \frac{\delta_2^{\ 2}}{\sigma_2^{\ 2}} + \cdots + \frac{\delta_n^{\ 2}}{\sigma_n^{\ 2}} = \min \tag{5-3}$$

由于结果只是接近真值的估计值,因此式(5-3)应以残余误差的形式给出,即

$$\frac{v_1^{\ 2}}{\sigma_1^{\ 2}} + \frac{v_2^{\ 2}}{\sigma_2^{\ 2}} + \cdots + \frac{v_n^{\ 2}}{\sigma_n^{\ 2}} = \min \tag{5-4}$$

在等精度测量中有

$$\sigma_1 = \sigma_2 = \cdots = \sigma_n$$

则式(5-4)可简化为

$$v_1^{\ 2} + v_2^{\ 2} + \cdots + v_n^{\ 2} = \sum_{i=1}^{n} v_i^{\ 2} = \min \tag{5-5a}$$

在不等精密度测量中有

$$p_1 = \frac{1}{\sigma_1^{\ 2}}, p_2 = \frac{1}{\sigma_2^{\ 2}}, \cdots, p_n = \frac{1}{\sigma_n^{\ 2}}$$

由式(5-4)可得

$$p_1 v_1^{\ 2} + p_2 v_2^{\ 2} + , \cdots, + p_n v_n^{\ 2} = \min \tag{5-5b}$$

这就证明了取出现的概率为最大时的数值(最可信赖值,通常即为算术平均值)作为测量结果时,其相应的残余误差平方和(或加权残余误差平方和)为最小。

实质上,按最小二乘条件给出最终结果能充分地利用误差的抵偿作用,可以有效地减小随机误差的影响,因而所得结果具有最可信赖性。

必须指出,上述最小二乘原理是在测量误差无偏(排除了测量的系统误差)、正态分布和相互独立的条件下推导出,但在不严格服从正态分布的情形下也经常被使用。

一般情况下,最小二乘法应用于线性参数的处理,也可用于非线性参数的处理。由于测量的实际问题中大量的是属于线性的,而非线性参数借助于级数展开的方法可以在某一区域近似地化成线性的形式。因此,线性参数的最小二乘法处理是最小二乘法理论所研究的基本内容。

为了获得更可靠的结果,测量次数 n 总要多于未知参数的个数 t,即所得残余误差方程的个数总要多于未知参数的个数,故直接用一般解代数方程的方法是无法解得这些未知参数的。而按最小二乘法条件则可以将残余误差方程转化为有确定解的代数方程组,从而可求解出这些未知参数。这个有确定解的代数方程组成为最小二乘法的正规方程。

线性参数的最小二乘法处理的程序可以归纳为:根据最小二乘原理,将误差方程组转化为有确定解的代数方程组,即经过转化,方程组的数目正好与未知待求量的个数相等。这个转化后的方程组称为正规方程;然后解算正规方程,得到待求的估计值,并且给出精度估计。

从式(5-2)可以看出,待测量 x_i 是 t 个,而方程组中有 n 个方程线性独立。所以方程个数多于未知量,从而是矛盾方程组,现在式(5-2)中增加了 n 个待定量 v_i,总共成为 $t+n$ 个未知量,方程仍为 n 个,成为欠定方程组,所以尚缺 t 个条件。这 t 个条件需要靠式(5-5)得出,对于 t 元函数的极值,应该存在 t 个偏导数等于零的条件,正好满足唯一解的要求,即

$$\frac{\partial(v_1^{\ 2} + v_2^{\ 2} + \cdots + v_n^{\ 2})}{\partial x_i} = 0 \qquad (i = 1, 2, \cdots, t) \tag{5-6}$$

事实上,人们关心 t 个 x_i 的估计值,所以通过式(5-6)得出的方程通常称为正规方程,见表 5-1 第 4 行所示。

因此根据最小二乘法,对等精度测量和不等精度测量的线性参数最小二乘原理的估计式可见表5-1第五行。

表5-1 线性参数最小二乘原理的估计式

	等精度测量	不等精度测量
方程形式	$$\left.\begin{matrix} Y_1 = a_{11}X_1 + a_{12}X_2 + \cdots + a_{1t}X_t \\ Y_2 = a_{21}X_1 + a_{22}X_2 + \cdots + a_{2t}X_t \\ \vdots \\ Y_n = a_{n1}X_1 + a_{n2}X_2 + \cdots + a_{nt}X_t \end{matrix}\right\} \rightarrow Y = AX$$	
残差平方和	$V^{\mathrm{T}}V = \min, V = L - A\hat{X}$ $L - A\hat{X}^{\mathrm{T}}L - A\hat{X} = \min$	$V^{\mathrm{T}}PV = \min$ 或 $(L - A\hat{X})^{\mathrm{T}}P(L - A\hat{X}) = \min$
正则方程	$A^{\mathrm{T}}V = 0$	$A^{\mathrm{T}}PV = 0$
估计值	$\hat{X} = C^{-1}A^{\mathrm{T}}L$ $C^{-1} = (A^{\mathrm{T}}A)^{-1}$	$\hat{X} = (A^{\mathrm{T}}PA)^{-1}A^{\mathrm{T}}PL$
数学期望	$E(\hat{X}) = E(C^{-1}A^{\mathrm{T}}L) = C^{-1}A^{\mathrm{T}}E(L)$ $= C^{-1}A^{\mathrm{T}}Y = C^{-1}A^{\mathrm{T}}AX = X$ (无偏估计)	$E(\hat{X}) = E(C^{*-1}A^{\mathrm{T}}PL) = C^{*-1}A^{\mathrm{T}}PE(L)$ $= C^{*-1}A^{\mathrm{T}}PAX = X$ (无偏估计) 其中 $C^* = A^{*\mathrm{T}}A^* = A^{\mathrm{T}}PA$
其中	$$L = \begin{bmatrix} l_1 \\ l_2 \\ \vdots \\ l_n \end{bmatrix}, \quad \hat{X} = \begin{bmatrix} x_1 \\ x_2 \\ \vdots \\ x_n \end{bmatrix}, \quad V = \begin{bmatrix} v_1 \\ v_2 \\ \vdots \\ v_n \end{bmatrix}, \quad A = \begin{bmatrix} a_{11} & a_{12} & \cdots & a_{1t} \\ a_{21} & a_{22} & \cdots & a_{2t} \\ \vdots & \vdots & \ddots & \vdots \\ a_{n1} & a_{n2} & \cdots & a_{nt} \end{bmatrix}$$ $$P_{n \times n} = \begin{bmatrix} p_1 & 0 & \cdots & 0 \\ 0 & p_2 & \cdots & 0 \\ \vdots & \vdots & \ddots & \vdots \\ 0 & 0 & \cdots & p_n \end{bmatrix} = \begin{bmatrix} \sigma^2/\sigma_1^2 & 0 & \cdots & 0 \\ 0 & \sigma^2/\sigma_2^2 & \cdots & 0 \\ \vdots & \vdots & \ddots & \vdots \\ 0 & 0 & \cdots & \sigma^2/\sigma_n^2 \end{bmatrix}$$ 式中: $p_1 = \sigma^2/\sigma_1^2, p_2 = \sigma^2/\sigma_2^2, \cdots, p_n = \sigma^2/\sigma_n^2$ 分别为测量数据 $l_1, l_2, \cdots, l_n$ 的权; σ^2 为单位权方差; $\sigma_1^2, \sigma_2^2, \cdots, \sigma_n^2$ 分别为测量数据 $l_1, l_2, \cdots, l_n$ 的方差。	

【例5-1】 已知铜棒的长度和温度之间具有线性关系: $y_t = y_0(1 + \alpha t)$。为获得0℃时铜棒的长度 y_0 和铜的线膨胀系数 α,现测得不同温度下铜棒的长度见表5-2,试求 y_0, α 估计值。

表5-2 不同温度下铜棒的长度

i	1	2	3	4	5	6
$t_i/{}^0\mathrm{C}$	10	20	30	40	50	60
l_i/mm	2000.36	2000.72	2000.8	2001.07	2001.48	2000.60

解:列出误差方程 $v_i = l_i - (y_0 + \alpha y_0 t_i)$。

令 $y_0 = c, \alpha y_0 = d$ 为两个待估参量,则误差方程为 $v_i = l_i - (c + dt_i)$,按照最小二乘的矩阵形

式计算:

$$L = \begin{bmatrix} 2000.36 \\ 2000.72 \\ 2000.80 \\ 2001.07 \\ 2001.48 \\ 2001.60 \end{bmatrix}, \quad \hat{X} = \begin{bmatrix} c \\ d \end{bmatrix}, \quad A = \begin{bmatrix} 1 & 10 \\ 1 & 20 \\ 1 & 30 \\ 1 & 40 \\ 1 & 50 \\ 1 & 60 \end{bmatrix}$$

则有

$$C^{-1} = (A^{T}A)^{-1} = \begin{bmatrix} 1.13 & -0.034 \\ -0.034 & 0.0012 \end{bmatrix}$$

$$\hat{X} = C^{-1}A^{T}L = \begin{bmatrix} c \\ d \end{bmatrix} = \begin{bmatrix} 1999.97 \\ 0.03654 \end{bmatrix}$$

那么

$$y_0 = c = 1999.97 \text{mm}$$

因此铜棒长度

$$y_t = 1999.97(1 + 0.0000183t/^{\circ}\text{C})\text{mm}$$

$$\alpha = d/y_0 = 0.0000183/^{\circ}\text{C}$$

【例 5-2】　某测量过程有误差方程式及相应的标准偏差:

$$v_1 = 6.44 - (x_1 + x_2), \qquad \sigma_1 = 0.06$$

$$v_2 = 8.60 - (x_1 + 2x_2), \qquad \sigma_2 = 0.06$$

$$v_3 = 10.81 - (x_1 + 3x_2), \qquad \sigma_3 = 0.08$$

$$v_4 = 13.22 - (x_1 + 4x_2), \qquad \sigma_4 = 0.08$$

$$v_5 = 15.27 - (x_1 + 5x_2), \qquad \sigma_5 = 0.08$$

试求 x_1, x_2 的最可信赖值。

解: 首先确定各式的权

$$p_1 : p_2 : p_3 : p_4 : p_5 = \frac{1}{\sigma_1^2} : \frac{1}{\sigma_2^2} : \frac{1}{\sigma_3^2} : \frac{1}{\sigma_4^2} : \frac{1}{\sigma_5^2}$$

$$= 16 : 16 : 9 : 9 : 9$$

令

$$L = \begin{bmatrix} 6.44 \\ 8.60 \\ 10.81 \\ 13.22 \\ 15.27 \end{bmatrix}, \quad \hat{X} = \begin{bmatrix} x_1 \\ x_2 \end{bmatrix}, \quad A = \begin{bmatrix} 1 & 1 \\ 1 & 2 \\ 1 & 3 \\ 1 & 4 \\ 1 & 5 \\ 1 & 6 \end{bmatrix}, \quad P_{n \times n} = \begin{bmatrix} 16 & 0 & 0 & 0 & 0 \\ 0 & 16 & 0 & 0 & 0 \\ 0 & 0 & 9 & 0 & 0 \\ 0 & 0 & 0 & 9 & 0 \\ 0 & 0 & 0 & 0 & 9 \end{bmatrix}$$

$$\hat{X} = \begin{bmatrix} x_1 \\ x_2 \end{bmatrix} = (A^{T}PA)^{-1}A^{T}PL = \begin{bmatrix} 4.186 \\ 2.227 \end{bmatrix}$$

即 $x_1 = 4.19, x_2 = 2.23$。

5.1.2　非线性参数最小二乘处理

一般情况下,若测量方程

$$y_i = f_i(x_1, x_2, \cdots, x_t)(i = 1, 2, \cdots, n)$$

为非线性函数,其测量误差方程组为

$$\left.\begin{array}{l} v_1 = l_1 - f_1(x_1, x_2, \cdots, x_t) \\ v_2 = l_2 - f_2(x_1, x_2, \cdots, x_t) \\ \vdots \\ v_n = l_n - f_n(x_1, x_2, \cdots, x_t) \end{array}\right\} \tag{5-7}$$

为了求解这类非线性方程组,一般采取线性化的方法,通过泰勒级数展开,将其化为线性函数,然后按线性参数的处理方法进行解算。

令

$$x_1 = x_{10} + \delta_1, x_2 = x_{20} + \delta_2, \cdots, x_t = x_{t0} + \delta_t \tag{5-8}$$

现将函数在 $x_{10}, x_{20}, \cdots, x_{t0}$ 处展开,取一次项,则有

$$f_i(x_1, x_2, \cdots, x_t) = f_i(x_{10}, x_{20}, \cdots, x_{t0}) + \left(\frac{\partial f_i}{\partial x_1}\right)\delta_1 + \left(\frac{\partial f_i}{\partial x_2}\right)\delta_2 + \cdots + \left(\frac{\partial f_i}{\partial x_i}\right)\delta_t \tag{5-9}$$

$$(i = 1, 2, \cdots n)$$

将上述展开式代入误差方程,令

$$l_i' = l_i - f_i(x_{10}, x_{20}, \cdots, x_{t0})$$

$$a_{i1} = \left(\frac{\partial f_i}{\partial x_1}\right), a_{i2} = \left(\frac{\partial f_i}{\partial x_2}\right), \cdots, a_{it} = \left(\frac{\partial f_i}{\partial x_t}\right)$$

则误差方程组(5-7)转化为线性方程组

$$\left.\begin{array}{l} v_1 = l_1' - (a_{11}\delta_1 + a_{12}\delta_2 + \cdots + a_{1t}\delta_t) \\ v_2 = l_2' - (a_{21}\delta_1 + a_{22}\delta_2 + \cdots + a_{2t}\delta_t) \\ \vdots \\ v_n = l_n' - (a_{n1}\delta_1 + a_{n2}\delta_2 + \cdots + a_{nt}\delta_t) \end{array}\right\} \tag{5-10}$$

于是可以按线性参数的情形列出正规方程并解出 $\delta_r(r = 1, 2, \cdots, t)$,进而可按式(5-8)求得相应的估计量 $x_r(r = 1, 2, \cdots, t)$。

为获得函数的展开式,必须首先确定未知数的近似值 $x_{10}, x_{20}, \cdots, x_{t0}$,可采用以下几种方法:

(1)直接测量。对未知量 x_r 进行直接测量,所得结果可作为其近似值;

(2)通过部分方程式进行计算。从误差方程中选取最简单的 t 个方程式,如令 $v_i = 0$,得到 t 元齐次方程组,由此可解得,即未知数的近似值。

5.1.3　最小二乘原理与算术平均值原理的关系

为确定一个被测量 X 的估计值 x,对它进行 n 次直接测量,得 n 个数据 $l_1, l_2, \cdots, l_n$,相应的权分别为 $p_1, p_2, \cdots, p_n$,则测量的误差方程为

$$\left.\begin{array}{l} v_1 = l_1 - x \\ v_2 = l_2 - x \\ \vdots \\ v_n = l_n - x \end{array}\right\} \tag{5-11}$$

按照表5-1中不等精度测量对应的估计值公式得

$$x = \frac{\sum\limits_{i=1}^{n} p_i l_i}{\sum\limits_{i=1}^{n} p_i} = \frac{p_1 l_1 + p_2 l_2 + \cdots + p_n l_n}{p_1 + p_2 + \cdots + p_n} \qquad (5-12)$$

结论:最小二乘原理与算术平均值原理是一致的,算术平均值原理是最小二乘原理的特例。

综上所述,不管是等精度测量或不等精度测量,线性参数或非线性参数,经过数学上的处理,最后都可将它们转化为线性参数的等精度测量,然后根据等精度测量的情况,建立正规方程,并解算之。

5.2　精　度　估　计

5.2.1　测量数据精度估计

对于直接测量值最小二乘法处理的最终结果,不仅要给出待求量的最可信赖值的估计值,而且还要确定其可信赖的程度,即最小二乘解的可靠性,就是求出估计值的方差 σ^2。

1. 等精度测量数据的精度估计

设对包含 t 个未知量的 n 个线性参数方程组(5-1)进行 n 个独立的等精度测量,获得 n 个测量数据 $l_1, l_2, \cdots, l_n$。其相应的测量误差分别为 $\delta_1, \delta_2, \cdots, \delta_n$,它们是互不相关的随机误差,然而,这些误差是未知的,只能由残差 $v_1, v_2, \cdots, v_n$ 给出的样本方差 S^2 来估计方差 σ^2。

可以证明随机变量 $(\sum\limits_{i=1}^{n} v_i{}^2)/\sigma^2$ 是自由度$(n-t)$的 χ^2 变量。根据 χ^2 变量的性质有

$$E\left\{ \frac{\sum\limits_{i=1}^{n} v_i{}^2}{\sigma^2} \right\} = n - t \qquad (5-13)$$

因而有

$$E\left\{ \frac{\sum\limits_{i=1}^{n} v_i{}^2}{n-1} \right\} = \frac{(n-t)}{n-1}\sigma^2$$

因此,当有 t 个未知参量时,利用样本方差 S^2 来估计方差 σ^2,估计式为

$$\sigma^2 = \frac{\sum\limits_{i=1}^{n} v_i{}^2}{n-t} \qquad (5-14)$$

此时

$$E\left\{ \frac{\sum\limits_{i=1}^{n} v_i{}^2}{n-t} \right\} = E\left\{ \frac{\sum\limits_{i=1}^{n} v_i{}^2}{n-1} \cdot \frac{n-1}{n-t} \right\} = \frac{(n-t)}{n-1}\sigma^2 \cdot \frac{n-1}{n-t} = \sigma^2$$

是方差 σ^2 的无偏估计。

因此测量数据的标准偏差的估计量为

$$\sigma = \sqrt{\frac{\sum\limits_{i=1}^{n} v_i^2}{n-t}} \qquad (5-15)$$

2. 不等精度测量数据的精度估计

上述为等精度直接测量值的精度估计,而对于不等精度直接测量值的精度估计,与等精度测量时相似,只是把剩余误差平方和换成加权的剩余误差平方和,即

$$\left. \begin{array}{l} \hat{\sigma}^2 = S^2 = \dfrac{\sum\limits_{i=1}^{n} p_i v_i^2}{n-t} \\[4mm] \hat{\sigma} = S = \sqrt{\dfrac{\sum\limits_{i=1}^{n} p_i v_i^2}{n-t}} \end{array} \right\} \qquad (5-16)$$

5.2.2 最小二乘估计量的精度估计

最小二乘法所确定的估计量 $x_1, x_2, \cdots, x_t$ 的精度取决于测量数据的精度和线性方程组所给出的函数关系。对给定的线性方程组,若已知测量数据 $l_1, l_2, \cdots, l_n$ 的精度,就可求得最小二乘估计量的精度。

1. 等精度测量最小二乘估计量的精度估计

如对表 5 - 1 中矩阵表达的正规方程进行展开,可得

$$\sum_{i=1}^{n} a_{i1} l_i = \sum_{i=1}^{n} a_{i1} a_{i1} x_1 + \sum_{i=1}^{n} a_{i1} a_{i2} x_2 + \cdots + \sum_{i=1}^{n} a_{i1} a_{it} x_t$$

$$\sum_{i=1}^{n} a_{i2} l_i = \sum_{i=1}^{n} a_{i2} a_{i1} x_1 + \sum_{i=1}^{n} a_{i2} a_{i2} x_2 + \cdots + \sum_{i=1}^{n} a_{i2} a_{it} x_t$$

$$\vdots$$

$$\sum_{i=1}^{n} a_{it} l_i = \sum_{i=1}^{n} a_{it} a_{i1} x_1 + \sum_{i=1}^{n} a_{it} a_{i2} x_2 + \cdots + \sum_{i=1}^{n} a_{it} a_{it} x_t$$

为了给出由上述正规方程所确定的估计量 $x_i (i = 1, \cdots, t)$ 的精度,可采用不定乘数法求出 $x_i (i = 1, \cdots, t)$ 的表达式,而后找出待求量的精度与直接测量值精度的关系,便可求得待求量的估计量精度的表达式。具体步骤如下。

(1)选取不定乘数

$$\begin{bmatrix} d_{11} & d_{12} & \cdots & d_{1t} \\ d_{21} & d_{22} & \cdots & d_{2t} \\ \vdots & \vdots & \ddots & \vdots \\ d_{t1} & d_{t2} & \cdots & d_{tt} \end{bmatrix}$$

分别去乘正规方程第 $1, 2, \cdots, t$ 各式,将乘得的各式相加,按 $x_i (i = 1, \cdots, t)$ 合并同类项得

$$\sum_{r=1}^{t} d_{1r} \sum_{i=1}^{n} a_{i1} a_{ir} x_1 + \sum_{r=1}^{t} d_{1r} \sum_{i=1}^{n} a_{i2} a_{ir} x_2 + \cdots + \sum_{r=1}^{t} d_{1r} \sum_{i=1}^{n} a_{it} a_{ir} x_t = \sum_{r=1}^{t} d_{1r} \sum_{i=1}^{n} a_{ir} l_i \qquad (5-17)$$

(2)在选择 $d_{11}, d_{12}, \cdots, d_{1t}$ 时,应使式(5-17)中 x_1 的系数为1,其它 x_i 系数为0。

（3）在选择 $d_{21},d_{22},\cdots,d_{2t}$ 时，应使式（5－17）中 x_2 的系数为 1，其它系数为 0；其余类推。

（4）在选择 $d_{i1},d_{i2},\cdots,d_{it}$ 时，应使式（5－17）中 x_i 的系数为 1，其它系数为 0。即满足

$$
\left.
\begin{array}{l}
\left.
\begin{array}{l}
d_{11}\displaystyle\sum_{1}^{n}a_{i1}a_{i1}+d_{12}\displaystyle\sum_{1}^{n}a_{i1}a_{i2}+\cdots+d_{1t}\displaystyle\sum_{1}^{n}a_{i1}a_{it}=1\\[3mm]
d_{11}\displaystyle\sum_{1}^{n}a_{i2}a_{i1}+d_{12}\displaystyle\sum_{1}^{n}a_{i2}a_{i2}+\cdots+d_{1t}\displaystyle\sum_{1}^{n}a_{i2}a_{it}=0\\[3mm]
\vdots\\[2mm]
d_{11}\displaystyle\sum_{1}^{n}a_{it}a_{i1}+d_{12}\displaystyle\sum_{1}^{n}a_{it}a_{i2}+\cdots+d_{1t}\displaystyle\sum_{1}^{n}a_{it}a_{it}=0
\end{array}
\right\}1\\[20mm]
\left.
\begin{array}{l}
d_{21}\displaystyle\sum_{1}^{n}a_{i1}a_{i1}+d_{22}\displaystyle\sum_{1}^{n}a_{i1}a_{i2}+\cdots+d_{2t}\displaystyle\sum_{1}^{n}a_{i1}a_{it}=0\\[3mm]
d_{21}\displaystyle\sum_{1}^{n}a_{i2}a_{i1}+d_{22}\displaystyle\sum_{1}^{n}a_{i2}a_{i2}+\cdots+d_{2t}\displaystyle\sum_{1}^{n}a_{i2}a_{it}=1\\[3mm]
\vdots\\[2mm]
d_{21}\displaystyle\sum_{1}^{n}a_{it}a_{i1}+d_{22}\displaystyle\sum_{1}^{n}a_{it}a_{i2}+\cdots+d_{2t}\displaystyle\sum_{1}^{n}a_{it}a_{it}=0
\end{array}
\right\}2\\[20mm]
\qquad\qquad\qquad\vdots\\[6mm]
\left.
\begin{array}{l}
d_{t1}\displaystyle\sum_{1}^{n}a_{i1}a_{i1}+d_{t1}\displaystyle\sum_{1}^{n}a_{i1}a_{i2}+\cdots+d_{tt}\displaystyle\sum_{1}^{n}a_{i1}a_{it}=0\\[3mm]
d_{t1}\displaystyle\sum_{1}^{n}a_{i2}a_{i1}+d_{t2}\displaystyle\sum_{1}^{n}a_{i2}a_{i2}+\cdots+d_{tt}\displaystyle\sum_{1}^{n}a_{i2}a_{it}=0\\[3mm]
\vdots\\[2mm]
d_{t1}\displaystyle\sum_{1}^{n}a_{it}a_{i1}+d_{t2}\displaystyle\sum_{1}^{n}a_{it}a_{i2}+\cdots+d_{tt}\displaystyle\sum_{1}^{n}a_{it}a_{it}=1
\end{array}
\right\}t
\end{array}
\right\}
\tag{5－18}
$$

利用解正规方程的中间结果，由式（5－18）中方程组 1 解出 d_{11}，从方程组 2 解出 d_{22}，$\cdots$，从方程组 t 解出不定系数 d_{tt}，于是便可求出待求量估计值的方差：

$$
\sigma_{x_i}^{\,2}=d_{ii}\sigma^2 \qquad (i=1,2,\cdots,t)
$$

则相应的最小二乘估计值的标准差为

$$
\left.
\begin{array}{l}
\sigma_{x_1}=\sigma\sqrt{d_{11}}\\[2mm]
\sigma_{x_2}=\sigma\sqrt{d_{22}}\\[2mm]
\vdots\\[2mm]
\sigma_{x_t}=\sigma\sqrt{d_{tt}}
\end{array}
\right\}
\tag{5－19}
$$

式中 σ 为测量数据的标准差。

2. 不等精度测量最小二乘估计量的精度估计

对于不等精度测量，与等精度测量的情况类似，同理推导可得

$$\sigma_{x_1} = \sigma \sqrt{d_{11}}$$

$$\sigma_{x_2} = \sigma \sqrt{d_{22}}$$

$$\vdots$$

$$\sigma_{x_t} = \sigma \sqrt{d_{tt}}$$

式中 σ 为单位权标准偏差。

利用矩阵形式可以更方便地获得上述结果。即估计量的协方差为

$$D(\hat{x}) = (A^{\mathrm{T}}A)^{-1}\sigma^2 I = \begin{bmatrix} d_{11} & d_{12} & \cdots & d_{1t} \\ d_{21} & d_{22} & \cdots & d_{2t} \\ \vdots & \vdots & \ddots & \vdots \\ d_{t1} & d_{t2} & \cdots & d_{tt} \end{bmatrix} \begin{bmatrix} \sigma^2 & 0 & \cdots & 0 \\ 0 & \sigma^2 & \cdots & 0 \\ 0 & 0 & \ddots & 0 \\ 0 & 0 & 0 & \sigma^2 \end{bmatrix}$$

中的各元素为不定乘数,可由 $(A^{\mathrm{T}}A)^{-1}$ 求得,也可由解方程组 $1,2,\cdots,t$ 的方法获得。

同理,也可得不等精度测量的协方差矩阵

$$D(\hat{\pmb{x}}) = (A^{\mathrm{T}}PA) \; 即 \; (A^TA)^{-1}\sigma^2 I$$

其中 $\pmb{I}$ 为单位权矩阵。

$$(A^{\mathrm{T}}PA) \; 即 \; (A^TA)^{-1} = \begin{bmatrix} d_{11} & d_{12} & \cdots & d_{1t} \\ d_{21} & d_{22} & \cdots & d_{2t} \\ \vdots & \vdots & \vdots & \vdots \\ d_{t1} & d_{t2} & \cdots & d_{tt} \end{bmatrix}$$

中的各元素为不定乘数,可由 $(A^{\mathrm{T}}PA)$ 即 $(A^TA)^{-1}$ 求得,也可由解方程组 $1,2,\cdots,t$ 的方法获得。

5.3　组合测量的最小二乘处理

所谓组合测量是指通过直接测量待测参数的组合量(一般是等精度),然后对这些测量数据进行处理,从而求得待测参数的估计量,并给出其精度估计。通常组合测量数据是用最小二乘法进行处理。这种方法除了能满足精度高的要求外,还可以减小测量的工作量。

为简单起见,现以检定三段刻线间距为例,说明组合测量的数据处理方法。

【例 5-3】 如图 5-1 所示,要求检定刻线 A、B、C、D 间的距离 x_1,x_2,x_3。

为此,直接测量刻线间距各组合量(见图 5-2),得到如下数据:

图 5-1　刻线距离

图 5-2　直接测量刻线距离

$$l_1 = 1.015\text{mm}, l_2 = 0.985\text{mm}, l_3 = 1.020\text{mm}$$
$$l_4 = 2.016\text{mm}, l_5 = 1.981\text{mm}, l_6 = 3.032\text{mm}$$

首先按式(5-2)列出误差方程

$$\left.\begin{array}{l} v_1 = l_1 - x_1 \\ v_2 = l_2 - x_2 \\ v_3 = l_3 - x_3 \\ v_4 = l_4 - (x_1 + x_2) \\ v_5 = l_5 - (x_2 + x_3) \\ v_6 = l_6 - (x_1 + x_2 + x_3) \end{array}\right\} \rightarrow V = L - AX$$

其中

$$V = \begin{bmatrix} v_1 \\ v_2 \\ v_3 \\ v_4 \\ v_5 \\ v_6 \end{bmatrix}, L = \begin{bmatrix} l_1 \\ l_2 \\ l_3 \\ l_4 \\ l_5 \\ l_6 \end{bmatrix}, A = \begin{bmatrix} 1 & 0 & 0 \\ 0 & 1 & 0 \\ 0 & 0 & 1 \\ 1 & 1 & 0 \\ 0 & 1 & 1 \\ 1 & 1 & 1 \end{bmatrix}, X = \begin{bmatrix} x_1 \\ x_2 \\ x_3 \end{bmatrix}$$

则正规方程为

$$\left.\begin{array}{l} \sum_{i=1}^{n} a_{i1} l_i = \sum_{i=1}^{n} a_{i1} a_{i1} x_1 + \sum_{i=1}^{n} a_{i1} a_{i2} x_2 + \sum_{i=1}^{n} a_{i1} a_{i3} x_3 \\ \sum_{i=1}^{n} a_{i2} l_i = \sum_{i=1}^{n} a_{i2} a_{i1} x_1 + \sum_{i=1}^{n} a_{i2} a_{i2} x_2 + \sum_{i=1}^{n} a_{i2} a_{i3} x_3 \\ \sum_{i=1}^{n} a_{i3} l_i = \sum_{i=1}^{n} a_{i3} a_{i1} x_1 + \sum_{i=1}^{n} a_{i3} a_{i2} x_2 + \sum_{i=1}^{n} a_{i3} a_{i3} x_3 \end{array}\right\} \rightarrow (A^T A) X = A^T L, n = 6$$

将残余误差方程的系数和测量数据代入上式的正规方程得

$$\begin{bmatrix} 3 & 2 & 1 \\ 2 & 4 & 2 \\ 1 & 2 & 3 \end{bmatrix} \begin{bmatrix} x_1 \\ x_2 \\ x_3 \end{bmatrix} = \begin{bmatrix} 6.063 \\ 8.041 \\ 6.033 \end{bmatrix}$$

解正规方程得

$$x_1 = 1.028\text{mm}$$
$$x_2 = 0.983\text{mm}$$
$$x_3 = 1.013\text{mm}$$

这就是刻线间距 AB,BC,CD 的最佳估计值。

接下来求测量数据的样本标准偏差,计算残余误差:

$$v_1 = l_1 - x_1 = -0.013$$
$$v_2 = l_2 - x_2 = 0.002$$
$$v_3 = l_3 - x_3 = 0.007$$
$$v_4 = l_4 - (x_1 + x_2) = 0.005$$

$$v_5 = l_5 - (x_2 + x_3) = -0.015$$

$$v_6 = l_6 - (x_1 + x_2 + x_3) = 0.008$$

于是

$$\sum_{i=1}^{n} v_i^2 = v_1^2 + v_2^2 + v_3^2 + v_4^2 + v_5^2 + v_6^2 = 0.000536 \text{ mm}^2$$

由于测量是等精度的,因而各测量数据具有相同的样本标准偏差

$$\sigma = \sqrt{\frac{\sum_{i=1}^{n} v_i^2}{n-t}} = \sqrt{\frac{0.000536}{6-3}} \text{mm} = 0.013 \text{mm}$$

再求估计量 x_1, x_2, x_3 的试验标准差,设不定乘数

$$(\boldsymbol{A}^{\mathrm{T}}\boldsymbol{A})^{-1} = \begin{bmatrix} d_{11} & d_{12} & d_{13} \\ d_{21} & d_{22} & d_{23} \\ d_{31} & d_{32} & d_{33} \end{bmatrix} = \begin{bmatrix} 0.5 & -0.25 & 0 \\ -0.25 & 0.5 & -0.25 \\ 0 & -0.25 & 0.5 \end{bmatrix}$$

解得

$$d_{11} = 0.5, d_{22} = 0.5, d_{33} = 0.5$$

也可由正规方程得关于不定乘数的方程组

$$\left. \begin{array}{l} 3d_{11} + 2d_{12} + d_{13} = 1 \\ 2d_{11} + 4d_{12} + 2d_{13} = 0 \\ d_{11} + 2d_{12} + 3d_{13} = 0 \end{array} \right\} \quad \text{解} d_{11}$$

$$\left. \begin{array}{l} 3d_{21} + 2d_{22} + d_{23} = 0 \\ 2d_{21} + 4d_{22} + 2d_{23} = 1 \\ d_{21} + 2d_{22} + 3d_{23} = 0 \end{array} \right\} \quad \text{解} d_{22}$$

$$\left. \begin{array}{l} 3d_{31} + 2d_{32} + d_{33} = 0 \\ 2d_{31} + 4d_{32} + 2d_{33} = 0 \\ d_{31} + 2d_{32} + 3d_{33} = 1 \end{array} \right\} \quad \text{解} d_{33}$$

求得

$$d_{11} = 0.5, d_{22} = 0.5, d_{33} = 0.5$$

最小二乘估计量 x_1, x_2, x_3 的标准差为

$$\sigma_{x_1} = \sigma \sqrt{d_{11}} = 0.009 \text{mm}$$

$$\sigma_{x_2} = \sigma \sqrt{d_{22}} = 0.009 \text{mm}$$

$$\sigma_{x_3} = \sigma \sqrt{d_{33}} = 0.009 \text{mm}$$

5.4　简单线性回归

客观世界中的事物都是互相依存而又互相制约的,这种依存制约关系反映为描述现象的变量间关系。科学的一个重要任务就是揭露、表述和说明这种关系。

变量间的关系可以分为两类:确定性关系和非确定性关系。

确定性关系的特点是:变量间的关系可以用函数关系来描述,一个量的取值可由另一个量的值唯一地确定。数学分析是研究确定性关系的数学分支。

非确定性关系则不然。当一个量唯一的确定后,另一个量并不是唯一确定,但它又不是毫无规律的任意取值,而是以一定的概率分布取各种可能值。如年龄和血压的关系,身高和体重的关系,材料的强度和硬度的关系等都是这类关系。这种非确定性的关系称为相关关系。研究相关关系的数学工具是回归分析,它是一种通过对大量观测数据进行分析处理得出变量间的数学表达式的数理统计方法,它能帮助我们从一个变量的取值去估计另一个变量的取值。

应当指出,函数关系和相关关系虽然是两种不同类型的变量关系,但它们之间并没有严格的界限。一方面,由于测量误差的影响。我们实际观测到的确定性关系往往都"隐蔽"在相关关系之中;另一方面,当我们对客观事物的了解趋于深入,能更多地掌握各因素间依存制约关系的规律性,或对相关影响因素加以控制,则相关关系可以转化为确定性关系。

回归分析主要讨论以下几方面问题:

(1) 从一组样本数据出发,确定变量之间的数学关系式;

(2) 对这些关系式的可信程度进行统计检验;

(3) 根据一个或几个变量的取值,预测或控制另一变量的取值,并确定其精度;

(4) 对于共同影响某个变量的其他变量(因素)进行显著性检验,分辨主要影响因素和次要影响因素;

(5) 寻找具有较好统计性质,方法简便且有实用价值的回归设计方法。

回归分析有广泛的应用。在实验数据处理、经验公式求取、产品质量控制、气象地震预报、数学模型建立等领域中,回归分析都是一种有力的工具。

回归计算可以用各种方法,其中最小二乘法是较好的一种方法,不但能了解所需探求的关系,还能知道总结出的规律准确到何种程度,避免滥用。

本章前几节中所完成的使命是寻求被测量的最佳值及其精度,是已知变量间的函数关系,通过观测值 l_i 来求变量 $x_i(i=1,2,3,\cdots,n)$ 的估计值;而在线性回归计算中,是利用测量值 x_i,y_i $(i=1,2,3,\cdots,n)$ 求出它们之间的线性函数关系,因此推导方程的过程中,只需把表 5-1 的正则方程中系数阵 A 与待求估计值阵 X 进行互换即可。我们先从最一般的关系来推导。

5.4.1　一元线性回归

1. 一元线性回归的数据构造模型

设随机变量 y 和变量 x 间存在某种相关关系。这里,x 是可以控制或精确观察的变量。换言之,我们可以任意指定它的取值:$x_1,x_2,\cdots,x_n$ 为方便起见,可把 x 当成通常的自变量。

由于 y 的随机性,对于 x 的每个确定值,y 的取值是不确定的,但有它的概率分布。因此,如果 y 的某些数字特征存在,则它们的值将随 x 的取值而确定。它们是 x 的函数。显然,可以通过一组样本来估计这些数字特征(特别是数学期望)。这里的样本是指:对于 x 的一组不全相同的取值 $x_1,x_2,\cdots,x_n$ 做独立实验,得到 n 对观测值 $(x_1,y_1),(x_2,y_2),\cdots,(x_n,y_n)$,其中 y_i 是 $x=x_i$ 时随机变量 y 的观测值。这 n 对观测值就是一组样本。

在随机变量 y 的数字特征中,最重要的是数学期望 $\mu_y=\mu(x)$,$\mu(x)$ 称为 y 对 x 的回归。回归分析的基本内容是估计 $\mu(x)$，估计 $\mu(x)$ 的问题又称为求 y 对 x 的回归问题。

我们通过一个例题来说明求 y 对 x 的回归问题。

【例 5 – 4】 测得某导线的电阻 y 和温度 x 的关系如表 5 – 3 所列。

表 5 – 3 导线电阻与温度关系

$x/℃$	25.0	30.1	36.0	40.0	45.1	50.0
y/Ω	77.80	79.75	80.80	82.35	83.90	85.10

试求出它们间的内在关系。

解： 在直角坐标系中描出各对观测值 (x_i,y_i) 所得图形称为散点图。根据散点图，可粗略判定以什么形式的函数来估计随机变量 y 的数学期望。从图 5 – 3 的散点走势，可认为 $\mu(x)$ 是简单的线性函数，即

$$\mu(x) = \beta_0 + \beta_1 x \tag{5-20}$$

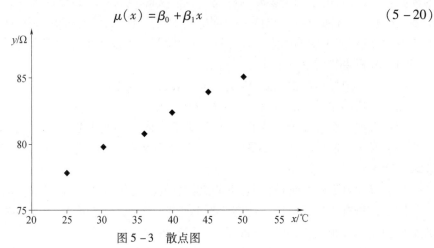

图 5 – 3 散点图

用一元线性函数估计 y 的数学期望的问题称为一元线性回归问题。

设随机变量 y 服从正态分布，因而有 $y \sim N(\beta_0 + \beta_1 x, \sigma^2)$。由于 n 次观测是独立进行的，所以一元线性回归的数据结构模型为

$$\left. \begin{array}{l} y_i = \beta_0 + \beta_1 x_i + \varepsilon_i \\ \varepsilon_i \sim N(0, \sigma^2) \end{array} \quad (i = 1,2,\cdots,n) \right\} \tag{5-21}$$

其中的未知参数 $\beta_0, \beta_1, \sigma^2$ 都不依赖于 x，求 y 对 x 的一元线性回归，就是根据观测得到的一组样本实现求取 β_0, β_1 的估计 b_0, b_1，从而得出 $\beta_0 + \beta_1 x$ 的估计 $b_0 + b_1 x$，记作 $\hat{y}$，方程

$$\hat{y} = b_0 + b_1 x \tag{5-22}$$

称为 y 对 x 的线性回归方程或回归方程。

2. 线性回归方程的求取

对 x 的 n 个不全相同的 $x_1, x_2, \cdots, x_n$ 做独立实验，得到一组样本 $(x_1, y_1), (x_2, y_2), \cdots, (x_n, y_n)$。对于每一对 (x_i, y_i)，根据数据构造模型，将有 $y_i \sim N(\beta_0 + \beta_1 x_i, \sigma^2)$，因为 $y_1, y_2, \cdots, y_n$ 相互独立，所以似然函数即它们的联合概率密度为

$$L = \left(\frac{1}{\sigma\sqrt{2\pi}} \right)^n e^{-\frac{\sum\limits_{i=1}^{n}(y_i - \beta_0 - \beta_1 x_i)^2}{2\sigma^2}} \tag{5-23}$$

为得出 β_0, β_1 的极大似然估计量, 使 L 取最大值。这时需有表达式右侧指数的平方和部分为最小, 即函数

$$Q(\beta_0, \beta_1) = \sum_{i=1}^{n} (y_i - \beta_0 - \beta_1 x_i)^2 = \min$$

这就是说, β_0 和 β_1 的估计应当在使 y 的观测值 y_i 与 $\hat{\beta}_0 + \hat{\beta}_1 x_i$ 的残差的平方和 $Q(\hat{\beta}_0, \hat{\beta}_1)$ 为最小条件下求取, 即为最小二乘法原理。

根据式(5-22), 各观测点的残差, 观测值和回归值之差为

$$v_i = y_i - \hat{y}_i = y_i - b_0 - b_1 x_i \tag{5-24}$$

残差平方和为

$$Q_e(b_0, b_1) = \sum_{i=1}^{n} (y_i - b_0 - b_1 x_i)^2 \tag{5-25}$$

它反映了全部观测值对回归直线的偏离程度。根据最小二乘法原理, 令

$$\frac{\partial Q_e}{\partial b_0} = -2 \sum_{i=1}^{n} (y_i - b_0 - b_1 x_i)^2 = 0$$

$$\frac{\partial Q_e}{\partial b_1} = -2 \sum_{i=1}^{n} (y_i - b_0 - b_1 x_i) x_i = 0$$

得正规方程组

$$n b_0 + n b_1 \bar{x} = n \bar{y} \tag{5-26a}$$

$$n b_0 \bar{x} + b_1 \sum_{i=1}^{n} x_i^2 = \sum_{i=1}^{n} x_i y_i \tag{5-26b}$$

由于 x_i 不完全相同, 正规方程组的系数行列式不等于零, 方程组必有唯一的一组解。可解得 β_0, β_1 的估计 b_0, b_1 分别为

$$b_1 = \frac{l_{xy}}{l_{xx}} \tag{5-27a}$$

$$b_0 = \bar{y} - b_1 \bar{x} \tag{5-27b}$$

其中

$$\bar{x} = \frac{1}{n} \sum_{i=1}^{n} x_i \tag{5-28a}$$

$$\bar{y} = \frac{1}{n} \sum_{i=1}^{n} y_i \tag{5-28b}$$

$$l_{xx} = \sum_{i=1}^{n} (x_i - \bar{x})^2 = \sum_{i=1}^{n} x_i^2 - \frac{1}{n} \left(\sum_{i=1}^{n} x_i \right)^2 \tag{5-28c}$$

$$l_{yy} = \sum_{i=1}^{n} (y_i - \bar{y})^2 = \sum_{i=1}^{n} y_i^2 - \frac{1}{n} \left(\sum_{i=1}^{n} y_i \right)^2 \tag{5-28d}$$

$$l_{xy} = \sum_{i=1}^{n} (x_i - \bar{x})(y_i - \bar{y}) = \sum_{i=1}^{n} x_i y_i - \frac{1}{n} \left(\sum_{i=1}^{n} x_i \right) \left(\sum_{i=1}^{n} y_i \right) \tag{5-28f}$$

整个计算过程可以列表进行。有时为简化和方便计算, 可以对原始数据作线性变换。下面以表5-3的数据为例进行计算, 见表5-4的列表。

表 5 - 4　列表计算过程

序号	$x/℃$	$y/Ω$	$x^2/℃^2$	$y^2/Ω^2$	$xy/℃·Ω$
1	25.0	77.80	625.00	6052.84	1945.00
2	30.1	79.75	906.01	6360.06	2400.48
3	36.0	80.80	1296.00	6528.64	2908.80
4	40.0	82.35	1600.00	6781.52	3294.00
5	45.1	83.90	2034.01	7039.21	3783.89
6	50.0	85.10	2500.00	7242.01	4255.00
$\sum$	226.2	489.70	8961.02	40004.28	18587.17

$\sum x_i = 226.2$　　　　　　$\sum y_i = 489.70$　　　　　$n = 6$

$\bar{x} = 37.7$　　　　　　　$\bar{y} = 81.62$

$\sum x_i^2 = 8961.02$　　　　$\sum y_i^2 = 40004.28$　　　$\sum x_i y_i = 18587.17$

$\left(\sum x_i\right)^2/n = 8527.74$　　$\left(\sum y_i\right)^2/n = 39967.68$　　$\left(\sum x_i\right)\left(\sum y_i\right)/n = 18461.69$

$l_{xx} = 433.28$　　　　　$l_{yy} = 36.60$　　　　　　　$l_{xy} = 125.48$

　　　　　　　　　　　$b_1 = l_{xy}/l_{xx} = 0.2896(Ω/℃)$

　　　　　　　　　　　$b_0 = \bar{y} - b_1\bar{x} = 70.70(Ω)$

　　　　　　　　　　　$\hat{y} = 70.70Ω + (0.2896Ω/℃)x$

线性回归方程还可以改写成以下形式：

$$\hat{y} = \bar{y} + b_1(x - \bar{x}) \tag{5-29}$$

它表明对于一组样本观测值 $(x_1, y_1), (x_2, y_2), \cdots, (x_n, y_n)$ 回归直线通过散点图的几何中心 $(\bar{x}, \bar{y})$。在这种方程图形中 $\bar{y}$ 和 b_1 是无关的；而在前一种方程中 b_0 和 b_1 是有关联的。这个性质在讨论 y 的方差时带来方便。系数 b_1 称为回归系数。由回归方程求出的与 x 对应的 $\hat{y}$ 值称为回归值，它是 x 所对应的总体 y 的数学期望的估计。

3. 回归方程的方差分析和显著性检验

为了评价回归方程的实用价值，还需要说明两个问题：其一，回归方程是否反映了变量 x 和 y 间的客观规律？一般来说，对于任何一组数据 (x_i, y_i) $(i = 1, 2, \cdots, n)$ 都可用最小二乘法求一条回归直线，这条直线是否符合 y 和 x 间的客观规律，需通过回归方程的显著性检验来回答。其二，求取回归方程的目的是为根据自变量 x 的值预报因变量 y 的值，但预报的效果（预报精度）应如何评定？解决这两个问题的工具是方差分析和统计检验。

1）方差分析

观测值 $y_1, y_2, \cdots, y_n$ 间存在着差异，这种差异称为变差。造成差异的原因两个：其一，y 与 x 之间有依存关系，自变量 x 取值不同，y 自然也随之变化；其二，其它包含测量误差在内的未加因素的影响。为了对回归方程进行检验，应当把以上两种因素的影响分解开来，按影响因素对总变差进行分解的工作称为方差分析。

N 个观测值之间的变差，可用观测值 y 和它们的算术平均值 $\bar{y}$ 的偏差平方和表示，称为总的偏差平方和，记

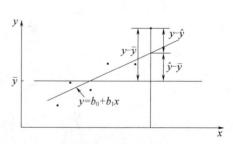

图 5 - 4　观测值 y 与其算术平均值 $\bar{y}$ 的偏差分解示意图

作 $Q = \sum\limits_{i=1}^{n} (y_i - \bar{y})^2 = l_{yy}$。

由图 5-4 可见 $\qquad\qquad y_i - \bar{y} = (y_i - \hat{y}_i) + (\hat{y}_i - \bar{y})$

因而 $\qquad\qquad Q = \sum\limits_{i=1}^{n} [(y_i - \hat{y}_i) + (\hat{y}_i - \bar{y})]^2$

$$= \sum\limits_{i=1}^{n} (y_i - \hat{y}_i)^2 + \sum\limits_{i=1}^{n} (\hat{y}_i - \bar{y})^2 + 2 \sum\limits_{i=1}^{n} (y_i - \hat{y}_i)(\hat{y}_i - \bar{y})$$

其中交叉乘积项 $\qquad\qquad \sum\limits_{i=1}^{n} (y_i - \hat{y}_i)(\hat{y}_i - \bar{y})$

$$= \sum\limits_{i=1}^{n} [(y_i - \bar{y} - b_1(x_i - \bar{x})] [b_1(x_i - \bar{x})]$$

$$= b_1 \sum\limits_{i=1}^{n} (x_i - \bar{x})(y_i - \bar{y}) - b_1^2 \sum\limits_{i=1}^{n} (x_i - \bar{x})^2$$

$$= b_1 l_{xy} - b_1^2 l_{xx} = 0$$

因而有

$$Q = \sum\limits_{i=1}^{n} (y_i - \hat{y}_i)^2 + \sum\limits_{i=1}^{n} (\hat{y}_i - \bar{y})^2 \qquad\qquad (5-30)$$

或写成

$$Q - Q_e + Q_R \qquad\qquad (5-31)$$

其中：$Q_R = \sum\limits_{i=1}^{n} (\hat{y}_i - \bar{y})^2$ 反映由于 y 与 x 间的线性关系而使 y 出现的变差,称为回归平方和；

$Q_e = \sum\limits_{i=1}^{n} (y_i - \hat{y}_i)^2$ 是残差(观测点至回归直线的偏差)的平方和,称为剩余平方和,它反映了除 y 与 x 间线性关系外所有其它因素所造成的 y 的变差。

回归平方和 Q_R 和剩余平方和 Q_e 的计算公式为

$$Q_e = Q - Q_R = l_{yy} - b_1 l_{xy} \qquad\qquad (5-32)$$

在数理统计中,每个平方和都对应着一个称为自由度的数。总偏差平方和 $Q_e = \sum\limits_{i=1}^{n} (y_i - \bar{y})^2$ 中有一个约束条件 $\sum\limits_{i=1}^{n} (y_i - \bar{y})^2 = 0$,所以总偏差平方和的自由度 $v = n-1$,回归平方和 $Q_R = \sum\limits_{i=1}^{n} (\hat{y}_i - \bar{y})^2$ 的自由度等于回归方程在自变量的个数,对于一元线性回归,$v_R = 1$。对于剩余平方和 $Q_e = \sum\limits_{i=1}^{n} (y_i - \bar{y}_i)^2$,一元线性回归的正规方程提供两个约束条件,因此 $v_e = n-2$。

平方和除以自由度简称为方差,有

回归方差

$$s_R^2 = \frac{Q_R}{v_R} = \sum\limits_{i=1}^{n} (\hat{y}_i - \bar{y})^2 \qquad\qquad (5-33)$$

误差方差

$$s_e^2 = \frac{Q_e}{v_e} = \frac{1}{n-2} \sum\limits_{i=1}^{n} (y_i - \hat{y}_i)^2 \qquad\qquad (5-34)$$

2）各估计参数的分布

在观测样本 (x_i, y_i) $(i = 1, 2, \cdots, n)$ 中，y_i 是随机变量，而且各个 y_i 相互独立，有 $y_i \sim N(\beta_0 + \beta_1 x_i, \sigma^2)$，所以估计量 $b_0, b_1, \hat{y}$ 等都是 $y_i (i = 1, 2, \cdots, n)$ 的函数，都是随机变量。为简洁，在下面讨论中将求和 $\sum\limits_{i=1}^{n}$ 记作 $\sum$。

由 b_1 的表达式
$$b_1 = \frac{\sum (x_i - \bar{x})(y_i - \bar{y})}{\sum (x_i - \bar{x})^2}$$

可知，b_1 是独立正态变量 $y_1, y_2, \cdots, y_n$ 的线性组合。因此 b_1 也是正态随机变量，且有

$$E(b_1) = E\left(\frac{\sum (x_i - \bar{x})(y_i - \bar{y})}{\sum (x_i - \bar{x})^2}\right)$$

$$= \frac{\sum (x_i - \bar{x})(\beta_0 + \beta_1 x_i - \beta_0 - \beta_1 \bar{x})}{\sum (x_i - \bar{x})^2}$$

$$= \beta_1$$

$$D(b_1) = D\left(\frac{\sum (x_i - \bar{x})(y_i - \bar{y})}{\sum (x_i - \bar{x})^2}\right) = \frac{\sum (x_i - \bar{x}) D(y_i)}{\sum (x_i - \bar{x})^2} = \frac{\sigma^2}{l_{xx}}$$

因而有

$$b_1 \sim N\left(\beta_1, \frac{\sigma^2}{l_{xx}}\right) \tag{5-35}$$

用类似的方法可以证明

$$\left.\begin{aligned}
E(b_0) &= \beta_0 \\
D(b_0) &= \sigma^2\left(\frac{1}{n} + \frac{\bar{x}^2}{l_{xx}}\right) \\
b_0 &\sim N\left[\beta_0, \sigma^2\left(\frac{1}{n} + \frac{\bar{x}^2}{l_{xx}}\right)\right] \\
E(\bar{y}) &= \beta_0 + \beta_1 \bar{x} \\
D(\bar{y}) &= \frac{\sigma^2}{n} \\
E(\hat{y}) &= \beta_0 + \beta_1 x \\
D(\hat{y}) &= \sigma^2\left[\frac{1}{n} + \frac{(x - \bar{x})^2}{l_{xx}}\right]
\end{aligned}\right\} \tag{5-36}$$

以及
$$\hat{y} \sim N\left[\beta_0 + \beta_1 x, \sigma^2\left\{\frac{1}{n} + \frac{(x - \bar{x})^2}{l_{xx}}\right\}\right] \tag{5-37}$$

还可以证明

$$E(s_R^2) = E\left[\sum (\hat{y}_i - \bar{y})^2\right] = E\left[\sum b_1^2 (x_i - \bar{x})^2\right]$$

$$= \sum (x_i - \bar{x})^2 \cdot E(b_1^2)$$

$$= \sum (x_i - \bar{x})^2 \cdot \{D(b_1) + [E(b_1)]^2\}$$

$$= \sigma^2 + \beta_1^2 \sum (x_i - \bar{x})^2$$

$$E(s_e^2) = E\Big[\frac{1}{n-2}\sum (y_i - \hat{y}_i)^2\Big]$$

$$= \frac{1}{n-2}\Big\{E\big[\sum (y_i - \bar{y})^2\big] - E\big[b_1^2 \sum (x_i - \bar{x})^2\big]\Big\}$$

由于

$$E\big[\sum (y_i - \bar{y})^2\big] = \sum E(y_i)^2 - nE(\bar{y}^2)$$

$$= \sum \big\{D(y_i) + [E(y_i)]^2\big\} - n\big\{D(\bar{y}) + [E(\bar{y})]^2\big\}$$

$$= \sum \big[\sigma^2 + (\beta_0 + \beta_1 x_i)^2\big] - n\big[\frac{\sigma^2}{n} + (\beta_0 + \beta_1 \bar{x})^2\big]$$

$$= (n-1)\sigma^2 + \beta_1^2 \sum (x_i - \bar{x})^2$$

因而

$$E(s_e^2) = \sigma^2 \qquad\qquad (5-38)$$

且有

$$\frac{(n-2)s_e^2}{\sigma^2} \sim \chi^2(n-2) \qquad\qquad (5-39)$$

3）回归方程的显著性检验

完全可以设想，回归方程是不是真正反映了 y 和 x 之间的客观规律，是与回归平方和 Q_R 及剩余平方和 Q_e 所占比例有关。Q_R 越大，Q_e 越小，说明变差主要是由线性关系引起，也就表明回归方程显著。另一方面，由 $y_i = \beta_0 + \beta_1 x_i + \varepsilon_i$，$\beta_1$ 体现了 x 对 y 的影响的大小，通过 β_1 可以反映回归方程的有效性。极端地讲，如果 $\beta_1 = 0$，将有 $y_i = \beta_0 + \varepsilon_i$，$x$ 的变化对 y 没有影响，变差完全是由随机因素造成的，因此，检验回归方程的有效性就相当于检验假设 $H_0 : \beta_1 = 0$ 是否为真。为此需要构造检验假设 $H_0 : \beta_1 = 0$ 的统计量。

通过前面的推导得知，误差方差 s_e^2 是 σ^2 的无偏估计，但一般 s_R^2 不是 σ^2 的无偏估计。根据分解定理，s_R^2 和 s_e^2 是相互独立的。然而，如果原假设 H_0 为真，即 $\beta_1 = 0$，则 s_R^2 也将是 σ^2 的无偏估计，且 $F = s_R^2/s_e^2$ 服从 $F(1, n-2)$ 分布。因此，可将 $F = s_R^2/s_e^2$ 作为原假设 H_0 的统计量。如果 H_0 不为真，将有 $E(s_R^2) > E(s_e^2)$。因此，可根据给定的显著性水平 α 给出一个单侧上 100α 百分位点为临界值的拒绝域。当 $F > F_\alpha(1, n-2)$ 时，便拒绝原假设 H_0，认为 y 与 x 是线性相关的。检验过程常列成方差分析表形式（见表 5-5）。

表 5-5　一元线性回归方差分析表

方差来源	平方和	自由度	方差	F
回归	$Q_R = b_1^2 l_{xx} = b_1 l_{xy}$	1	$s_R^2 = Q_R$	$F = s_R^2/s_e^2$
剩余	$Q_e = Q - Q_R$	$n-2$	$s_e^2 = Q_e/n-2$	
总偏差	$Q = l_{yy}$	$n-1$		

如上面的例 5-4，根据表 5-4 计算给出的相关值，对应的方差分析表见表 5-6 所示

表 5-6　例（5-4）方差分析表

方差来源	平方和	自由度	方差	F
回归	36.34	1	36.34	606**
剩余	0.26	4	0.06	
总偏差	36.60	5		

若选定显著性水平 $\alpha = 0.05$，有 $F_{0.05}(1,4) = 7.71$；若选定显著性水平 $\alpha = 0.01$，有 $F_{0.01}(1,4) = 21.20$，所以电阻与温度间的线性回归方程是高度显著的。

回归方程的有效性也可通过相关系数来检查，即原假设 $H_0:\rho_{xy} = 0$ 来检查回归方程有效性。

对于一组样本观测值 $(x_i, y_i)(i = 1, 2, \cdots, n)$，可以求出样本相关系数

$$\rho_{xy} = \frac{l_{xy}}{\sqrt{l_{xx}l_{yy}}}$$

且有
$$Q_e = \sum_{i=1}^{n}(y_i - \hat{y}_i)^2 = \sum[(y_i - \bar{y}) - b_1(x_i - \bar{x})]^2$$

$$= l_{yy}\left[1 - \frac{l_{xy}}{l_{xx}l_{yy}}\right] = l_{yy}[1 - \rho^2]$$

因为 $Q_e > 0$，所以有 $\rho^2 \leqslant 1$，实际上 ρ^2 是回归平方和 Q_R 在总偏差平方和 Q 中所占的比例；而 $|\rho| \leqslant 1$，显然，$|\rho|$ 越大，则 Q_e 越小，样本相关系数反映了回归直线与这 n 对观测值 (x_i, y_i) 配合的密切程度。若 $\rho = \pm 1$，则 $Q_e = 0$，有 $y_i = \hat{y}_i$，数据点全部落在回归直线上；若 $\rho = 0$，则 $Q_e = l_{yy} = Q$，$Q_R = 0$，$\hat{y}_i = \bar{y}$，变差由随机因素造成，可以证明

$$F = \frac{s_R^2}{s_e^2} = \frac{(n-2)\rho^2}{1 - \rho^2} \tag{5-40}$$

因此 $|\rho|$ 大与 F 大是等价的。可见对 $H_0:\rho_{xy} = 0$ 检验和对 $H_0:\beta_1 = 0$ 检验是一样的，为便于用相关系数检验回归方程的有效性，编有专门的相关系数检验表。在数据点 n 已定的情况下，对选定的显著性水平 α，参见表 5-7 可查出临界值 $\rho_\alpha(n-2)$。

若 $\rho > \rho_\alpha(n-2)$，则回归方程显著，回归方程反映了 y 与 x 间的客观规律；否则，回归效果不显著。

如前面的例 5-4，若选定 $\alpha = 0.05$，$\rho_{0.05}(4) = 0.811$，若选定 $\alpha = 0.01$，$\rho_{0.01}(4) = 0.917$。代入观测值有

$$\rho = \frac{l_{xy}}{\sqrt{l_{xx}l_{yy}}} = 0.996$$

表 5-7 相关系数检验表

v	$\alpha = 0.05$	$\alpha = 0.01$	v	$\alpha = 0.05$	$\alpha = 0.01$	v	$\alpha = 0.05$	$\alpha = 0.01$
1	0.99692	0.999877	12	0.53241	0.66137	26	0.37388	0.47851
2	0.95000	0.99000	13	0.51398	0.64115	28	0.36101	0.46290
3	0.87834	0.95873	14	0.49731	0.62359	30	0.34937	0.44870
4	0.81146	0.91720	15	0.48215	0.60550	35	0.32457	0.41821
5	0.75449	0.87453	16	0.46828	0.58972	40	0.30440	0.39318
6	0.70673	0.83434	17	0.45553	0.57506	50	0.27320	0.35410
7	0.66638	0.79768	18	0.44369	0.56143	60	0.25000	0.32480
8	0.63190	0.76459	19	0.43285	0.54871	80	0.21720	0.28300
9	0.60208	0.73478	20	0.42272	0.53679	100	0.19460	0.25400
10	0.57598	0.70789	22	0.40439	0.51511	200	0.13800	0.18100
11	0.55295	0.68353	24	0.38824	0.49580	300	0.11300	0.14800

注：此表根据 $\rho(v) = t_{\alpha/2}(v)/\sqrt{(t_{\alpha/2})^2(v) + v}$ 编成，也可倒过来用 $t_{\alpha/2}(v) = \sqrt{\dfrac{v\rho_\alpha(v)^2}{1 - \rho_\alpha(v)^2}}$，从此表推算出 $t_{\alpha/2}$ 的临界值

因此,回归方程是高度显著的。

回归效果不显著的原因可能有以下几种:

(1) 影响 y 的除 x 之外还有其它不可忽略的因素;

(2) y 与 x 的关系不会是线性的,而存在着其它关系;

(3) y 与 x 无关。

总之,是数据构造模型不合适。

4. 回归方程的预测精度

回归方程的用途之一是根据自变量 x 的值预测随机变量 y 的值,设 $x = x_0$,其对应的 y 值记作 y_0,y_0 是随机变量,有 $y_0 \sim N(\beta_0 + \beta_1 x_0, \sigma^2)$。我们常用 $\hat{y}_0 = b_0 + b_1 x_0$ 来预测 y_0 的取值范围,并求 y_0 的置信区间(又称预测区间)。

前已证明,$\hat{y}_0$ 本身也是随机变量,$\hat{y}_0 \sim N\left[\beta_0 + \beta_1 x_0, \sigma^2\left(\dfrac{1}{n} + \dfrac{(x_0 - \bar{x})^2}{l_{xx}}\right)\right]$。$\hat{y}$ 波动的大小称为回归方程的稳定性,可由 $\sigma^2\left(\dfrac{1}{n} + \dfrac{(x_0 - \bar{x})^2}{l_{xx}}\right)$ 来量度,由上可得

$$y_0 - \hat{y}_0 \sim N\left[0, \sigma^2\left(1 + \dfrac{1}{n} + \dfrac{(x_0 - \bar{x})^2}{l_{xx}}\right)\right]$$

由于 S_e^2 是 σ^2 的无偏估计,故取 $\hat{\sigma} = \sqrt{\dfrac{Q_e}{n-2}}$ 称为剩余标准偏差,从而有

$$
\begin{aligned}
t_0 &= \dfrac{y_0 - \hat{y}_0}{\sigma\sqrt{1 + \dfrac{1}{n} + \dfrac{(x_0 - \bar{x})^2}{l_{xx}}}} \Bigg/ \sqrt{\dfrac{\hat{\sigma}^2}{\sigma^2}} \\
&= \dfrac{y_0 - \hat{y}_0}{\hat{\sigma}\sqrt{1 + \dfrac{1}{n} + \dfrac{(x_0 - \bar{x})^2}{l_{xx}}}} \sim t(n-2)
\end{aligned}
\tag{5-41}
$$

由此可得 y 的 $100(1-\alpha)\%$ 预测区间为

$$y = \hat{y} \pm t_{\alpha/2}(n-2)\hat{\sigma}\sqrt{1 + \dfrac{1}{n} + \dfrac{(x - \bar{x})}{l_{xx}}} \tag{5-42}$$

应当指出,预测精度(预测区间大小)和 x 的取值无关,越靠近 $\bar{x}$,预测精度越高。此外,n 越大,则预测区间越小。图 5-5 中的直线为回归方程直线,虚线为回归值 $\hat{y}$ 的波动范围,而外面的曲线为预测值 y_0 的波动范围。

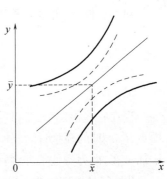

图 5-5　回归直线与波动范围

利用回归得出的经验方程在测定区的中间部分预报比较准确,在其两端不确定度将显著增大,即使在这区域以外 y 与 x 仍保持线性也不能避免这一点。因此经验公式使用范围是严格局限于取得数据的范围内的,任何外推总是靠不住的。反过来说,如果为某一目的要研究某一段范围的变量关系,则取回归数据时应围绕最关心点的附近进行测量。例如高量程的传感器(0~600MPa)用于测量 100MPa 以下

压力时应作 $0 \sim 120\text{MPa}$ 段的灵敏度校准(工程上通称标定);如果关心的是 400MPa 附近的最大压力值时,则宜在 $300 \sim 500\text{MPa}$ 段作校准再进行回归分析。

实际问题中,常常需要逆向使用回归方程。如果在静态表达时,根据一组静态标定数据 $(x_i, y_i)(i = 1, 2, \cdots, n)$,可用一元线性回归的方法得出测量系统工作直线 $\hat{y}_0 = b_0 + b_1 x_0$。

当用该测量系统进行测量时,得到一个读数值 y_0,希望由它得出被测量的估计 $\hat{x}_0$ 以及关于其置信区间的说明。

一般,被测量的估计 $\hat{x}_0$ 可以用回归方程(即工作直线方程)求取

$$\hat{x}_0 = \bar{x} + \frac{y_0 - \bar{y}}{b_1}$$

在回归系数 b_1 除以 b_1 的方差估计的平方根(b_1 的标准偏差)所得出的 t 统计量远大于在显著水平 α 下 t 分布的双侧 100α 百分点值 $t_{\alpha/2}(n-2)$ 的条件下,即

$$g = \left(\frac{t_{\alpha/2}(n-2)}{b_1 / \sqrt{\hat{D}(b_1)}}\right)^2 \ll 1 \qquad (\text{如 } g < 0.1)$$

根据式(5 - 42),所得在 $100(1 - \alpha)\%$ 置信概率下的置信区间为

$$x_0 = \bar{x} + \frac{y_0 - \bar{y}}{b_1} \pm \frac{t_{\alpha/2}(n-2)\hat{\sigma}}{|b_1|} \cdot \sqrt{1 + \frac{1}{n} + \frac{(y_0 - \bar{y})^2}{b_1^2 l_{xx}}} \qquad (5 - 43)$$

5.4.2　通过原点的一元线性回归

有时需要保证回归直线通过原点,此时的数据结构模型为

$$\begin{cases} y_i = \beta x_i + \varepsilon_i \\ \varepsilon_i \sim N(0, \sigma^2) \end{cases} (i = 1, 2, \cdots, n)$$

其中的未知参数 β, σ^2 都不依赖于 x,求 y 对 x 的一元线性回归,就是根据观测得到的一组样本实现求取 β 的估计 b,从而得出 βx 的估计 bx,记作 $\hat{y}$,方程

$$\hat{y} = bx \qquad (5 - 44)$$

称为 y 对 x 的过原点的线性回归方程。同前所述,利用最小二乘原理,使

$$Q_e(b) = \sum_{i=1}^{n}(y_i - \hat{y})^2 = \sum_{i=1}^{n}(y_i - bx_i)^2 = \min$$

对 b 求偏导,并令它等于零,解方程则得 b 的表达式,即

$$b = \frac{\sum\limits_{i=1}^{n} x_i y_i}{\sum\limits_{i=1}^{n} x_i^2} \qquad (5 - 45)$$

现在有些检定中,常常采取一种不协调的规定,在评定非线性时使用非零截距(即不通过原点, $b_0 \neq 0$)的模型,而在计算灵敏度时却又采用式(5 - 45)。若真使用此灵敏度时非线性将增加很多,而为虚假的非线性指标所掩盖。通过下例很容易看出该现象的存在。

【例 5 - 5】　通过标准活塞式压力计做压电传感器的静态标定,得出数据如表 5 - 8 所列。

表 5－8 某传感器静态标定数据

压力 P /MPa	0	50	100	150	200	250	300	350
电荷 q /pC	0.43	112.25	223.82	334.81	447.39	557.05	670.49	781.49
压力 P /MPa	400	450	500	500	600	650	700	750
电荷 q /pC	888.67	999.86	1112.54	1223.78	1336.97	1440.63	1553.12	1657.36

求一元回归方程及其系数的标准偏差,检验回归显著性。列出对应各 p 值的残差,并绘出残差图,观察残差分布及不确定度区间。

解: 数据共 16 对,各项和为

$$\sum_{i=1}^{16} x_i = \sum_{i=1}^{16} P_i = 6000, \sum_{i=1}^{16} y_i = \sum_{i=1}^{16} q_i = 13340.66$$

$$\sum_{i=1}^{16} x_i^2 = \sum_{i=1}^{16} P_i^2 = 3100000, \sum_{i=1}^{16} y_i^2 = \sum_{i=1}^{16} q_i^2 = 15292303.96$$

$$\sum_{i=1}^{16} x_i y_i = \sum_{i=1}^{16} P_i q_i = 6885174.5$$

则 $nl_{xx} = n\sum_{i=1}^{16} x_i^2 - \left(\sum_{i=1}^{16} x_i\right)^2 = 13600000, nl_{yy} = n\sum_{i=1}^{16} y_i^2 - \left(\sum_{i=1}^{16} y_i\right)^2 = 66703654.13$

$$nl_{xy} = n\sum_{i=1}^{16} x_i y_i - \left(\sum_{i=1}^{16} x_i\right)\left(\sum_{i=1}^{16} y_i\right) = 30118832$$

各项系数为 $b_0 = 3.30875\text{MPa}, b_1 = 2.21462\text{pC/MPa}$

各项平方和为 $Q = 4168978.38, Q_R = 4168860.48, Q_e = 117.9$

Q_e 的自由度 $v_e = n - 2 = 14, \hat{\sigma}^2 = Q_e/v_e = 8.42143, \hat{\sigma} = 2.902$

$$（方差比）F = \frac{Q_R/v_R}{Q_e/v_e} = 4.95 \times 10^6 （回归高度显著）$$

$$F_{0.01}(1,14) = 8.86$$

相关系数 $$\hat{\rho}_{xy} = \sqrt{\frac{Q_R}{Q}} \approx 0.999986（相关性好,回归显著）$$

$$\rho_{0.01}(14) = 0.62359$$

系数的标准偏差为

$$d_{11} = 0.22794, \sigma_{\hat{b}_0} = \sqrt{d_{11}}\hat{\sigma} = 1.385$$

$$d_{22} = 1.17647 \times 10^6, \sigma_{\hat{b}_1} = \sqrt{d_{22}}\hat{\sigma} = 3.147 \times 10^{-3}$$

回归方程为 $\hat{q} = 3.309 + 2.2146P$,对应的 P 值下的残差见表 5－9 及图 5－6。

表 5-9   有截距一元线性回归各残差值

压力 P/MPa	0	50	100	150	200	250	300	350
残差 $\varepsilon_q/\mathrm{pC}$	-2.88	-1.79	-0.95	-0.69	1.16	0.09	2.80	3.07
压力 P/MPa	400	450	500	550	600	650	700	750
残差 $\varepsilon_q/\mathrm{pC}$	-0.48	-0.02	1.93	2.44	4.90	-2.17	-0.41	-6.90

由表 5-9 可以看出，ε_q 在两端偏负，中间偏正，说明有非线性误差项存在。按残差绝对值最大值与传感器输出值的变化范围之比作为非线性的度量可得非线性最大相对误差（此处角标 L 表示线性）

$$\varepsilon_L = \frac{|\varepsilon|_{\max}}{q_{\max} - q_{\min}} \times 100\% = \frac{6.90}{1657.36 - 0.43} \times 100\% = 0.42\%$$

对动压传感器而言，此非线性指标已属上乘，若用来作为静压传感器则需用更高次的多项式回归，以便将非线性作为一种系统误差加以修正。

现在仍以此例数据分别作通过原点的一元线性回归和由斜率平均方法求斜率。所得结果前者为

$$b_{原点} = \sum_{i=1}^{16} x_i y_i / \sum_{i=1}^{16} x_i^2 = 2.22102 \ \mathrm{pC/MPa}$$

后者为 $b_{斜率平均} = 2.22577\mathrm{pC/MPa}(y_1 = q_1 = 0.43$ 影响极小)，两公式算出结果相同。对 $\hat{q} = 2.22102P$ 和 $\hat{q} = 2.22577P$ 两式算出的残差见表 5-10 和表 5-11。

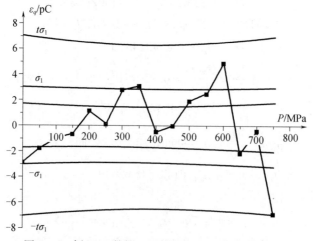

图 5-6   例 5-5 数据一元线性回归直线及其置信域

表 5-10　过原点一元线性回归式各残差值

压力 P/MPa	0	50	100	150	200	250	300	350
残差 ε_q/pC	0.43	1.20	1.72	1.66	3.19	1.80	4.18	4.13
压力 P/MPa	400	450	500	550	600	650	700	750
残差 ε_q/pC	0.26	0.40	2.03	2.22	4.36	-3.03	-1.59	-8.41

表 5-11　平均斜率法得出回归式各残差值

压力 P/MPa	0	50	100	150	200	250	300	350
残差 ε_q/pC	0.43	0.96	1.24	0.94	2.24	0.61	2.76	2.47
压力 P/MPa	400	450	500	550	600	650	700	750
残差 ε_q/pC	-1.64	-1.74	-0.34	-0.39	1.51	-6.12	-4.92	-11.97

由此算出的非线性最大相对误差分别为 0.51% 和 0.72%，分别为有截距最小二乘解所得的值 0.42% 的 1.22 倍和 1.73 倍。

正确的规定应该是将灵敏度定义和非线性统一到一种尺度、一种回归方法上来，否则就会掩盖了实际存在的误差。

5.4.3　相关两变量都具有误差的情况分析

在上节中，推导公式中隐含着一个假设，就是认为 x 的值都是准确值。因为在定 x 矩阵时，把 x_{ij} 都看作常数，而用实验方法测定各 l_i 值时未必能保证这一点。这样实际上就把由于 x_{ij} 并不准确而产生的误差都算作是 l_i 未测准上了。在多数实验中，这是可允许的，以标准压力计校准压力传感器灵敏度为例，压力机的液压由压力计监视而保证其复现性，对三等活塞式标准压力计来说其误差限为 ±0.2%，二等活塞式标准压力计则为 ±0.05%。所以在校准压力传感器时，完全可以允许忽略其误差的影响。但有时则不然，可以把关系式(5-22)颠倒，写成

$$\hat{x} = a_0 + a_1 y \qquad (5-46)$$

应用最小二乘原理，使 $\displaystyle\sum_{i=1}^{n} (x_i - \hat{x}_i)^2$ 为最小，求得

$$a_1 = \frac{l_{xy}}{l_{yy}} \qquad (5-47a)$$

$$a_0 = \bar{x} - a_1 \bar{y} \qquad (5-47b)$$

为了便于与式(5－22)比较,将式(5－46)改写为

$$y = b_0' + b_1' \hat{x}$$

式中

$$b_1' = \frac{1}{a} = \frac{l_{yy}}{l_{xy}}$$

$$b_0' = \bar{y} - b_1' \bar{x}$$

通常情况下,$b_0' \neq b_0$,$b_1' \neq b_1$。

在这里,通过一批点能够作最佳直线,原因是假定有一批试验点是均匀分布在一个椭圆域内,如果假定误差是在 y 方向,我们作一系列细的垂直线,找出每一条细的垂线的中点,并作一条线通过各点(见图5－7),如果假定误差是在 x 方向,则作一系列水平线,找出各水平线的中点,并作一条线通过各点。用这个方法得到两条直线,一条通过椭圆水平方向极值点,另一条通过垂直方向极值点。前者就是 y 对 x 的回归直线,回归值 $\hat{y}$ 表示为当任取 $x = x_0$ 时 y 的平均数,后者即是 x 对 y 的回归直线,其回归值 $\hat{x}$ 表示为当任取 $y = y_0$ 时 x 的平均数。这两条直线都通过 $\bar{x}$ 和 $\bar{y}$ 点,可以证明,$\rho_{xy}^2 = \rho_{yx}^2 = \rho^2 \leq 1$,$\rho^2$ 值与 1 相差越远,两条直线的夹角越大。否则相反,当相关系数为 1 时,这两条直线将重合。

两个最小二乘解的存在,提出了在试验中需要判断的问题。

(1)如果两变量中一个变量的误差可以忽略,则应采用另一变量对该变量的回归线;

(2)如果两变量的误差大体相当,则采用图5－7所示两条回归线的平均线;

(3)如果两个变量中的一个变量误差比另一个大,则所采用的中间线应偏向于误差大的变量对另一变量的回归线。

在实践中,以上三种情况都是可能存在的,求回归直线时应加以区别。

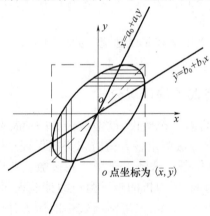

图5－7 不同回归直线的几何意义

两个变量都具有误差时,比较精确的计算回归系数是戴明(Deming)解法。

若 x_i,y_i 分别具有误差 $\delta_i \sim N(0, \sigma_x)$,$\varepsilon_i \sim N(0, \sigma_y)$($i = 1, 2, \cdots, N$),假定 x_i,y_i 之间为线性关系,其数学模型为

$$y_i = \beta_0 + \beta_1(x_i - \delta_i) + \varepsilon_i (i = 1, 2, \cdots, N)$$

所求的回归方程为

$$\hat{y} = b_0 + b_1 x \tag{5－48}$$

式中的 $\hat{x},\hat{y},b_0,b_1$ 分别是 x,y,β_0,β_1 的估计值，为使 x,y 的误差在求回归方程式具有等价性，令 $\lambda = \sigma_x^2/\sigma_y^2$, $y' = \sqrt{\lambda}\,y$ ，则式 $(5-48)$ 可写成

$$\hat{y}' = b'_0 + b'_1 x \qquad (5-49)$$

式中 $\hat{y}' = \sqrt{\lambda}\,\hat{y}$, $b'_0 = \sqrt{\lambda}\,b_0$, $b'_1 = \sqrt{\lambda}\,b_1$ 。

根据戴明推广的最小二乘原理，点 (x_i,y'_i) 到回归直线式 $(5-49)$ 的垂直距离 d'_i 的平方和 $\sum_{i=1}^{n} d'^2_i$ 为最小条件下所求得的回归系数 b_0,b_1 是最佳估计值。经计算得到

$$b_1 = \frac{\lambda l_{yy} - l_{xx} + \sqrt{(\lambda l_{yy} - l_{xx})^2 + 4\lambda l_{xy}^2}}{2\lambda l_{xy}} \qquad (5-50a)$$

$$b_0 = \bar{y} - b\,\bar{x} \qquad (5-50b)$$

式中的 $\bar{x},\bar{y},l_{xx},l_{yy}$ 含义同前（见式 $(5-28)$ ）。

变量 x,y 的方差可用下式估计：

$$\sigma_x^2 = \frac{1}{n-2} \frac{\lambda}{1+\lambda b_1^2} \sum_{i=1}^{n} d_i^2 \qquad (5-51)$$

$$\sigma_y^2 = \frac{\sigma_x^2}{\lambda} \qquad (5-52)$$

其中 $d_i = y_i - b_0 - b_1 x_i$, d_i 和 d'_i 的关系为

$$d'_i = \frac{\sqrt{\lambda}}{\sqrt{1+\lambda b_1^2}} d_i \qquad (5-53)$$

下面讨论两种特殊情况：

（1）当 x 无误差时， $\lambda = 0$, $b_1 = l_{xy}/l_{xx}$, $\sigma_y^2 = (l_{yy} - b_1 l_{xy})/(N-2)$ ，这就是我们在 5.4.1 小节中所讨论的一般回归问题的情况。

（2）当 y 无误差时， $\lambda = \infty$, $b_1 = l_{yy}/l_{xy} = 1/a_1$, $\sigma_x^2 = (l_{xx} - l_{xy}/b_1)/(N-2)$ ，这就是本节概述中提到的另一种情况。

5.4.4　重复试验的情况

由于剩余平方和中除包括试验误差外，还包括 x 和 y 线性关系外的其它未加控制因素的影响。因此，通过显著性检验得出回归方程显著的结果，只是说明了因素 x 的一次项对 y 的影响是主要的，但尚未能提供拟合效果良好的充分证据。为检测一个回归方程拟合的好坏，可做重复试验，把误差平方和 Q_e 和失拟平方和 Q_L （它反映非线性及其它未加控制因素的影响）区分开来。并作 F 检验，便可确定回归方程拟合的好坏。

在 x_i 有充分好的复现性时，设取 n 个试验点，每个试验点上重复 m 次试验，为了使回归所得关系中尽可能排除其他因素的影响，取其平均值 $\bar{y}_i = \frac{1}{m}\sum_{j=1}^{m} y_{ij}$ ，对 x_i 回归 $\bar{y}_i$ 的方差将是单个值 y_{ij} 的方差 $1/m$ ，当然有利于排除随机因素对 y_i 测量影响。这种试验可以按下述方法来计算：先求平均值 $\bar{y}_i$ ，再把 $\bar{y}_i$ 作为 y_i 值求出 b_0,b_1 来，当用手工计算时常常是方便的，只是需要注意一点，这些 y_i 值未必是等精度的（与重复次数有关），有可能需要加权。关于这方面，前面已经介绍过了。这里再强调一下，只有在经过方差检验判明差异显著的情况下才需采用加权法处理。一般如果用的是相同仪器，相同方法，每个 y_i 数据组内样本数 m 又是相同时，对出现方差离群

情况,应检查实验是否有错误或意外,而不轻易用加权的办法。

在重复实验情况下,各种平方和及其相应自由度的计算公式如下:

$$Q = Q_R + R_L + Q_e, \quad \nu = \nu_R + \nu_L + \nu_e \tag{5-54}$$

$$Q = \sum_{i=1}^{n} \sum_{j=1}^{m} (y_{ij} - \bar{y})^2, \quad \nu = mn - 1 \tag{5-55a}$$

$$Q_R = m \sum_{i=1}^{n} (\hat{y}_i - \bar{y})^2, \quad v_R = 1 \tag{5-55b}$$

$$Q_e = \sum_{i=1}^{n} \sum_{j=1}^{m} (y_{ij} - \bar{y}_i)^2, \quad \nu_e = n(m-1) \tag{5-55c}$$

$$Q_L = m \sum_{i=1}^{n} (\bar{y}_i - \hat{y}_i)^2, \quad \nu_L = n - 2 \tag{5-55d}$$

【例 5-6】 对某压力传感器进行静态标定,得到的标定数据如表 5-12 所列,表中 x_i 为标准压力,单位 MPa;y_i 为传感器输出电压,单位 mV。

表 5-12 数据表

序号	x_i /MPa	y_{ij}/mV						$\bar{y}_i$/mV		$\bar{y}_i$ /mV
		正程	反程	正程	反程	正程	反程	正程	反程	
1	0.0	−0.044	−0.014	−0.014	0.019	0.019	0.036	−0.013	0.014	0.000
2	0.2	3.260	3.355	3.310	3.380	3.337	3.398	3.302	3.378	3.340
3	0.4	6.675	6.752	6.687	6.790	6.722	6.807	6.695	6.783	6.739
4	0.6	10.085	10.085	10.122	10.217	10.151	10.218	10.119	10.208	10.164
5	0.8	13.575	13.644	13.620	13.581	13.640	13.685	13.612	13.637	13.624
6	1.0	17.120	17.120	17.167	17.167	17.164	17.164	17.150	17.150	17.150

用一元线性回归的方法求回归直线方程,具体过程见表 5-13。

表 5-13 一元线性回归

序号	x	y	x^2	y^2	xy
1	0.0	0.000	0.00	0.0000	0.0000
2	0.2	3.340	0.04	11.1556	0.6680
3	0.4	6.739	0.16	45.4141	2.6956
4	0.6	10.164	0.36	103.3069	6.0984
5	0.8	13.624	0.64	185.6134	10.8992
6	1.0	17.150	1.00	294.2254	17.1530
$\sum$	3.0	51.020	2.20	639.7154	37.5142

$\sum x = 3.0$	$\sum y = 51.20$	$n = 6$
$\bar{x} = 0.5$	$\bar{y} = 8.503$	
$\sum x^2 = 2.20$	$\sum y^2 = 639.7154$	$\sum xy = 37.5142$
$(\sum x)^2/n = 1.50$	$(\sum y)^2/n = 433.8401$	$(\sum x)(\sum y)/n = 25.51$
$l_{xx} = 0.70$	$l_{yy} = 205.8753$	$l_{xy} = 12.0042$
	$b_1 = l_{xy}/l_{xx} = 17.15 \text{mV/MPa}$	
	$b_0 = \bar{y} - b_1\bar{x} = -0.072 \text{mV}$	
	$\hat{y} = -0.072 \text{mV} + (17.15 \text{mV/MPa})x$	

进行方差分析和显著性检验,见表 5 - 14。

表 5 - 14　方差分析和显著性检验

方差来源	平方和	自由度	方差	F	显著性
回归	1235. 2321	1	1235. 2321	649746	$F_{0.01}(1,30) = 7.56$
失拟	0.0197	4	0.0049	2.59	$F_{0.01}(4,30) = 4.02$
误差	0.0570	30	0.0019		
总和	1235. 3088	35			

失拟平方和反映了拟合误差,通常称为模型误差。用误差平方和检验失拟平方和,由于 $F_L = 2.59 < F_{0.01}(4,30) = 4.02$,说明非线性误差很小,模型是可用的。

由 $Q_L + Q_e = 0.0767$, $\nu_L + \nu_e = 34$。因而

$$\hat{\sigma} = \sqrt{\frac{Q_L + Q_e}{\nu_L + \nu_e}} = 0.047 \text{mV}$$

若显著性水平 $\alpha = 0.05$,则有 $t_{\alpha/2}(n-2) = 3.18$,因而

$$g = \left(\frac{[t_{\alpha/2}(n-2)\hat{\sigma}]^2}{b_1^2 l_{xx}} \right) = 0.0001 \ll 1$$

当 $y_0 = 15 \text{mV}$ 时,回归方程逆向应用所得 x_0 的 95% 置信区间为

$$x_0 = (0.879 \pm 0.010) \text{MPa}$$

从本例中可以看出,重复试验可以将单次试验的残差平方和分解成两部分,在第一个 F 检验不显著时找到问题的症结:究竟是测量不准确(Q_e 大)所致? 还是模型选择不当,不满足线性条件(Q_L 大)? 后者称为失拟也就在于此。“拟”指的回归的目的是拟合一条最适当地穿过各数据点的直线或曲线。

5.5　一元非线性回归

直线关系只是变量间关系的一个特例。在实际问题中,更多的是两个变量存在着非线性关系。即某种曲线关系。这一类经验公式的确定,可以有两种方法。一种是根据观测值的变化趋势,先确定回归方程的函数类型,再通过坐标变换把回归曲线变换成回归直线的形式,然后利用线性回归方法确定回归方程中的常数。工程上,把这类问题称为曲线拟合。另一种方法是用回归多项式来表述变量间的关系,把解曲线回归方程的问题化成解多项式的问题。本节中将讨论曲线拟合问题。

某些类型的函数,经过适当的坐标变换之后,可以变换成线性函数的形式。例如有幂函数

$$y = ax^b$$

在上式的两侧取对数,有 $\lg y = \lg a + b \lg x$。若令 $u = \lg y$, $v = \lg x$ 和 $a' = \lg a$,则有 $u = a' + bv$。显然,这是一个直线方程。这就是说,$y - x$ 坐标系中的曲线 $y = ax^b$,经坐标变换 $u = \lg y$, $v = \lg x$ 后,在 $u - v$ 坐标系中表示为一条直线。

这种通过坐标变换,把曲线改绘成直线的措施称为曲线改直。曲线改直是推导经验公式的关键步骤。一旦找到合适的坐标变换,把曲线改绘成了直线,便可用线性回归的方法确定直线方程中的常数,得到所需的经验公式;另一方面,如果利用所选定的坐标变换,确定能把曲线改

绘成直线,则也就表明了所选定的函数形式是恰当的。它给出了一种判断所需的经验公式的函数形式是否正确的客观依据。

表 5－15 中列出了一些常用的坐标变换和各常数的几何意义,以供根据数据点变化趋势选择经验公式函数类型时作参考。

表 5－15　经验公式的常用函数表

函数关系	曲线形状	坐标变换	常用图解
$y = ax^b$		$u = \lg y$ $v = \lg x$	
$y = ae^{bx}$		$u = \ln y$	
$y = \dfrac{x}{a + bx}$		$u = \dfrac{1}{y}$ $v = \dfrac{1}{x}$	
$y = ax^b e^{cx}$		$u = \Delta(\ln y)$ $v = \Delta(\ln x)$ (取 Δx 为定值)	
$y = ae^{bx} + ce^{dx}$		(设 $d < b < 0$) $u = \ln y$ (令 $y_1 = ae^{bx}$) $v = \ln(y - y_1)$	

【例 5－7】　通过实验得到如表 5－16 所示的实验数据,求 p 与 u 之间的经验公式。

表 5－16　实验数据

序号	1	2	3	4	5
p	10	20	30	40	50
u	1. 12	1. 81	2. 47	3. 04	3. 64

解:(1) 在直角坐标系下 p_i 和 u_i 的散点图,见图 5－8 所示。

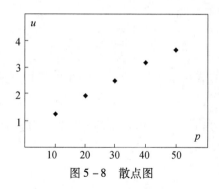

图 5 - 8　散点图

（2）根据表 5 - 17 列出的常用函数表及相对值的曲线，从散点图可以看出，符合函数 $u = ap^b$ 的走势。

（3）进行坐标变换 $\lg u = \lg a + b\lg p$，即 $y = \lg u , x = \lg p$

（4）利用一元线性回归方法确定回归方程中的常数。具体过程见表 5 - 17。

表 5 - 17　计算表

序号	x	y	x^2	y^2	xy
1	1.0000	0.0492	1.0000	0.0024	0.0492
2	1.3010	0.2577	1.6926	0.0664	0.3353
3	1.4771	0.3927	2.1818	0.1542	0.5800
4	1.6020	0.4829	2.5664	0.2332	0.7736
5	1.6990	0.5599	2.8866	0.3135	0.9513
$\sum$	7.7091	1.7424	10.3274	0.7697	2.6894

$\sum x = 7.0791$	$\sum y = 1.7424$	$n = 5$
$\bar{x} = 1.4158$	$\bar{y} = 0.3485$	
$\sum x^2 = 10.3274$	$\sum y^2 = 0.7697$	$\sum xy = 2.6894$
$\left(\sum x\right)^2/n = 10.0227$	$\left(\sum y\right)^2 = 0.6072$	$\left(\sum x\right)\left(\sum y\right)/n = 2.4669$

$l_{xx} = 0.3047$	$l_{yy} = 0.1626$	$l_{xy} = 0.2225$
	$b = \dfrac{l_{xy}}{l_{xx}} = 0.7302$	
	$a' = \bar{y} - b\bar{x} = -0.6873$	

因而　　　　　　　　　　　$\lg a = a' = -0.6873 , \quad a = 0.2054$

回归方程　　　　　　　　　$\hat{u} = 0.2054p^{0.7302}$

（5）将各自变量值 p_i 代入回归方程，得出回归值 $\hat{u}_i$，如果 $\hat{u}_i$ 与 u_i 很接近，表明经验公式的推导是成功的。

通过这个例题，可把推导实验曲线的经验公式的过程归结为：描曲线、选线型、换坐标、定常数和验结果五个步骤。

曲线回归方程和观测值拟合效果的优劣同样可用相关指数和剩余标准偏差衡量，相关指数

R^2 定义为

$$R^2 = 1 - \frac{\sum (u_i - \hat{u}_i)^2}{\sum (u_i - \bar{u})^2} \qquad (5-56)$$

R^2 或 R 越接近 1，则曲线的拟合效果越好。

应当指出，相关指数与经坐标变换后得到的 x 和 y 的线性相关系数不是一回事。

同样，回归曲线的剩余平方和 Q_e 也不能用 y 与 $\hat{y}$ 计算，而应当用公式

$$Q_e = \sum (u_i - \hat{u}_i)^2$$

计算。和曲线回归一样，有

$$\hat{\sigma} = \sqrt{\frac{Q_e}{n-2}} \qquad (5-57)$$

称为剩余标准偏差，可以用来表述回归方程的精度。

对于【例 5-7】，计算相关指数，具体计算过程见表 5-18。

表 5-18　计算表

序号	u_i	u_i^2	$\hat{u}_i$	$u_i - \hat{u}_i$	$(u_i - \hat{u}_i)^2$
1	1.12	1.2544	1.10	0.02	0.0004
2	1.81	3.2761	1.83	-0.02	0.0004
3	2.47	6.1009	2.46	0.01	0.0001
4	3.04	9.2416	3.04	0.00	0.0000
5	3.64	13.2496	3.57	0.07	0.0049
$\sum$	12.08	33.1226			0.0058

因而有
$$R^2 = 1 - \frac{\sum (u_i - \hat{u}_i)^2}{\sum (u_i - \bar{u})^2} = 1 - \frac{\sum (u_i - \hat{u}_i)^2}{\sum u_i^2 - \frac{1}{n} (\sum u_i)^2} = 0.9985$$

说明拟合效果较好，且有

$$\hat{\sigma} = \sqrt{\frac{Q_e}{n-2}} = \sqrt{\frac{\sum (u_i - \hat{u}_i)^2}{n-2}} = 0.04$$

还应指出，在曲线拟合中是在曲线改直之后再用最小二乘法确定回归方程中的待定常数的，所得到的回归曲线不一定是最佳拟合曲线。必要时可求不同函数形式的回归方程，比较它们的 $\hat{\sigma}$ 或 R^2，选择 $\hat{\sigma}$ 最小或 R^2 最大者为终选的经验公式。

【例 5-8】　测定某导气式武器的气室压力，得到如图 5-9 的实验曲线，具体的时间与其对应的压力值见表 5-19 中的第 1 和 2 列，试推导其经验公式。

解：（1）参照经验公式常用函数的曲线形状，初步选定经验公式的形式为
$$\hat{p} = ae^{bt} + ce^{dt} \qquad (5-58)$$
且有 $b > 0, d < 0$。

虽然经验公式中有四个待定常数，但对负指数函数，当 t 增大时，负指数绝对值大的函数衰减急剧；若设 $|b| < |d|$，则随着 t 增大，ce^{dt} 先行衰减至零。在某时刻后，可仅由 $\hat{p}_1 = ae^{bt}$ 定常数 a 和 b，而后再令 $p_2 = p - \hat{p}_1$，并由 $p_2 = ce^{dt}$ 确定常数 c 和 d。

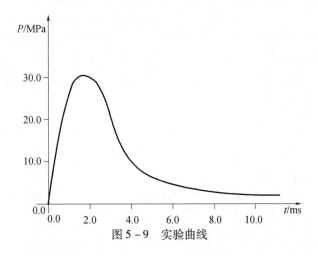

图 5 - 9 实验曲线

另外,由于实验曲线起始段变化急剧,后半段变化平缓,所以计算时前半段自变量采样间距取 $\Delta t = 0.3\text{ms}$,后半段取 $\Delta t = 1.2\text{ms}$。

表 5 - 19 计算表(1)

t/ms	p/MPa	$\ln p$	$\hat{p}_1$	$p_2 = p - \hat{p}_1$	p_2/c	$\ln(p_2/c)$	$\hat{p}_2$	$p = \hat{p}_1 + \hat{p}_2$	$p - \hat{p}$
0.0	0.0	——	64.2	− 64.2	1.0000	0.0000	− 64.2	0.0	0.0
0.3	19.9	2.9907	55.9	− 36.0	0.5607	− 0.5786	− 36.3	19.6	0.3
0.6	28.6	3.3534	48.7	20.1	0.3131	− 1.1612	− 20.3	28.2	0.4
0.9	31.0	3.4340	42.4	− 11.4	0.1776	− 1.7282	− 11.6	30.8	0.2
1.2	30.2	3.4078	37.0	− 6.8	0.1059	− 2.2453	− 6.6	30.4	− 0.2
1.5	28.4	3.3464	32.2	− 3.8	0.0592	− 2.8268	− 3.7	28.5	− 0.1
1.8	26.0	3.2581	28.0	− 2.0	0.0312	− 3.4673	− 2.1	25.9	0.1
2.4	21.2	3.0540	21.3	− 0.1			− 0.7	20.6	0.6
3.6	12.4	2.5177	12.2	0.2	——	——	− 0.1	12.1	0.3
4.8	6.8	1.9169	7.0	− 0.2	——	——	——	7.0	− 0.2
6.0	3.9	1.3610	4.1	− 0.2	——	——	——	4.1	− 0.2
7.2	2.5	0.9163	2.3	0.2	——	——	——	2.3	0.2
8.4	1.5	0.4055	1.3	0.2	——	——	——	1.3	0.2
9.6	0.7	− 0.3567	0.8	− 0.1	——	——	——	0.8	− 0.1

(2) 计算经验公式中的常数 a 和 b_0 作坐标变换 $u = \ln p$,绘出 $u - t$ 曲线,如图 5 - 9 所示。当 $t > 2\text{ms}$ 后 $u - t$ 曲线成直线,和前面分析的结论相同,可用这段改直后的直线定常数 a 和 b_0,具体的计算见表 5 - 20。因而有

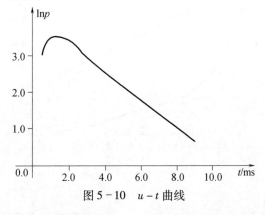

图 5 - 10 $u - t$ 曲线

表5-20　计算表(2)

序号	t/ms	$u = \ln p$	t^2	tu
1	2.4	3.0504	5.76	7.3296
2	3.6	2.5177	12.96	9.0637
3	4.8	1.9169	23.04	9.2011
4	6.0	1.3610	36.00	8.1660
5	7.2	0.9163	51.84	6.5974
6	8.4	0.4055	70.56	3.4062
7	9.6	-0.3567	92.16	-3.4062
$\sum$	42.0	9.8147	292.32	40.3397

$\sum t = 42.0$

$\bar{t} = 6.0$

$\sum t^2 = 292.32$

$(\sum t)^2/n = 252.00$

$l_{tt} = 40.32$

$\sum u = 9.8147$

$\bar{u} = 1.4021$

$n = 7$

$\sum tu = 40.3397$

$(\sum t)(\sum u)/n = 58.8882$

$l_{tu} = -18.5485$

$b = \dfrac{l_{tu}}{l_{tt}} = -0.46$

$a' = \bar{u} - b\bar{t} = 4.1621$

$$a = e^{4.1621} = 64.2, \quad \hat{p}_1 = 64.2e^{-0.46t}$$

(3) 计算经验公式中的常数 c 和 d,由 $t = 0$ 和 $p = 0$,应有

$$c = -a = -64.2$$

因此要确定的只有常数 d。

由各 t_i 值计算相应的 $\hat{p}_{1i}$、$p_{2i} = p_i - \hat{p}_{1i}$ 和 p_{2i}/c,如表5-19第4、5、6列。作坐标变换 $v = \ln(p_2/c)$,并绘 $v - t$ 曲线,见图5-11。它是一条直线,可用线性回归确定常数 d,见表5-21所示的计算过程。

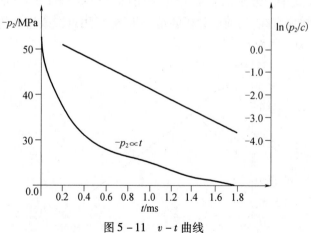

图5-11　$v - t$ 曲线

表 5 – 21　计算表（3）

序号	t/ms	$v = \ln(p_2/c)$	t^2	tv
1	0.0	0.0000	0.00	0.0000
2	0.3	-0.5786	0.09	-0.1736
3	0.6	-1.1612	0.36	-0.6967
4	0.9	-1.7282	0.81	-1.5554
5	1.2	-2.2453	1.44	-2.6944
6	1.5	-2.8268	2.25	-4.2402
7	1.8	-3.4673	3.24	-6.2411
$\sum$	6.3	-12.0074	8.19	-15.6014

因而

$$d = \frac{\sum tv}{\sum t^2} = -1.9049 , \quad \hat{p}_2 = -64.2\mathrm{e}^{-1.9t}$$

完整的气室压力经验公式

$$\hat{p} = 64.2\mathrm{e}^{-0.46t} - 64.2\mathrm{e}^{-1.9t} = 64.2\mathrm{e}^{-0.46t}(1 - \mathrm{e}^{-1.44t})$$

应当指出,对于一组观测值,回归方程的函数形式并不是唯一的。如上例 5 – 8,参考函数的曲线形状表,也可选回归方程的函数形式为

$$\hat{p} = at^b \mathrm{e}^{ct} \tag{5-59}$$

在式(5 – 59)两边取自然对数,有

$$\ln p = \ln a + b\ln t + ct$$

从而有

$$\ln p_{i+1} = \ln a + b\ln t_{i+1} + ct_{i+1}$$
$$\ln p_i = \ln a + b\ln t_i + ct_i$$

两式相减,并记 $\ln p_{i+1} - \ln p_i = (\Delta \ln p)_i$,得

$$(\Delta \ln p)_i = b(\ln t_{i+1} - \ln t_i) + c(t_{i+1} - t_i) = b\ln \frac{t_{i+1}}{t_i} + c(t_{i+1} - t_i)$$

如果在对实验曲线采样时,使自变量的取值满足 $\dfrac{t_{i+1}}{t_i} = 2$,则有

$$(\Delta_2 \ln p)_i = b\ln 2 + ct_i$$

具体的计算见表 5 – 22。

表 5 – 22　计算表

序号	t/ms	p/MPa	$\ln t$	$\ln p$	$\Delta_2 \ln p$	$\hat{p}/\text{MPa}$	$p - \hat{p}$
1	0.3	19.9	-1.2040	2.9907	0.3627	20.8	-0.9
2	0.6	28.6	-0.5108	3.3534	0.0544	26.0	2.6
3	1.2	30.2	0.1823	3.4078	-0.3538	27.5	2.7
4	2.4	21.2	0.8755	3.0540	-1.1371	20.6	0.6
5	4.8	6.8	1.5686	1.9169	-2.2736	7.7	-0.9
6	9.6	0.7	2.2618	-0.3567		0.7	0

其中 $b\ln2$ 和 c 都是常数,因此 $(\Delta_2\ln p)_i$ 和 t_i 间有线性关系。对实验数据进行上述变换,并作线性回归(计算过程从略),可得 $b\ln2 = 0.4000$,则 $b = 0.577$,$c = -0.575$。而

$$\ln a = \frac{\sum \ln p_i - b\sum \ln t_i - c\sum t_i}{n} = 3.9004$$

得　$a = 49.4$

因此得　$\hat{p} = 49.4 t^{0.577}\mathrm{e}^{-0.575t}$。

采用相关指数衡量哪一个函数形式拟合得好,请读者计算后自行判断。

5.6　多元线性回归

在很多工程技术和科学实验问题中,常常讨论多个自变量间实验结果的数学关系,这就是多元回归问题。本节讨论多元线性回归,它是一元线性回归的推广,是多元线性回归的基础。

5.6.1　多元线性回归方程

设随机变量 y 和 m 个可以精确测量或控制的一般变量 $x_1, x_2, \cdots, x_m$ 间有线性关系。通过试验得到 n 对观测数据 $(x_{i1}, x_{i2}, \cdots, x_{im}, y_i)$ $(i = 1, 2, \cdots, n)$,数据构造模型为

$$\left. \begin{array}{l} y_1 = \beta_0 + \beta_1 x_{11} + \beta_2 x_{12} + \cdots + \beta_m x_{1m} + \varepsilon_1 \\ y_2 = \beta_0 + \beta_1 x_{21} + \beta_2 x_{22} + \cdots + \beta_m x_{2m} + \varepsilon_2 \\ \vdots \\ y_n = \beta_0 + \beta_1 x_{n1} + \beta_2 x_{n2} + \cdots + \beta_m x_{nm} + \varepsilon_n \end{array} \right\} \tag{5-60}$$

其中 $\beta_0, \beta_1, \cdots, \beta_m$ 是 $m+1$ 个待估计的参数,$x_1, x_2, \cdots, x_m$ 是 m 个自变量,$\varepsilon_1, \varepsilon_2, \cdots, \varepsilon_n$ 是 n 个相互独立且服从同一正态分布 $\varepsilon_i \sim N(0, \sigma^2)$ 的随机变量。

为简化数学表示形式,多元线性回归的数学模型也可以写成矩阵形式:

$$Y = X\beta + \varepsilon \tag{5-61}$$

仍用最小二乘法估计参数 β。设 $b_0, b_1, \cdots, b_m$ 分别是参数 $\beta_0, \beta_1, \cdots, \beta_m$ 的最小二乘法估计,则回归方程为

$$\hat{y} = b_0 + b_1 x_1 + \cdots + b_m x_m$$

根据最小二乘法规定的全部观测值 y_i 与回归值 $\hat{y}_i$ 的残差平方和应为最小的条件,得正规方程组

$$\left. \begin{array}{l} R_0 \quad b_0 \sum_i x_{i0}^2 + b_1 \sum_i x_{i0}x_{i1} + \cdots + b_m \sum_i x_{i0}x_{im} = \sum_i x_{i0}y_i \\ R_1 \quad b_0 \sum_i x_{i1}\cdot x_{i0} + b_1 \sum_i x_{i1}^2 + \cdots + b_m \sum_i x_{i1}x_{im} = \sum_i x_{i1}y_i \\ \vdots \\ R_m \quad b_0 \sum_i x_{im}\cdot x_{i0} + b_1 \sum_i x_{im}\cdot x_{i1} + \cdots + b_m \sum_i x_{im}^2 = \sum_i x_{im}y_i \end{array} \right\} \tag{5-62}$$

式中的 $x_{i0}=1$。显然，R_0（行 0）的每一项包含 x_0，而 R_j 包含 x_j，类似地 c_0（列 0）的每一项都包含 x_0，而 c_j 的每一项都包含 x_j，c_y 的每一项都包含 y_i。由正规方程可解出各参数的最小二乘法估计 $b_0,b_1,\cdots,b_m$。

若用矩阵形式表示，正规方程组可表示为

$$Ab=B \quad 或 \quad (X^\mathrm{T}X)b=X^\mathrm{T}Y \tag{5-63}$$

其中 A 为正规方程组的系数矩阵，也称信息矩阵，它是对称矩阵，有

$$
A=\begin{bmatrix}
n & \sum x_{i1} & \sum x_{i2}\cdots & \sum x_{im} \\
\sum x_{i1} & \sum x_{i1}^2 & \sum x_{i1}x_{i2}\cdots & \sum x_{i1}x_{im} \\
\sum x_{i2} & \sum x_{i1}x_{i2} & \sum x_{i2}^2 & \sum x_{i2}x_{im} \\
\vdots & \vdots & \vdots & \vdots \\
\sum x_{im} & \sum x_{im}x_{i1} & \sum x_{im}x_{i2}\cdots & \sum x_{im}^2
\end{bmatrix}
$$

$$
=\begin{bmatrix}
1 & 1 & 1 & \cdots & 1 \\
x_{11} & x_{21} & x_{31} & \cdots & x_{n1} \\
x_{12} & x_{22} & x_{32} & \cdots & x_{n2} \\
\vdots & \vdots & \vdots & \cdots & \vdots \\
x_{1m} & x_{2m} & x_{3m} & \cdots & x_{nm}
\end{bmatrix}\cdot
\begin{bmatrix}
1 & x_{11} & x_{12} & \cdots & x_{1m} \\
1 & x_{21} & x_{22} & \cdots & x_{2m} \\
\vdots & \vdots & \vdots & \vdots & \vdots \\
1 & x_{n1} & x_{n2} & \cdots & x_{nm}
\end{bmatrix}
$$

$$=X^\mathrm{T}X$$

X 为多元线性回归数据构造模型中数据 y_i 的结构矩阵，X^T 为其转置矩阵。B 为正规方程的常数项矩阵，是个列阵。

$$
B=\begin{bmatrix}
\sum y_i \\
\sum x_{i1}y_i \\
\sum x_{i2}y_i \\
\vdots \\
\sum x_{im}y_i
\end{bmatrix}=
\begin{bmatrix}
1 & 1 & 1 & \cdots & 1 \\
x_{11} & x_{21} & x_{31} & \cdots & x_{n1} \\
x_{21} & x_{22} & x_{32} & \cdots & x_{n2} \\
\vdots & \vdots & \vdots & \ddots & \vdots \\
x_{1m} & x_{2m} & x_{3m} & \cdots & x_{nm}
\end{bmatrix}
\begin{bmatrix}
y_1 \\ y_2 \\ y_3 \\ \vdots \\ y_n
\end{bmatrix}=X^\mathrm{T}Y
$$

设 $c=A^{-1}$ 为 A 的逆矩阵，也称相关矩阵。一般情况下（A 满秩时），它是存在的，正规方程组的矩阵解为

$$b=CB=A^{-1}B=(X^\mathrm{T}X)^{-1}X^\mathrm{T}Y \tag{5-64}$$

即

$$
\begin{bmatrix}
b_0 \\ b_1 \\ b_2 \\ \vdots \\ b_m
\end{bmatrix}=
\begin{bmatrix}
c_{00} & c_{01} & c_{02} & \cdots & c_{0m} \\
c_{10} & c_{11} & c_{12} & \cdots & c_{1m} \\
c_{20} & c_{21} & c_{22} & \cdots & c_{2m} \\
\vdots & \vdots & \vdots & \ddots & \vdots \\
c_{m0} & c_{m1} & c_{m2} & \cdots & c_{mm}
\end{bmatrix}
\begin{bmatrix}
B_0 \\ B_1 \\ B_2 \\ \vdots \\ B_m
\end{bmatrix}
$$

多元线性回归模型还常用另一种数据构造形式：

$$y_i = \mu + \beta_1(x_{i1} - \bar{x}_1) + \beta_2(x_{i2} - \bar{x}_2) + \cdots + \beta_m(x_{im} - \bar{x}_m) + \varepsilon_i \quad (i = 1, 2, \cdots, n)$$

数据的结构矩阵 $\boldsymbol{X}$ 为

$$\boldsymbol{X} = \begin{bmatrix} 1 & x_{11} - \bar{x}_1 & x_{12} - \bar{x}_2 & \cdots & x_{1m} - \bar{x}_m \\ 1 & x_{21} - \bar{x}_1 & x_{22} - \bar{x}_2 & \cdots & x_{2m} - \bar{x}_m \\ \vdots & \vdots & \vdots & \ddots & \vdots \\ 1 & x_{n1} - \bar{x}_1 & x_{n2} - \bar{x}_2 & \cdots & x_{nm} - \bar{x}_m \end{bmatrix}$$

相应的回归方程为

$$\hat{y} = \mu_0 + b_1(x_1 - \bar{x}_1) + b_2(x_2 - \bar{x}_2) + \cdots + b_m(x_m - \bar{x}_m) \quad (j = 1, 2, \cdots, m) \quad (5-65)$$

这时有

$$\mu_0 = \bar{y} = \frac{1}{n}\sum_{i=1}^{n} y_i \quad\quad (5-66)$$

$$\begin{bmatrix} b_1 \\ b_2 \\ \vdots \\ b_m \end{bmatrix} = \boldsymbol{L}^{-1} \begin{bmatrix} l_{1y} \\ l_{2y} \\ \vdots \\ l_{my} \end{bmatrix} \quad\quad (5-67)$$

其中 $\boldsymbol{L}^{-1}$ 是 $\boldsymbol{L}$ 逆矩阵,其中

$$\boldsymbol{L} = \begin{bmatrix} l_{11} & l_{12} & \cdots & l_{1m} \\ l_{21} & l_{22} & \cdots & l_{2m} \\ \vdots & \vdots & \ddots & \vdots \\ l_{m1} & l_{m2} & \cdots & l_{mm} \end{bmatrix}$$

上述各矩阵中的元素的计算公式为

$$l_{jk} = \sum_{i=1}^{n}(x_{ij} - \bar{x}_j)(x_{ik} - \bar{x}_k) = \sum_{i=1}^{n} x_{ij}x_{ik} - \frac{1}{n}\left(\sum_{i=1}^{n} x_{ij}\right)\left(\sum_{i=1}^{n} x_{ik}\right) \quad (j, k = 1, 2, \cdots, m) \quad (5-68a)$$

$$l_{jy} = \sum_{i=1}^{n}(x_{ij} - \bar{x}_j)y_i = \sum_{i=1}^{n} x_{ij}y_i - \frac{1}{n}\left(\sum_{i=1}^{n} x_{ij}\right)\left(\sum_{i=1}^{n} y_i\right) \quad (j = 1, 2, \cdots, m) \quad (5-68b)$$

【例 5 – 9】 根据经验知道某变量 y 受变量 x_1, x_2 影响,通过试验获得表 5 – 23 的数据,试建立 y 对 x_1, x_2 的线性回归方程。

表 5 – 23 变量 x_1, x_2 与 y 的数据列表

y	x_1	x_2	y	x_1	x_2
15.0	2.8	744	11.0	9.8	752
14.0	4.2	749	11.2	11.2	751
14.3	5.6	747	10.2	12.6	757
12.7	7.8	745	10.4	14.0	756
12.0	8.4	754	9.9	15.4	757

解: 先对数据按表 5 – 24 进行处理得

$$\bar{y} = 12.07, \bar{x}_1 = 9.1, \bar{x}_2 = 751.2$$

表 5－24 例 5－9 计算列表

序号	x_1	x_2	y	x_1^2	x_1x_2	x_2^2	x_1y	x_2y	y^2
1	2.8	744	15.0	7.84	2083.2	553536	42	11160	225
2	4.2	749	14.0	17.64	3145.8	561001	58.8	10486	196
3	5.6	747	14.3	31.36	4183.2	558009	80.08	10682.1	204.49
4	7.0	745	12.7	49	5215	555025	88.9	9461.5	161.29
5	8.4	754	12.0	70.56	6333.6	568516	100.8	9048	144
6	9.8	752	11.0	96.04	7369.6	565504	107.8	8272	121
7	11.2	751	11.2	125.44	8411.2	564001	125.44	8411.2	125.44
8	12.6	757	10.2	158.76	9538.2	573049	128.52	7721.4	104.04
9	14.0	756	10.4	196	10584	571536	145.6	7862.4	108.16
10	15.4	757	9.9	237.16	11657.8	573049	152.46	7494.3	98.01
Σ	91	7512	120.7	989.8	68521.6	5643226	1030.4	90598.9	1487.43

由式(5－68a)和式(5－68b)计算得

$$l_{11} = \sum_{t=1}^{N} (x_{t1} - \bar{x}_1)^2 = \sum_{t=1}^{N} x_{t1}^2 - \frac{1}{N} \left(\sum_{t=1}^{N} x_{t1} \right)^2 = 161.7$$

$$l_{12} = \sum_{t=1}^{N} (x_{t1} - \bar{x}_1)(x_{t2} - \bar{x}_2) = \sum_{t=1}^{N} x_{t1}x_{t2} - \frac{1}{N} \left(\sum_{t=1}^{N} x_{t1} \right) \left(\sum_{t=1}^{N} x_{t2} \right) = 162.4$$

$$l_{22} = \sum_{t=1}^{N} (x_{t2} - \bar{x}_2)^2 = \sum_{t=1}^{N} x_{t2}^2 - \frac{1}{N} \left(\sum_{t=1}^{N} x_{t2} \right)^2 = 211.6$$

$$l_{1y} = \sum_{t=1}^{N} (x_{t1} - \bar{x}_1)y_t = \sum_{t=1}^{N} x_{t1}y_t - \frac{1}{N} \left(\sum_{t=1}^{N} x_{t1} \right) \left(\sum_{t=1}^{N} y_t \right) = -67.97$$

$$l_{2y} = \sum_{t=1}^{N} (x_{t2} - \bar{x}_2)y_t = \sum_{t=1}^{N} x_{t2}y_t - \frac{1}{N} \left(\sum_{t=1}^{N} x_{t2} \right) \left(\sum_{t=1}^{N} y_t \right) = -70.49$$

按式(5－67)得

$$b_1 = \frac{l_{22}l_{1y} - l_{12}l_{2y}}{l_{11}l_{22} - l_{12}^2} = \frac{211.6 \times (-67.97) - 162.4 \times (-70.94)}{161.7 \times 211.6 - 162.4^2} = \frac{-2861.769}{7841.96} = -0.365$$

$$b_2 = \frac{l_{11}l_{2y} - l_{12}l_{1y}}{l_{11}l_{22} - l_{12}^2} = \frac{-70.94 \times 161.7 - 162.4 \times (-67.97)}{161.7 \times 211.6 - 162.4^2} = \frac{-432.670}{7841.96} = -0.055$$

$$b_0 = \bar{y} - b_1\bar{x}_1 - b_2\bar{x}_2 = 12.07 + 0.365 \times 9.1 + 0.055 \times 751.2 = 56.71$$

所求回归方程为 $\hat{y} = 56.71 - 0.365x_1 - 0.055x_2$。

5.6.2 回归方程的显著性检验和预报精度

回归方程的有效性也可通过方差分析和显著性检验来判定。其方差分析见表 5－25。

表 5－25 方差分析表

方差来源	平方和	自由度	方差	F
回归	$Q_R = \sum_i (\hat{y}_i - \bar{y})^2 = \sum_j (b_j l_{jy})$	$\nu_R = m$	$s_R^2 = Q_R/\nu_R$	$F = s_R^2/s_e^2$

（续）

方差来源	平方和	自由度	方差	F
误差	$Q_e = \sum_i (y_i - \hat{y}_i)^2 = l_{yy} - Q_R$	$\nu_e = n - m - 1$	$s_e^2 = Q_e/\nu_e$	
总和	$Q = \sum_i (y_i - \bar{y})^2 = l_{yy}$	$\nu = n - 1$		

多元线性回归方差的预报精度可由剩余标准偏差 $\hat{\sigma} = \sqrt{\dfrac{Q_e}{n-m-1}}$ 来估计。

5.6.3　各个自变量在多元线性回归中所起的作用

多元回归方程显著,并不意味着各个自变量都有显著影响。在实际应用中,常需把主要影响因素和次要影响因素区分开来,以便剔除次要的、可有可无的自变量,建立更为简单的线性回归方程。

前已述及,回归平方和是所有自变量对 y 的变差的总影响。考察的自变量越多,回归平方和越大。因此,若去掉一个考察因素,回归平方和将减小,减小的值越大,表明该因素在回归中所引起的作用越大,也就是该因素越重要。把去掉自变量 x_i 后回归平方和减少的数值称为 y 对这个自变量 x_i 的偏回归平方和,记作 p_i。即:

$$p_i = Q_R - Q'_R$$

式中:Q_R 是 m 个自变量 $x_1, x_2, \cdots, x_m$ 引起的回归平方和;Q'_R 是去掉 x_i 后 $m-1$ 个自变量所引起的回归平方和。因此可用偏回归平方和 p_i 来量度各个自变量 x_i 在回归中所起作用的大小。

可用剩余平方和对偏回归平方和进行 F 检验,以确定各因素对 y 的影响。为此,计算统计量

$$F_i = \frac{p_i/1}{Q_e/(n-m-1)} = \frac{p_i}{\hat{\sigma}^2} \qquad (5-69)$$

若 $F_i \geqslant F_\alpha(1, n-m-1)$,则可以认为自变量 x_i 对 y 的影响在 α 水平上显著,称为回归系数的显著性检验。

对于影响不显著,而且偏回归平方和较小的自变量,可以予以剔除,然后重新建立新的减少了变量的回归方程。

上述的处理需要进行大量复杂的计算,但是,可以利用推导回归方程中的中间计算结果来简化计算,用下式计算偏回归平方和 p_i

$$p_i = \frac{b_i^2}{c_{ii}} \qquad (5-70)$$

式中:c_{ii} 是原 m 元回归方程的系数矩阵 $\boldsymbol{A}$(或 $\boldsymbol{L}$)的逆矩阵 $\boldsymbol{C}$(或 $\boldsymbol{L}^{-1}$)中的元素;b_i 是回归系数。

在去掉一个自变量 x_i 后,$m-1$ 元新回归方程系数 $b'_j (j \neq i)$ 与原回归系数 b_j 间有如下关系:

$$\left.\begin{array}{l} b'_j = b_j - \dfrac{c_{ij}}{c_{ii}} b_i, \quad j \neq i \\[3mm] b'_0 = \bar{y} - \displaystyle\sum_{\substack{j=1 \\ j \neq i}}^{m} b'_j \bar{x}_i \end{array}\right\} \qquad (5-71)$$

这种方法称反向计算法,也称逐步退出法,当变量较多时,一开始把所有因素全考虑在内,然后再经 t 检验筛选、剔除,工作量仍然较大。可以设想一种前向计算方法,或称有进有出的方法,就是最初选择少量根据物理概念或经验的因果关系推断是影响的因素,做较小工作量的消元计算,然后逐步检查各个因素的显著性,在此过程淘汰影响小的因素,增添新的进入回归的变量,继续若干步后,直到得到满意的结果即适可而止。若检查完所有因素仍不满意,而被迫停止,则说明模型中忽略了真正有影响的因素或者测量太不准确(因为经过初步处理,已剔除了粗大误差,只能是总体测量精度不佳),或者其中某些因素之间存在着交叉作用(即与两者之积有相关关系)。总之只有改进实验和改变模型才能解决,单靠数据处理已无能为力,犹如系统误差只能靠数据处理发现,而不能靠它来消除一样。

逐步回归可以避免解较大阶数的正规方程,尤其当某些无显著影响的因素加入后会使矩阵出现病态或退化的麻烦。如确无可剔除因素而做到底,则充其量也就与普通最小二乘处理方法工作量相等而已,所以得到广泛采用,有兴趣的读者可参看相关的参考书籍。

5.6.4 多项式回归简述

一元非线性回归问题需要事先确定回归方程的函数类型,但是,实际问题中并不是经常能做到这一点。这时,可以采用多项式逼近。任意曲线都可以近似地用多项式表示。因此多项式回归是曲线拟合的重要工具。

设可用 m 次多项式描述变量 y 和 x 的关系,则多项式回归的数据构造模型为

$$\left.\begin{array}{l} y_i = \beta_0 + \beta_1 x_i + \beta_2 x_i^2 + \cdots + \beta_m x_i^m + \varepsilon_i \qquad (\iota = 1, 2, \cdots, n) \\ \varepsilon_i \sim N(0, \sigma^2) \end{array}\right\} \qquad (5-72)$$

上述模型中的非线性项可以用不同的线性项代替,即令

$$x_{i1} = x_i, x_{i2} = x_i^2, \cdots, x_{im} = x_i^m$$

则有

$$\begin{cases} y_i = \beta_0 + \beta_1 x_{i1} + \beta_2 x_{i2} + \cdots + \beta_m x_{im} + \varepsilon_i \qquad (i = 1, 2, \cdots, n) \\ \varepsilon_i \sim N(0, \sigma^2) \end{cases}$$

这样,就把多项式回归的问题转化为多元线性回归问题,以多元线性回归分析的方法予以解决。

多项式回归方程为

$$\hat{y} = b_0 + b_1 x + b_2 x^2 + \cdots + b_m x^m \qquad (5-73)$$

多项式回归的结构记作 X,系数矩阵 A,和常数项矩阵 B 分别为

$$X = \begin{bmatrix} 1 & x_1 & x_1^2 & \cdots & x_1^m \\ 1 & x_2 & x_2^2 & \cdots & x_2^m \\ \vdots & \vdots & \vdots & \ddots & \vdots \\ 1 & x_n & x_n^2 & \cdots & x_n^m \end{bmatrix}$$

$$A = X^T X = \begin{bmatrix} n & \sum x_i & \sum x_i^2 & \cdots & \sum x_i^m \\ \sum x_i & \sum x_i^2 & \sum x_i^3 & \cdots & \sum x_i^{m+1} \\ \vdots & \vdots & \vdots & \ddots & \vdots \\ \sum x_i^m & \sum x_i^{m+1} & \sum x_i^{m+2} & \cdots & \sum x_i^{2m} \end{bmatrix}$$

$$B = \begin{bmatrix} \sum y_i \\ \sum x_i y_i \\ \sum x_i^2 y_i \\ \vdots \\ \sum x_i^m y_i \end{bmatrix}$$

回归系数最小二乘法估计为

$$b = A^{-1}B = (X^{T}X)^{-1}X^{T}Y \qquad (5-74)$$

在多项式回归中也应进行回归系数的显著性检验,判定 x 的 j 次项 x^j 对 y 的影响是否显著,剔除不显著项,得出简化的多项式方程。

同理,多元多项式回归问题也可以化为多元线性回归问题来解决。

对于式(5-73)中,含有常数的项多于两个时,则用表差法决定方程的阶数或检验方程的阶数较为合理。其步骤如下:

(1)用实验数据画图。

(2)自图上根据定差 Δx,列出 x_i, y_i 各对应值。

(3)根据 x_i, y_i 的读数值作出差值 Δ_y^k,而

$$\Delta y_1 = y_2 - y_1, \Delta y_2 = y_3 - y_2, \Delta y_3 = y_4 - y_3, \quad \cdots \quad 为第一阶差;$$

$$\Delta^2 y_1 = \Delta y_2 - \Delta y_1, \Delta^2 y_2 = \Delta y_3 - \Delta y_2, \quad \cdots \qquad 为第二阶差;$$

$$\Delta^3 y_1 = \Delta^2 y_2 - \Delta^2 y_1, \qquad \cdots \qquad 为第三阶差;$$

$$\cdots\cdots$$

(4)当阶差近似恒定的差级,此差级即为方程的阶数,实质上这是逐阶微分原理。

【例5-10】 试用表差法说明下列实测数据(见表5-26)可用 $y = a + bx + cx^2$ 表示。

表 5-26 实测数据列

x	1.3	2.7	4.2	5.1	6.2	6.5	7.4	8.1	8.7	9.6
y	5.8	19.1	42.1	60.2	86.7	94.8	121.1	143.9	164.9	199.2

解:将上述实测数据画图,得图5-12曲线。自图上按 $\Delta x = 1$ 依次读 x_i, y_i 的对应值,并列入表5-27中,然后再依次求出 $\Delta y, \Delta^2 y$,因 $\Delta^2 y$ 极接近于常数4,故此组实测数据可用 $y = a + bx + cx^2$ 表示。

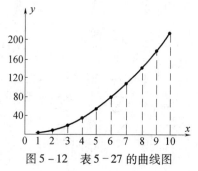

图 5-12 表 5-27 的曲线图

表 5 − 27　例 5 − 10 计算的阶差

自图上读值		顺序差值		
x	y	Δy	$\Delta^2 y$	$\Delta^3 y$
1	4.1			
2	11.7	7.6		
3	23.2	11.5	3.9	
4	38.7	15.5	4.0	
5	58.2	19.5	4.0	
6	81.7	23.5	4.0	
7	109	27.3	3.8	
8	140.6	31.6	4.3	
9	176.2	35.6	4.0	

　　由上可见,多元线性回归是一种十分有用的数据处理方法。但它有两个缺点:一是计算比较复杂,且其复杂程度随自变量数目的增加而快速增加,当自变量较多时,必须用电子计算机编程计算;二是回归系数间存在相关性,因而剔除了一个自变量后,必须重新计算回归系数。

　　为了避免上述缺点,对一般多元线性回归,可采用回归的正交设计法,对多项式回归,可采用以正交多项式配多项式回归的方法。此外,还可以使用直接得到"最优"回归方程的逐步回归分析方法,这些处理方法,读者可看有关专著。

习题

　　5 − 1　已知误差方程为

$$v_1 = 10.013 - x_1, \qquad v_3 = 10.002 - x_3, \qquad v_5 = 0.008 - (x_1 - x_3)$$
$$v_2 = 10.010 - x_2, \qquad v_4 = 0.004 - (x_1 - x_2), \qquad v_6 = 0.006 - (x_2 - x_3)$$

试给 x_1、x_2、x_3 的最小二乘法处理及其相应精度。

　　5 − 2　由测量方程

$$3x + y = 2.9, \quad x - 2y = 0.9, \quad 2x - 3y = 1.9$$

试求 x、y 的最小二乘法处理及其相应精度。

　　5 − 3　不等精度测量的方程组如下:

$$x - 3y = -5.6, \quad p_1 = 1; \quad 4x + y = 8.1, \quad p_2 = 2; \quad 2x - y = 0.5, \quad p_3 = 3$$

试求 x、y 的最小二乘法处理及其相应精度。

　　5 − 4　已知不等精度测量的单位权标准差 $\sigma = 0.004$,正规方程式为

$$33x_1 + 32x_2 = 70.184, \quad 32x_1 + 117x_2 = 111.994$$

试给出 x_1、x_2 的最小二乘法处理及其相应精度。

　　5 − 5　今有两个电容器,分别测量其电容,然后又将其串联和并联测量,得到如下结果:

$$C_1 = 0.2071\mu F, \qquad C_1 + C_2 = 0.4111\mu F$$

$$C_2 = 0.2056\mu F, \qquad \frac{C_1 C_2}{C_1 + C_2} = 0.1035\mu F$$

试求电容器电容量的最可信赖值及其精度。

5-6 测力计示值与测量时的温度 t 的对应值独立测得如下表所示：

$t/℃$	15	18	21	24	27	30
F/N	43.61	43.63	43.68	43.71	43.74	43.78

设 t 无误差，F 值随 t 的变化呈线性关系 $F = k_0 + kt$，试给出线性方程中系数 k_0 和 k 的最小二乘估计及其相应精度。

5-7 材料的抗剪强度与材料承受的正应力有关。对某种材料试验的数据如下：

正应力 x/Pa	26.8	25.4	28.9	23.6	27.7	23.9	24.7	28.1	26.9	27.4	22.6	25.6
抗剪强度 y/Pa	26.5	27.3	24.2	27.1	23.6	25.9	26.3	22.5	21.7	21.4	25.8	24.9

假设正应力的数值是精确的，求：①抗剪强度与正应力之间的线性回归方程；②当正应力为 24.5Pa 时，抗剪强度的估计值是多少？

5-8 下表给出在不同质量下弹簧长度的观测值（设质量的观测值无误差）：

质量/g	5	10	15	20	25	30
长度/cm	7.25	8.12	8.95	9.90	10.9	11.8

①作散点图，观察质量与长度之间是否呈线性关系。②求弹簧的刚性系数和自由状态下的长度。

5-9 在制订公差标准时，必须掌握加工的极限误差随工件尺寸变化的规律。例如，对用普通车床切削外圆进行了大量实验，得到加工极限误差 Δ 与工件直径 D 的统计资料如下：

D/mm	5	10	50	100	150	200	250	300	350	400
$\Delta/\mu m$	8	11	19	23	27	29	32	33	35	37

求 Δ 与 D 之间关系的经验公式。

5-10 测得某测压系统输出电压与标准压力计读数关系如下所列，求回归直线并分析方差。

四次重复正反向校准数据

序号	1	2	3	4	5	6
p/MPa	0	20	40	60	80	100
U/V	—0.044	3.260	6.675	10.085	13.575	17.120
	—0.014	3.355	6.750	10.189	13.644	
		3.310	6.687	10.122	13.620	17.167
	0.19	3.380	6.790	10.217	13.581	
		3.337	6.722	10.151	13.640	17.64
	0.036	3.398	6.807	10.218	13.685	
		3.342	6.692	10.201	13.589	17.201
	0.015	3.382	6.778	10.231	13.613	

此题如有实验条件可以让学生做任何一种传感器或测量系统的校准，各自取实际数据作回归处理。

5-11 分析由例 5-10 所得公式的系数不确定度、预报不确定度。画出不同压力下置信区间范围以及残差分布。

5 - 12　分析例 5 - 10,作通过原点的直线回归公式,并与平均斜率法求灵敏度算出的值做比较。

5 - 13　对例 5 - 10 作普通多项式回归和正交多项式回归(用各压力点平均值即可)并比较。

5 - 14　用直线检验法验证下列数据可以用曲线 $y = ax^b$ 表示。

x	1.585	2.512	3.979	6.310	9.988	15.85
y	0.03162	0.02291	0.02089	0.01950	0.01862	0.01513

5 - 15　用表差法验证下列数据可以用曲线 $y = a + bx + cx^2$ 表示。

x	0.20	0.50	0.70	1.20	1.60	2.10	2.50	2.80	3.20	3.70
y	4.22	4.32	4.45	5.33	6.68	8.91	11.22	13.39	16.53	21.20

5 - 16　有某种液体发射药在标准配方之外添加助剂改善其流动性得出如下所示性能,表中 x_1, x_2, x_3 为三种助剂和 x_4 质量浓度百分比,l 为流动性相对指标,试用多元线性回归列出量的关系式,并对其进行方差分析和显著性检验。

编号	$x_1/\%$	$x_2/\%$	$x_3/\%$	$x_4/\%$	l(相对指标)对数值
1	3.05	1.16	1.45	5.67	0.34
2	3.77	2.53	0.23	4.42	0.68
3	4.12	1.38	0.62	3.31	0.51
4	4.12	3.00	1.79	6.17	0.36
5	2.66	1.25	0.31	3.51	0.91
6	3.17	2.23	0.20	3.08	0.92
7	3.49	1.52	0.25	4.71	0.73
8	2.78	0.57	0.64	4.62	1.01
9	3.54	2.59	0.76	2.76	0.00
10	4.61	0.98	0.51	5.16	0.18
11	3.52	3.12	1.10	3.17	0.18
12	2.45	2.97	0.18	4.51	1.49
13	2.79	3.16	0.24	3.98	1.35
14	2.92	0.24	0.39	5.44	1.53
15	3.03	1.74	0.97	6.60	1.15
16	3.74	0.68	1.59	3.81	0.08
17	3.94	3.22	0.45	4.45	0.34
18	3.13	2.81	1.48	4.28	0.26
19	3.10	0.79	0.64	6.16	0.77
20	4.22	1.72	1.35	4.86	0.11

参考文献

[1] 宋文爱,等. 工程实验理论基础. 北京:兵器工业出版社,2000.

[2] 费业泰. 误差理论与数据处理. 北京:机械工业出版社,2004.

[3] 罗南星. 测量误差及数据处理. 北京:计量出版社,1984.

[4] 李金海. 误差理论与测量不确定度评定. 北京:中国计量出版社,2003.

第6章
试验设计

6.1 引 言

6.1.1 试验设计的意义

设有 A, B 两种不同编织方法生产的煤油炉灯芯,欲以一氧化碳(CO)生成量为指标比较这两种灯芯的优劣,测量结果取三次测定的平均值,上述试验可以有不同的实施方案。如:

方案 A:准备装灯芯 A 或灯芯 B 的煤油炉各一台,每台点火一次,点火后测量三次 CO 生成量。见图 6-1(a)。

方案 B:准备装灯芯 A 或灯芯 B 的煤油炉各一台,每台点火三次,点火后测定 CO 生成量。见图 6-1(b)。

方案 C:准备一台煤油炉,依次装灯芯 A(三根)和灯芯 B 三根),每根灯芯点火一次,点火后测定 CO 生成量。见图 6-1(c)。

方案 D:准备三台煤油炉,分别轮流换用 A、B 两种灯芯,每根灯芯点火一次,点火后测定 CO 生成量。见图 6-1(d)。

方案 E:准备六台煤油炉,三台装灯芯 A,三台装灯芯 B,每台点火一次,点火后测定 CO 生成量。见图 6-1(e)。

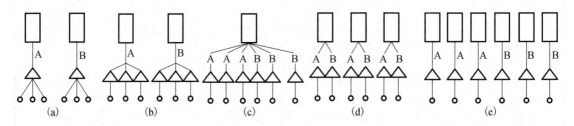

图 6-1 不同实施方案示意图

(□表示煤油炉,△表示点火,○表示测量)

这五种方案将得到不同的测量结果,测量结果的含义也不相同,那么何种方案更为合理呢?进而要问实施某个选择方案时,编排试验次序有没有讲究? 得到试验结果后,评定灯芯优劣的判据又是什么? 如得到表 6-1 数据,能得出灯芯 B 比灯芯 A 好的结论吗?

表 6 - 1　CO 生成量(单位:ppm)

灯芯种类	A	B
数据	19	14
	18	11
	11	17
平均	16	14

由此可见,制定试验方案并不是一件可以随意从事的简单工作,必须科学地进行规划,寻求以最低试验费用获得所需的正确信息的有效方法,这就是试验的统计学设计。在数据含有随机误差时,统计方法是唯一能引出客观的、有价值的结论的方法。试验设计包括试验方案制定和数据统计分析密切关联的两个方面,统计分析方法取决于数据收集方案,试验方案设计得好,能有效地抑制和分解误差,减少试验次数,简化数据处理,得到充分的信息,显著提高试验结果的可靠性。

6.1.2　试验设计的基本原则

试验设计有三条基本原则:重复性、随机化和区组化。这三条原则由费希尔(R. A. Fisher)于 1935 年提出,故称为费希尔三原则。

1. 重复性

任何试验测量中不可避免地存在随机试验误差,它表现为测量结果对真值的偏离。其次,被测量自身也有变化和差异,以上例煤油炉灯芯来说,每根灯芯的编织材料、松紧程度等都会使渗油能力有所不同,从而影响 CO 生成量,使测量结果产生波动。再有,试验条件和环境条件的差异也会造成试验误差。灯芯是装在煤油炉上试验的,煤油炉和灯芯的配合状况、灯芯伸出长短、火焰燃烧状态的差异等都会造成测得值的波动。最后,测量总是由操作人员操纵仪器来实现的,不同试验人员在测量习惯上的差异,测量仪器的工作状态,仪器到火焰的距离也都会造成测得值波动。如果只测量一次,没有重复,就没有办法把这些随机因素的影响和 A、B 两种不同编织方法引起的 CO 生成量的差异分解开来,把它们都误认为是不同编织方法的差异,从而影响判断的正确性。概而言之,重复试验的意义是:

(1) 减小样本均值的标准偏差,提高试验的精密度;

(2) 得出随机误差的估计,为统计判断创造条件;

(3) 拓宽试验结论的适用范围。

应当指出,在试验设计中安排重复试验时必须明确重复的内涵。如在方案 A 和方案 B 中都有三次重复,但对方案 A 来说只是 3 次简单重复测量,火焰状态等其它因素并没有"重复",因而不能把它们的影响和灯芯编织法的影响分开;而在方案 B 中,体现了不同的火焰状态,因而火焰状态的影响可归入随机试验误差,与灯芯编织法的影响分开。还应指出,重复试验也将意味着增加成本,增加难度,增加工时和人力,因此在编制试验方案时应全面权衡得失。

2. 随机化

所谓随机化,是指试验材料的分配,试验次序的排定(试验条件的分配)都应当是随机决定的,避免形成对某个试验对象有利的倾向。随机化也是在试验中使用统计方法处理数据的基本前提条件之一。如在煤油炉灯芯试验中,如果安排先测 A 法编织的灯芯,再测 B 法编织的灯芯,那么燃烧后室内残留的 CO 产生的系统误差将使 B 法编织的灯芯处于不利地位,影响结论的可靠性。因此,需按"随机化"原则抽签排定试验次序。概而言之,随机化的意义是:

（1）消除有利于某种试验对象的倾向；

（2）保证测得值的统计特性。

3. 区组化

这是提高试验准确度的一种措施。煤油炉灯芯试验中，灯芯管尺寸公差等结构因素将影响CO生成量，因此，炉间差异是一个不可忽视的影响因素。在方案 A 和方案 B 中，这个因素没有体现"重复性"，它的影响混入了编织方法造成的差异。在方案 E 中，这个因素的影响表现为扩大了试验误差，而在方案 D 中，每个煤油炉对 A、B 两种灯芯都各做了一次试验，这就是把煤油炉取作区组，使它等同地影响两种灯芯，这样就可以把煤油炉差异的影响从试验误差中分离出来，不会影响 A、B 两种灯芯编织方法间的比较。这种把某些影响较大的系统误差归作区组间差异作专门处理，使区组内尽可能做到条件均等的做法称为区组化。区组的设置有多种多样，根据情况不同，原材料、设备、操作人员等都可作为区组。概而言之，区组化的意义在于：

（1）把区组间的差异从试验误差中分离出来，可提高试验的精密度；

（2）在比较接近的条件下对不同试验对象进行比较，提高结论的可靠性；

（3）增加信息量，如提供区组因素影响的信息。

试验设计三原则的目的就是能够实现对误差的控制、分离、转化和消除。根据试验设计三原则，读者不难对煤油炉灯芯试验的五个方案作出评价。

6.1.3　试验设计中的一些名词术语

因素：能对试验探求的目标（效应）产生可指派性影响的各种条件。如煤油炉灯芯编制方法、煤油炉等都是因素。根据在试验中的地位和作用，因素可分为控制因素、区组因素等。

控制因素：设定若干工状态，通过试验遴选最佳状态的可控因素。

区组因素：为区分不同试验条件，提高试验准确度的没有再现性的因素。即各个区组内每个处理仅有一次观测。

处理：按编定的因素——水平组合对试验材料的作用过程。

效应：试验结果的某种特征标志，有时也称为指标。如煤油炉灯芯试验中的 CO 生成量，又可分成主效应和交互作用两类。

主效应：某因素水平的变化对效应的影响。

交互作用：两个（或两个以上）因素不同水平的搭配对效应的影响称为这两个因素的交互作用，包括正的（互相促进）和负的（互相抵消）作用。现就主效应和交互作用略加说明。

设有 A、B 两种麻醉剂，欲考察它们混合使用时的效果。为此，两个因素各取两个水平：（1）不注射麻醉剂，用下标 1 标识；（2）注射麻醉剂，用下标 2 标识。试验的效应是麻醉时间 t，单位为 h，构成两因素两水平试验如表 6-2 所示。

表 6-2　麻醉持续时间

t/h	B_1	B_2
A_1	$a_1 b_1 = 0$	$a_1 b_2 = 5$
A_2	$a_2 b_1 = 3$	$a_2 b_2 = 8$

用大写正体字母表示因素，斜体表示其效应，角标表示水平，小写字母组合表示各因素及水平下的效应，数字是效应的量值。画出其效应图，表现为两平行直线，见图 6-2（a）。

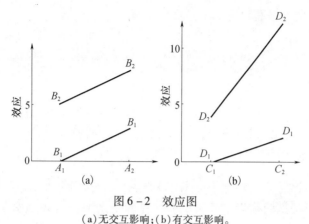

图 6-2 效应图

(a)无交互影响;(b)有交互影响。

可见在 B_1 水平下 A 的效应为

$$A_{B_1} = a_2 b_1 - a_1 b_1 = 3 - 0 = 3\text{h}$$

在 B_2 水平下 A 的效应则为

$$A_{B_2} = a_2 b_2 - a_1 b_2 = 8 - 5 = 3\text{h}$$

二者相同。主效应为其平均值,也相同。

$$A = \frac{1}{2}(A_{B_1} + A_{B_2}) = 3\text{h}$$

所以不存在交互效应,从 B 的主效应看也一样。

设另有 C、D 两种麻醉剂,其混合使用结果如表 6-3 所示:

表 6-3 麻醉持续时间

t/h	D_1	D_2
C_1	$c_1 d_1 = 0$	$c_1 d_2 = 4$
C_2	$c_2 d_1 = 2$	$c_2 d_2 = 12$

这时在 D_1 水平下 C 的效应

$$C_{D_1} = c_2 d_1 - c_1 d_1 = 2 - 0 = 2\text{h}$$

在 D_2 水平下 C 的效应

$$C_{D_2} = c_2 d_2 - c_1 d_2 = 12 - 4 = 8\text{h}$$

C 的效应的平均值为 5h。这种在一个因素 D 不同水平下另一因素 C 的效果不一样的现象反映了两因素间存在着交互作用,从效应图 6-2(b)上看表现为两斜率不同的线段。交互作用可以下列公式求得,记作 CD

$$CD = \frac{1}{2}[(c_2 d_2 + c_1 d_1) - (c_2 d_1 + c_1 d_2)] = \frac{1}{2}[(c_2 d_2 - c_1 d_2) - (c_2 d_1 - c_1 d_1)]$$

$$= \frac{1}{2}[C_{D_2} - C_{D_1}] = \frac{1}{2}(8 - 2) = 3\text{h}$$

显然,这是一种交互促进的作用,表现为 CD 为正值;如 CD 为负值,则是交互抑制的作用。前者如医学上的增效剂 TMP 与 SMZ 同服可以发挥更好的抑菌作用,后者则如医学上的配伍禁忌。但是有时如果交互抑制的是药的副作用时又值得利用,例如磺胺药需要配以碳酸氢钠(小苏打)同服,减少对胃的刺激和对肾的不良反应。

当交互作用强烈时,有时会掩盖、抑制主效应,使之模糊不清。这时需要固定其它因素的水平来分析某因素的主效应。例如在逐步回归中,被剔除的因素最初被选入,实际上就是因为它受到其他因素的干扰。

6.2 完全随机化的单因素试验

试验中只考虑一个控制因素(假设记作 A),选择 m 个水平(可以是不同的方法或条件),比较这 m 个水平的效果的试验称为单因素试验。在各个水平上可以多次重复试验,重复次数记作 n,则一共需要做 $m \times n$ 次试验。

【例 6 - 1】 某化工厂为提高某种塑料产品的强度,以反应温度(A)作为试验控制因素,选定 120℃(A_1),140℃(A_2),160℃(A_3),180℃(A_4)4 个水平进行试验,在每个水平上重复试验 5 次,寻找最佳工艺方案(反应温度)。

【例 6 - 2】 某纺织厂拥有多台织布机,工艺人员怀疑不同布机织出布匹的强度可能有明显差异,为此随机选取 4 台布机,对其织出的布做强度试验,以判定布机对布匹强度有无显著影响。

上列二例均属单因素试验,但例 6 - 1 中的温度是指定的,目的是了解温度对塑料强度的影响。这种试验称为固定效应模型,简称模型Ⅰ。而例 6 - 2 中的布机是随机抽取的,只是布机总体的一个样本,目的则是了解布机之间的差异,或者说,了解布机总体的离散性。这种试验称为随机效应模型,简称模型Ⅱ。本节将着重讨论模型Ⅰ,再由比较异同将结论推广到模型Ⅱ。

6.2.1 试验方案的制定

在例 6 - 1 试验中,只有一个温度这个控制因素,水平数 $m = 4$,每个水平下重复试验数 $n = 5$,因此共做 20 次试验。为避免某些带系统性影响量的干扰,如操作人员的素质上存在差异,设备和时间等条件的限制,因此,根据随机化原则,将试验次序随机排定。具体做法可用以下两种方式实现随机化。

(1)抽签。准备 20 张卡片,写上 A_1 至 A_4 各 5 张。混合后随意抽取,即以抽到卡片所写的反应温度做试验,直到抽完所有卡片。

(2)利用随机数表排定试验次序。随机数序列可用计算机或由随机数发生程序的计算器来产生,也可利用书末的随机数表。这种随机数在数学上称为伪随机数,因为这种序列仍存在一个非随机的重复周期,只是这个周期比起我们所取用的序列长度来要长得多。以随机数表为例,表上列出的数据个数就是其重复周期,附录表 A - 5 上列出了 1250 个数,比起所需的 20 个数是足够"随机化"了。任选表中某个数作为起点(如从表 2 - 2 行 8 列的 97 开始)沿纵列向下读出该序列为:97,90,32,69,64,19,51,(97),33,71,88,02,40,15,85,42,66,78,36,61,23 共 20 个数。括号中的 97 在序列中已出现过,故跳过不选。然后与 A_1 至 A_4 结合列为表 6 - 4a。括号内是这些随机数的按小到大的排列次序,也就是试验次序。这种试验方案中,其它影响因素的变动完全随机化,都可以归结到试验误差当中去,因此称为完全随机试验法。

表 6 – 4a 试验设计表

A$_1$	A$_2$	A$_3$	A$_4$
97(20)	19(3)	02(1)	66(13)
90(19)	51(10)	40(8)	78(16)
32(5)	33(6)	15(2)	36(7)
69(14)	71(15)	85(17)	61(11)
64(12)	88(18)	42(9)	23(4)

由表 6 –4a 整理得表 6 –4b。

表 6 –4b 试验次序表

次序	1	2	3	4	5	6	7	8	9	10	11	12	13	14	15	16	17	18	19	20
随机数	02	15	19	23	32	33	36	40	42	51	61	64	66	69	71	78	85	88	90	97
水平	A$_3$	A$_3$	A$_2$	A$_4$	A$_1$	A$_2$	A$_4$	A$_3$	A$_3$	A$_2$	A$_4$	A$_1$	A$_4$	A$_1$	A$_2$	A$_4$	A$_3$	A$_2$	A$_1$	A$_1$

按排定次序试验,记下各次试验结果,得表 6 – 5,供分析之用。表中以下标 i 区分水平（组），以下标 j 区分组内的各次数据。本章在数据处理中将使用以点作角标表示对它所代替的角标求和或求均值,即

$$x_{i.} = \sum_{j=1}^{n} x_{ij} \qquad —— \quad A_i \text{ 水平的数据和}$$

$$\bar{x}_{i.} = \frac{1}{n} x_{i.} \qquad —— \quad A_i \text{ 水平的数据平均值}$$

$$x_{..} = \sum_{i=1}^{m} \sum_{j=1}^{n} x_{ij} \qquad —— \quad \text{全部数据}$$

$$\bar{x}_{..} = \frac{1}{mn} x_{..} \qquad —— \quad \text{全部数据平均值}$$

$$(6-1)$$

如有三重角标时可类推。这种简化符号将贯彻第 6 章全章使用。

表 6 – 5 例 6 – 1 的数据表

x_{ij}（相对值）		因素 A$_i$			
		A$_1$	A$_2$	A$_3$	A$_4$
组内序号 j	1	7.9	8.0	8.3	8.3
	2	7.5	8.6	8.9	7.8
	3	7.9	8.1	8.5	7.8
	4	7.6	8.4	8.4	7.9
	5	7.7	8.1	8.4	8.1

6.2.2 试验数据的结构模型

试验数据的统计模型,也称结构模型,指表述数据和各因素间关系的数学式,在试验设计中起重要作用,决定数据的处理方法。若模型不能反映试验实际情况将导致错误的结论。

由表 6 – 5 可见,各次试验的结果是有差异的。由于试验条件改变造成的差异称为条件误

差或系统性误差。然而，即使试验条件相同，试验结果（指标）仍有差异，这种差异称为试验误差或随机误差。因此可将完全随机化单因素试验的数据结构模型写为

$$x_{ij} = \mu + \alpha_i + \varepsilon_{ij} \tag{6-2}$$

式中：x_{ij} 表示 A 因素在 i 水平、第 j 次重复中的数据；μ 称为一般水平，它是各个水平所共有的一个参数，即各水平的真值 μ_i 的算术平均值，即 $\mu = \dfrac{1}{m}\sum\limits_{i=1}^{m}\mu_i$；$\alpha_i$ 是 A_i 水平所特有的参数，称为 A_i 的水平效应，可以理解为 A_i 水平下的真值 μ_i 对一般平均 μ 的偏移，$\alpha_i = \mu_i - \mu$，显然

$$\alpha. = \sum_{i=1}^{m}\alpha_i = 0 \tag{6-3}$$

ε_{ij} 是随机误差分量，其总体服从正态分布 $N(0,\sigma^2)$，各个试验数据中包含的误差可看成是由 $N(0,\sigma^2)$ 的总体中抽取的一个容量为 mn 的样本，其中 σ^2 为误差方差，是衡量试验误差的特征参数。用数理统计的语言来讲，试验的目的是要对数据模型中的参量做估计，求出对应于样本实现的估计值；并对水平效应的某个假设做检验，得出合理的判断。

6.2.3　方差分析

根据上述统计模型，设在每个水平 A_i 下的总体分布为 $N(\mu_i,\sigma^2)(i=1,2,\cdots,m)$，其中 μ_i 和 σ^2 都是未知参数，m 个总体方差都相同，称为方差齐性，方差齐性是方差假设的前提。

通过试验分析不同工艺条件的效果，就是要对各水平 $A_1,A_2,\cdots,A_m$ 所相应的总体的均值 $\mu_1,\mu_2,\cdots,\mu_m$ 进行考察，对原假设 $H_0:\mu_1=\mu_2=\cdots\mu_m=\mu$（或 $H_0:\alpha_1=\alpha_2=\cdots=\alpha_m=0$）做统计检验。这就要构造合适的统计量，确定它的分布，设定显著性水平，定出拒绝域，然后根据试验得到的样本实现决定是接受还是拒绝原假设。方差分析是完成上述任务的有力工具。方差分析包括两部分工作：首先是将数据的总偏差平方和 Q 按造成数据离散性的原因分解成由水平差异引起的组间（偏差）平方和 Q_A 及由随机因素造成的组内（偏差）平方和 Q_e，并将其总自由度也做相应的分解；然后是用 F 检验对二者的差异程度做统计假设检验。

全部试验数据的离散程度可以用各数据对全体数据平均值的偏差平方和 Q 来表征，称为总平方和，也称总变差

$$\begin{aligned}
Q &= \sum_{i=1}^{m}\sum_{j=1}^{n}(x_{ij}-\bar{x}..)^2 \\
&= \sum_{i=1}^{m}\sum_{j=1}^{n}\left[(\bar{x}_{i.}-\bar{x}..)+(x_{ij}-\bar{x}_{i.})\right]^2 \\
&= \sum_{i=1}^{m}\sum_{j=1}^{n}\left[(\bar{x}_{i.}-\bar{x}..)^2+(x_{ij}-\bar{x}_{i.})^2+2(\bar{x}_{i.}-\bar{x}..)(x_{ij}-\bar{x}_{i.})\right]
\end{aligned} \tag{6-4}$$

由于
$$\sum_{i=1}^{m}\sum_{j=1}^{n}(x_{i.}-\bar{x}..)^2 = n\sum_{i=1}^{m}(\bar{x}_{i.}-x..)^2$$

$$\begin{aligned}
\sum_{i=1}^{m}\sum_{j=1}^{n}\left[(\bar{x}_{i.}-\bar{x}..)(x_{ij}-\bar{x}_{i.})\right] &= \sum_{i=1}^{m}(\bar{x}_{i.}-\bar{x}..)\left[\sum_{j=1}^{n}(x_{ij}-\bar{x}_{i.})\right] \\
&= \sum_{i=1}^{m}(\bar{x}_{i.}-\bar{x}..)(x_{i.}-n\bar{x}_{i.}) = 0
\end{aligned}$$

因而有
$$\sum_{i=1}^{m}\sum_{j=1}^{n}(x_{ij}-\bar{x}..)^2 = n\sum_{i=1}^{m}(\bar{x}_{i.}-\bar{x}..)^2+\sum_{i=1}^{m}\sum_{j=1}^{n}(x_{ij}-\bar{x}_{i.})^2 \tag{6-5}$$

或 $$Q = Q_A + Q_e \tag{6-6}$$

式中:Q_A 为 A_i 水平数据平均值与全部数据平均值的偏差平方和的 n 倍(因为在每个水平上做了 n 次重复试验);Q_e 是 m 个水平上的偏差平方和的总和,称为误差平方和。上式说明,总平方和可分解为组间平方和与误差平方和。

根据第 2 章自由度的定义,方差服从 χ^2 分布,因此组间平方和 Q_A 的自由度 $\nu_A = m-1$,误差平方和 Q_e 的自由度 $\nu_e = m(n-1)$,总偏差平方和 Q 的自由度 $\nu = mn-1$。

平方和除以相应的自由度称为样本方差,记作 S^2,因而有

组间方差 $$s_A^2 = \frac{Q_A}{\nu_A} = \frac{n\sum\limits_{i=1}^{m}(\bar{x}_{i\cdot} - \bar{x}_{\cdot\cdot})^2}{m-1} \tag{6-7}$$

误差方差 $$s_e^2 = \frac{Q_e}{\nu_e} = \frac{\sum\limits_{i=1}^{m}\sum\limits_{i=1}^{n}(x_{ij} - \bar{x}_{i\cdot})^2}{m(n-1)} \tag{6-8}$$

误差方差 s_e^2 的数学期望为

$$E(s_e^2) = \frac{1}{m(n-1)}E\Big[\sum_{i=1}^{m}\sum_{j=1}^{n}(x_{ij} - \bar{x}_{i\cdot})^2\Big] = \frac{1}{m(n-1)}E\Big[\sum_{i=1}^{m}\sum_{j=1}^{n}x_{ij}^2 - \frac{1}{n}\sum_{i=1}^{m}x_{i\cdot}^2\Big]$$

$$= \frac{1}{m(n-1)}E\Big\{\sum_{i=1}^{m}\sum_{j=1}^{n}(\mu + \alpha_i + \varepsilon_{ij})^2 - \frac{1}{n}\sum_{i=1}^{m}\Big[\sum_{j=1}^{n}(\mu + \alpha_i + \varepsilon_{ij})\Big]^2\Big\}$$

$$= \sigma^2 \tag{6-9}$$

因而,s_e^2 是 σ^2 的无偏估计。

组间方差 s_A^2 的数学期望为

$$E(s_A^2) = \frac{n}{m-1}E\Big[\sum_{i=1}^{m}(\bar{x}_{i\cdot} - \bar{x}_{\cdot\cdot})^2\Big] = \frac{n}{m-1}E\Big[\sum_{i=1}^{m}\bar{x}_{i\cdot}^2 - m\bar{x}_{\cdot\cdot}^2\Big]$$

$$= \frac{n}{m-1}E\Big\{\sum_{i=1}^{m}\Big[\frac{\sum\limits_{j=1}^{n}(\mu + \alpha_i + \varepsilon_{ij})^2}{n}\Big] - m\Big[\frac{\sum\limits_{i=1}^{m}\sum\limits_{j=1}^{n}(\mu + \alpha_i + \varepsilon_{ij})}{mn}\Big]^2\Big\}$$

$$= \sigma^2 + \frac{n\sum\limits_{i=1}^{m}\alpha_i^2}{m} \tag{6-10}$$

显然,s_A^2 不是 σ^2 的无偏估计,有 $E(s_A^2) > E(s_e^2)$,偏大的程度决定于各个水平效应平方和 $\sum\limits_{i=1}^{m}\alpha_i^2$ 的大小。然而,如果原假设 H_0 为真,即 $\alpha_1 = \alpha_2 = \cdots = \alpha_m = 0$,则 s_A^2 也将是 σ^2 的无偏估计。因而可以设想以方差比 $F = s_A^2/s_e^2$ 作为检验原假设 H_0 的统计量。

今有 $\varepsilon_{ij} \sim N(0, \sigma^2)$,因而有

$$\frac{Q_e}{\sigma^2} \sim \chi^2[m(n-1)]$$

如果原假设 H_0 为真,$\mu_1 = \mu_2 = \cdots \mu_m = \mu$,$X_{ij} \sim N(\mu, \sigma^2)$。则有

$$\frac{Q}{\sigma^2} \sim \chi^2(mn-1)$$

根据分解定理,若各平方和 Q_j 的自由度 $\nu_j(j=1,2,\cdots,K)$,如果有

$$Q_1 + Q_2 + \cdots + Q_K = Q \sim \chi^2(n)$$

$$\nu_1 + \nu_2 + \cdots + \nu_K = n$$

则
$$Q_j \sim \chi^2(\nu_j) \qquad (j = 1, 2, \cdots, K)$$

且 $Q_1, Q_2, \cdots, Q_K$ 相互独立。因而有

$$\frac{Q_A}{\sigma^2} \sim \chi^2(m-1) \tag{6-11}$$

这时有
$$F = s_A^2 / s_e^2 = \frac{Q_A}{(m-1)\sigma^2} \Big/ \frac{Q_e}{m(n-1)\sigma^2} \sim F[m-1, m(n-1)] \tag{6-12}$$

即为检验原假设 H_0 所构造的统计量 $F = s_A^2 / s_e^2$ 在原假设 H_0 为真的条件下将服从 F 分布。

若给定显著性水平 α，查 F 分布表，可得拒绝域的临界点 $F_\alpha[m-1, m(n-1)]$。根据试验数据（样本实现）计算 $F = s_A^2 / s_e^2$ 值。若 $F < F_\alpha[m-1, m(n-1)]$ 则接受原假设 H_0，工艺条件的改变没有什么效果。若 $F > F_\alpha[m-1, m(n-1)]$，则拒绝原假设 H_0，工艺条件（水平）的改变是指标发生了明显变化，存在着最佳工艺条件。

为了便于计算，先做线性变换，令

$$\mu_{ij} = a(x_{ij} - b) \tag{6-13}$$

则变换后的试验数据所对应的总偏差平方和为 Q'，组间平方和为 Q'_A，组内平方和为 Q'_e。

不难推导得
$$Q' = \sum_{i=1}^{m} \sum_{j=1}^{n} \mu_{ij}^2 - CT' \tag{6-14}$$

$$Q'_A = \frac{1}{n} \sum_{i=1}^{m} u_{i\cdot}^2 - CT' \tag{6-15}$$

$$Q'_e = Q' - Q'_A \tag{6-16}$$

其中
$$\frac{u_{\cdot\cdot}^2}{mn} = CT'$$

成为修正项，且有

$$Q = \frac{Q'}{a^2} \tag{6-17}$$

$$Q_A = \frac{Q'_A}{a^2} \tag{6-18}$$

$$Q_e = \frac{Q'_e}{a^2} \tag{6-19}$$

具体计算过程可以列成表格形式，见表 6-6a 和表 6-6b。

表 6-6a　试验数据表（一元配置）

	A_1	A_2	$\cdots$	A_i	$\cdots$	A_m	横向和
1	x_{11}	x_{21}	$\cdots$	x_{i1}	$\cdots$	x_{m1}	$x_{\cdot 1}$
2	x_{12}	x_{22}	$\cdots$	x_{i2}	$\cdots$	x_{m2}	$x_{\cdot 2}$
$\vdots$	$\vdots$	$\vdots$	$\vdots$	$\vdots$	$\vdots$	$\vdots$	$\vdots$
j	x_{1j}	x_{2j}	$\cdots$	x_{ij}	$\cdots$	x_{mj}	$x_{\cdot j}$
$\vdots$	$\vdots$	$\vdots$	$\vdots$	$\vdots$	$\vdots$	$\vdots$	$\vdots$

（续）

	A$_1$	A$_2$	...	A$_i$	...	A$_m$	横向和
n	x_{1n}	x_{2n}	...	x_{in}	...	x_{mn}	$x._n$
$x_i.$	$x_1.$	$x_2.$	...	$x_i.$	...	$x_m.$	$x..$
$x_i^2.$	$x_1^2.$	$x_2^2.$	...	$x_i^2.$	...	$x_m^2.$	$\sum\limits_{i=1}^{m} x_i^2.$

表 6 - 6b　试验数据平方和表

	A$_1$	A$_2$	...	A$_i$	...	A$_m$	横向和
1	x_{11}^2	x_{21}^2	...	x_{i1}^2	...	x_{m1}^2	
2	x_{12}^2	x_{22}^2	...	x_{i2}^2	...	x_{m2}^2	
$\vdots$	$\vdots$	$\vdots$		$\vdots$		$\vdots$	
j	x_{1j}^2	x_{2j}^2	...	x_{ij}^2	...	x_{mj}^2	
$\vdots$	$\vdots$	$\vdots$		$\vdots$		$\vdots$	
n	x_{1n}^2	x_{2n}^2	...	x_{in}^2	...	x_{mn}^2	
$\sum\limits_{j=1}^{n} x_{ij}^2$	$\sum\limits_{j=1}^{n} x_{1j}^2$	$\sum\limits_{j=1}^{n} x_{2j}^2$	...	$\sum\limits_{j=1}^{n} x_{ij}^2$	...	$\sum\limits_{j=1}^{n} x_{mj}^2$	$\sum\limits_{i=1}^{m}\sum\limits_{j=1}^{n} x_{ij}^2$

为使上述分析结果能简单清晰地表述出来,常排成表格形式,称为方差分析表,见表 6 - 6c。

表 6 - 6c　单因素方差分析表

方差来源	平方和	自由度	方差	F 比
组间	Q_A	$m-1$	$s_A^2 = \dfrac{Q_A}{m-1}$	$F = \dfrac{s_A^2}{s_e^2}$
误差	Q_e	$m(n-1)$	$s_e^2 = \dfrac{Q_e}{m(n-1)}$	
总和	$Q = Q_A + Q_e$	$mn-1$		$F_\alpha(v_A, v_e)$

也可以采用线性变化,对例 6 - 1 中所给数据进行计算(取 $a=10, b=8.0$),见表 6 - 7。

表 6 - 7　变换后的试验数据

u_{ij}(相对值)		A$_1$	A$_2$	A$_3$	A$_4$	横向和 u_j
				因素 A$_i$		
组内序号 j	1	-1	0	3	3	5
	2	-5	6	9	-2	8
	3	-1	1	5	-2	3
	4	-4	4	4	-1	3
	5	-3	1	4	1	3
和 $u_i.$		-14	12	25	-1	$u.. = 22$

（续）

u_{ij}（相对值）	因素 A_i				
	A_1	A_2	A_3	A_4	横向和 u_j
和的平方 $u_{i.}^2$	196	144	625	1	$\sum_{i=1}^{4} u_{i.}^2 = 966$
平方和 $\sum_{i=1}^{5} u_{ij}^2$	52	54	147	19	$\sum_{i=1}^{5}\sum_{j=1}^{4} u_{ij}^2 = 272$

则变化前后的各项平方和见表 6-8a。

表 6-8a　平方和计算

线性变换前	线性变换后
$CT = \dfrac{x_{..}^2}{mn} = \dfrac{26308.84}{20} = 1315.44$	$CT' = \dfrac{u_{..}^2}{mn} = \dfrac{484}{20} = 24.2$
$Q = \sum_{i=1}^{n}\sum_{j=1}^{n} x_{ij}^2 - CT = 1317.92 - 1315.44 = 2.478$	$Q' = \sum_{i=1}^{n}\sum_{j=1}^{n} u_{ij}^2 - CT' = 272 - 24.2 = 247.8$
$Q_A = \dfrac{\sum_{i=1}^{m}(x_{i.})^2}{n} - CT = \dfrac{6585.66}{5} - 1315.44 = 1.690$	$Q'_A = \dfrac{\sum_{i=1}^{m}(u_{i.})^2}{n} - CT' = \dfrac{966}{5} - 24.2 = 169.0$
$Q_e = Q - Q_A = 2.478 - 1.690 = 0.788$	$Q'_e = Q' - Q'_A = 247.8 - 169.0 = 78.8$
	$Q = \dfrac{Q'_A}{a^2} = 2.478$；同理，$Q_A = 1.690$；$Q_e = 0.788$

表 6-8b 为方差分析表。

表 6-8b　方差分析表

方差来源	平方和	自由度	方差	F
组间	1.690	3	0.563	11.5**
误差	0.788	16	0.049	$F_{0.05}(3,16) = 3.24$
总和	2.478	19		$F_{0.01}(3,16) = 5.29$

　　假如给定显著性水平 $\alpha = 0.05$，查 F 分布表，得 $F_{0.05}(3,16) = 3.24$。今 $F = 11.5 > 3.24$，所以按 5% 显著性水平检验，应舍弃 A 因素水平间没有差异的假设。如取 $\alpha = 0.01$ 查 F 分布表，$F_{0.01}(3,16) = 5.29$，故按 1% 显著性水平检验，也应舍弃原假设。这表明反应温度确实对材料强度有显著影响。

6.2.4　水平效应间的比较

1. 最小显著差（Least Significant Difference，LSD）

为找出最佳水平，还需就水平效应两两比较，检验其均值差是否显著。

两平均值间差异显著的判据是

$$\frac{\bar{x}_1 - \bar{x}_2}{\sqrt{s_1^2/n_1 + s_2^2/n_2}} > t_{\alpha/2}(\nu) \tag{6-20}$$

现在，$n_1^2 = n_2^2 = n^2$，$s_1^2 = s_2^2 = s_e^2$，$v = v_e$，$\bar{x}_1$ 和 $\bar{x}_2$ 则为 $\bar{x}_{i.}$ 和 $\bar{x}_{i'.}$。若任意两个 $\bar{x}_{i.}$ 和 $\bar{x}_{i'.}$ 之差写作 $d_{ii'}$，

则上式可化为

$$d_{ii'} > t_{\alpha/2}(v_e)\sqrt{2s_e^2/n} \qquad (6-21)$$

前面已经指出 s_e^2 是 σ^2 的无偏估计,其自由度为 v_e。式(6-21)右边就是最小显著差,记作 $LSD(\alpha)$ 可以作为统计量 $d_{ii'}$ 的判据。

附释:数字仪表的最小分度值也常简写为 LSD,读者慎勿混淆。最小显著差是量值,用斜体,必要时还要加上显著性水平 α。最小分度值是用作单位的,所以用正体。

$$LSD(\alpha) = t_{\alpha/2}(v_e)\sqrt{2s_e^2/n} \qquad (6-22)$$

在例 6-1 中有

$$LSD(0.05) = t_{0.025}(16)\sqrt{2\times0.04925/5} = 0.2975$$

$$LSD(0.01) = t_{0.005}(16)\sqrt{2\times0.04925/5} = 0.4100$$

为了直观起见可以将各水平的样本均值按大小次序排列,并在差值小于 $LSD(0.05)$ 的均值对下打一底线(对 $LSD(0.01)$ 也一样)。

A_3	A_2	A_4	A_1
160℃	140℃	180℃	120℃
8.50	8.24	7.98	7.72

5%

可以看出 160℃下取得的样本强度最高,相对于 180℃下和 120℃下取得的,差异是显著的,但是与 140℃下相比,则并不显著,(8.50-8.24 < 0.2975)。进一步的判断应在 140℃ ~ 160℃ ~ 170℃(170℃是差异显著范围 160℃ ~ 180℃的中点)范围内再做试验以选出最佳工艺条件。同时宜增加重复次数 n,缩小 LSD 值。如在这个范围内差异仍不显著,则最佳工艺条件就取其中间值。再进一步则可用第 5 章的回归方法,但要求 m 值,即点数更多一些。

2. 水平效应的估计

确定最适水平问题,实质上就是求位置参数 μ_i(或 α_i)的估计。根据完全随机化试验的数据结构模型

$$\left.\begin{array}{l} x_{ij} = \mu + \alpha_i + \varepsilon_{ij} \quad (i=1,2,\cdots,m) \\ \varepsilon_{ij} \sim N(0,\sigma^2) \quad (j=1,2,\cdots,n) \end{array}\right\} \qquad (6-23)$$

有

$$\bar{x}_{..} = \mu + \bar{\varepsilon} \qquad (6-24)$$

$$\bar{\varepsilon} = \frac{1}{mn}\sum_{i=1}^{m}\sum_{j=1}^{n}\varepsilon_{ij} \qquad (6-25)$$

$$\bar{x}_{i.} = \mu + \alpha_i + \bar{\varepsilon}_i \quad (i=1,2,\cdots,m) \qquad (6-26)$$

$$\bar{\varepsilon}_{i.} = \frac{1}{n}\sum_{j=1}^{n}\varepsilon_{ij}$$

因而

$$\left.\begin{array}{l} E(\bar{x}_{..}) = \mu \\ E(\bar{x}_{i.}) = \mu + \alpha_i = \mu_i \\ D(\bar{x}_{i.}) = \dfrac{\sigma^2}{n} \end{array}\right\} \qquad (6-27)$$

这就是说

$$\left.\begin{array}{l} \hat{\mu} = \bar{x}_{..} \\ \hat{\mu}_i = \bar{x}_{i.} \\ \hat{\alpha}_i = \bar{x}_{i.} - \bar{x}_{..} \end{array}\right\} \quad\quad (6-28)$$

分别是 μ、μ_i 和 α_i 的无偏估计。且根据式(6-9)得 σ^2 的无偏估计为

$$\hat{\sigma}^2 = \frac{Q_e}{m(n-1)} \quad\quad (6-29)$$

因此，μ_i 的 $(1-\alpha) \times 100\%$ 置信概率的置信区间为

$$\bar{x}_{i.} \pm t_{\alpha/2}[m(n-1)]\frac{\hat{\sigma}}{\sqrt{n}} \qu\quad (6-30)$$

在上例中，若选取 $\alpha = 0.05$，有 $t_{0.025}(16) = 2.12$，$\hat{\sigma} = 0.1$ 得

$\quad A_1 \quad 7.7 \pm 0.2 = (7.5, 7.9)$
$\quad A_2 \quad 8.2 \pm 0.2 = (8.0, 8.4)$
$\quad A_3 \quad 8.5 \pm 0.2 = (8.3, 8.7)$
$\quad A_4 \quad 8.0 \pm 0.2 = (7.8, 8.2)$

画成效应图，如图6-3所示。可以认为最合适的反应温度在 $140 \sim 170$℃之间。应当注意，上述估计值主要是用来估计水平效应，供作比较用。

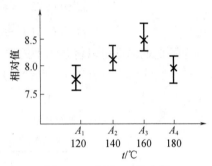

图6-3　例6-1效应图

6.2.5　随机效应模型

随机效应的数据统计模型可写成

$$x_{ij} = \mu + \alpha_i + \varepsilon_{ij} \quad\quad (6-31)$$

$$\left.\begin{array}{ll} \alpha_i \sim N(0, \sigma_\alpha^2) & i = 1, 2, \cdots, m \\ \varepsilon_{ij} \sim N(0, \sigma^2) & j = 1, 2, \cdots, n \end{array}\right\} \quad\quad (6-32)$$

且 α_i 和 ε_{ij} 相互独立。故

$$D(x_{ij}) = \sigma_\alpha^2 + \sigma^2 \qu\quad (6-33)$$

随机效应模型(模型Ⅱ)与前面介绍的固定效应模型(模型Ⅰ)的主要差别是 α_i 的特性不同。

随机效应试验的检验假设为

$$H_0 : \sigma_\alpha^2 = 0, H_1 : \sigma_\alpha^2 > 0 \qu\quad (6-34)$$

可证明对模型Ⅱ也有与模型Ⅰ相仿的期望值

$$E(s_A^2) = \sigma^2 + n\sigma_\alpha^2 \qu\quad (6-35)$$

$$E(s_e^2) = \sigma^2 \qu\quad (6-36)$$

所以其方差分析的方法、步骤和计算公式均与模型Ⅰ相同，只是结论含义不同，因为随机效应试验关心的是 σ_α^2 的估计值，而无需估计 α_i。由式(6-35)和式(6-36)，可以下式作 σ_α^2 的估计：

$$\hat{\sigma}_\alpha^2 = s_\alpha^2 = (s_A^2 - s_e^2)/n \qu\quad (6-37)$$

取显著水平为 α，有下列概率公式：

$$P\left\{\chi_{1-\alpha/2}^2(mn-m) < \frac{(mn-m)s_e^2}{\sigma^2} < \chi_{\alpha/2}^2(mn-m)\right\} = 1-\alpha \qu\quad (6-38)$$

$$P\left\{F_{1-\alpha/2}(m-1,mn-1) < \frac{s_A^2}{s_e^2} \cdot \frac{\sigma^2}{\sigma^2+\sigma_\alpha^2} < F_{\alpha/2}(m-1,mn-1)\right\} = 1-\alpha \qquad (6-39)$$

由此可求出 σ^2 和 $\dfrac{\sigma^2}{\sigma^2+\sigma_\alpha^2}$ 的区间估计。

例 6-2 所述试验便可利用随机效应模型,若已测得数据如表 6-9 所列,工艺人员从中得出什么结论?

表 6-9 例 6-2 数据表 x_{ij}

组内序号	布机一 A_1	布机二 A_2	布机三 A_3	布机四 A_4
1	98	91	96	95
2	97	90	95	96
3	99	93	97	99
4	96	92	95	98

为简化计算可作线性变换,令 $u_{ij} = x_{ij} - 95$ 仿照表 6-5,列出表 6-10。

表 6-10 例 6-2 数据计算表

	A_1	A_2	A_3	A_4	横向和
u_{ij}	3	−4	1	0	0
	2	−5	0	1	−2
	4	−2	2	4	8
	1	−3	0	3	1
$u_i.$	10	−14	3	8	7
$u_i^2.$	100	196	9	64	369
$\sum\limits_{j=1}^{n} u_{ij}^2$	30	54	5	26	115

修正项
$$CT' = \frac{u_{..}^2}{mn} = 49/(4 \times 4) = 3.0625$$

CT' 表示变量代换后的修正项。但由此算出的各个 Q, Q_A, Q_e 值和用 x_{ij} 算出的是相同的,故各 Q 值不必再加上角标。

$$Q = \sum_{i=1}^{m} \sum_{j=1}^{n} u_{ij}^2 - CT' = 115 - 3.0625 = 111.9375$$

$$Q_A = (1/n) \cdot \sum_{i=1}^{m} u_i^2. - CT' = 369/4 - 3.0625 = 89.1875$$

$$Q_e = 111.9375 - 89.1875 = 22.75$$

据此列出方差分析表,见表 6-11 所示。

表 6-11 例 6-2 的方差分析表

来源	平方和	自由度	方差	方差比
组间	89.1875	3	29.73	15.68 **
误差	22.75	12	1.896	$F_{0.05}(3,12)=3.49$
总和	111.9375	15		$F_{0.01}(3,12)=5.95$

结论是布机对布的强度影响高度显著,定量地可以求出

$$\hat{\sigma}_e^2 = 1.896$$

$$\hat{\sigma}_\alpha^2 = \frac{s_A^2 - s_e^2}{n} = 6.958$$

$$\hat{D}(x_{ij}) = \hat{\sigma}_T^2 = \hat{\sigma}_a^2 + \hat{\sigma}_e^2 = 8.854$$

一般布匹的验收条件中规定有布匹的允许制造公差。如 σ_T^2 偏大,意味着相当数量产品的强度会超差而被判为不合格品。上述分析断定布机不同造成布匹强度的不同是产品不合格的重要因素。至于原因可能是多方面的,可能是布机质量不齐,维修保养差,操作技术差,等等。要具体分析,进一步组织试验,找到主要因素,以便对症下药,采取妥善的改进措施,减小 σ_T^2 使其接近 σ_e^2,从而提高成品率。

6.3　随机区组单因素试验

【例 6 – 3】　硬度试验有 4 个压头,欲设计一个检查它们测出的硬度值间是否有差异的试验。

这是一项单因素 4 水平试验。按重复性原则,每个压头(水平)重复测量 4 次,共做 16 次测量。当然可以用 16 块硬度试块(称为试验单元),按随机化原则分配给 4 个压头,组成前已介绍的完全随机化单因素试验方案。但这样有缺点:如所用试块硬度不一致,残差平方和中就不仅是试验误差的影响,而且还包含了试块本身的差异,扩大了残差平方和,从而会影响对压头的一致性的鉴定。

为消除此缺点,可考虑四个压头在同一试块上各做一次测定,使它们遇到软、硬试块的机会均等。这就是说,应将试块作为一个区组因素,在区组内再按随机化原则安排压点位置次序以消除同一试块各位置上硬度差异的影响。这样的方案称为随机区组单因素试验。总之,在有 m 个水平的比较试验中,当某些试验条件变化较大时,可在试验中设区组,在区组内再随机安排各水平的试验。引入的区组可作为一个因素对待,称为区组因素,记作 B。这样就将整个试验分成 n 个各含 m 个单元(水平)的群(区组),使群内试验条件尽可能一致,即实现局部控制。因素 B 并非试验比较的目标,引入它只为提高试验精度,以便在更可靠的基础上作统计推断。

按上述方案试验所得结果可按二元(因素)配置整理(见表 6 – 12),并且在纵横两个方向上求出和、和的平方以及平方和后,也列在表 6 – 12 中供方差分析时取用。

表 6 – 12　例 6 – 3 数据表

		因素(压头)				横向		
		A_1	A_2	A_3	A_4	和	和的平方	平方和
区组 (试块)	B_1	9.3	9.4	9.2	9.7	37.6	1413.76	353.58
	B_2	9.4	9.3	9.5	9.6	37.8	1428.84	357.26
	B_3	9.6	9.8	9.5	10.0	38.9	1513.21	378.45
	B_4	10.0	9.9	9.7	10.2	39.8	1584.04	396.14

（续）

		因素（压头）				横向		
		A_1	A_2	A_3	A_4	和	和的平方	平方和
纵向	和	38.3	38.4	37.9	39.5	154.1	5939.85	
	和的平方	1466.89	1474.56	1436.41	1560.25	5938.11		
	平方和	367.01	368.9	359.23	390.29			1485.43

6.3.1　试验数据的统计学模型

固定效应随机区组试验的数据结构模型为

$$\left. \begin{array}{l} x_{ij} = \mu + \alpha_i + \beta_j + \varepsilon_{ij} \quad (i = 1,2,\cdots,m) \\ \varepsilon_{ij} \sim N(0,\sigma^2) \quad\quad\quad\ (j = 1,2,\cdots,n) \end{array} \right\} \quad\quad (6-40)$$

式中：μ 是一般平均，且 $\mu = \bar{\mu}..$ ；α_i 是 A_i 的水平效应，且 $\sum\limits_{i=1}^{m} \alpha_i = 0$ ；β_i 是区组 B_j 的效应，且 $\sum\limits_{j=1}^{n} \beta_j = 0$ 。

这一试验的检验假设为

$$H_0 : \alpha_1 = \alpha_2 = \cdots = \alpha_m = 0$$
$$H_1 : 至少有一个\ \alpha_i \neq 0$$

6.3.2　方差分析

上述数据结构统计模型表明造成数据的离散的原因有三个：水平效应、区组效应和试验误差。分解试验数据对总平均值的偏差为三部分：

$$\begin{aligned} Q &= \sum_{i=1}^{m} \sum_{j=1}^{n} (x_{ij} - \bar{x}..)^2 \\ &= \sum_{i=1}^{m} \sum_{j=1}^{n} \left[(\bar{x}_{i.} - \bar{x}..) + (\bar{x}_{.j} - \bar{x}..) + (x_{ij} - \bar{x}_{i.} - \bar{x}_{.j} + \bar{x}..) \right]^2 \\ &= \sum_{i=1}^{m} \sum_{j=1}^{n} (\bar{x}_{i.} - \bar{x}..)^2 + \sum_{i=1}^{m} \sum_{j=1}^{n} (\bar{x}_{.j} - \bar{x}..)^2 + \sum_{i=1}^{m} \sum_{j=1}^{n} (x_{ij} - \bar{x}_{i.} - \bar{x}_{.j} + \bar{x}..)^2 \\ &= Q_A + Q_B + Q_e \end{aligned} \quad (6-41)$$

其基本计算公式为

$$CT = \frac{x^2..}{mn} \quad\quad (6-42)$$

$$Q = \sum_{i=1}^{m} \sum_{j=1}^{n} x_{ij}^2 - CT, \nu = mn - 1 \quad\quad (6-43)$$

$$Q_A = \frac{1}{n} \sum_{i=1}^{m} x_{i.}^2 - CT, \nu_A = m - 1 \quad\quad (6-44)$$

$$Q_B = \frac{1}{m} \sum_{j=1}^{n} x_{.j}^2 - CT, \nu_B = n - 1 \quad\quad (6-45)$$

$$Q_e = Q - Q_A - Q_B, \nu_e = (m-1)(n-1) \quad\quad (6-46)$$

167

计算过程可列成表 6 – 13a 形式。

表 6 – 13a　试验数据表(二元配置)

		因素 A						横向		
		A_1	A_2	$\cdots$	A_i	$\cdots$	A_m	和 $x_{\cdot j}$	和的平方 $x^2_{\cdot j}$	平方和 $\sum\limits_{i=1}^{m} x^2_{ij}$
区组 B_j	B_1	x_{11}	x_{21}	$\cdots$	x_{i1}	$\cdots$	x_{m1}	$x_{\cdot 1}$	$x^2_{\cdot 1}$	$\sum\limits_{i=1}^{m} x^2_{i1}$
	B_2	x_{12}	x_{22}	$\cdots$	x_{i2}	$\cdots$	x_{m2}	$x_{\cdot 2}$	$x^2_{\cdot 2}$	$\sum\limits_{i=1}^{m} x^2_{i2}$
	$\vdots$	$\vdots$	$\vdots$		$\vdots$		$\vdots$	$\vdots$	$\vdots$	$\vdots$
	B_j	x_{1j}	x_{2j}	$\cdots$	x_{ij}	$\cdots$	x_{mj}	x_j	$x^2_{\cdot j}$	$\sum\limits_{i=1}^{m} x^2_{ij}$
	$\vdots$	$\vdots$	$\vdots$		$\vdots$		$\vdots$	$\vdots$	$\vdots$	$\vdots$
	B_n	x_{1n}	x_{2n}	$\cdots$	x_{in}	$\cdots$	x_{mn}	$x_{\cdot m}$	$x^2_{\cdot n}$	$\sum\limits_{i=1}^{m} x^2_{in}$
纵向	和 $x_{i \cdot}$	$x_1 \cdot$	$x_2 \cdot$	$\cdots$	$x_i \cdot$	$\cdots$	$x_m \cdot$	$x_{\cdot \cdot}$	$\sum\limits_{j=1}^{n} x^2_{\cdot j}$	
	和的平方 $x^2_{i \cdot}$	$x^2_1 \cdot$	$x^2_2 \cdot$	$\cdots$	$x^2_i \cdot$	$\cdots$	$x^2_m \cdot$	$\sum\limits_{i=1}^{m} x^2_{i \cdot}$		
	平方和	$\sum\limits_{j=1}^{n} x^2_{1j}$	$\sum\limits_{j=1}^{n} x^2_{2j}$	$\cdots$	$\sum\limits_{j=1}^{n} x^2_{ij}$	$\cdots$	$\sum\limits_{j=1}^{n} x^2_{mj}$			$\sum\limits_{i=1}^{m}\sum\limits_{j=1}^{n} x^2_{ij}$

计算结果列入表 6 – 13b 中,并计算方差和方差比 F。

表 6 – 13b　方差分析表

方差来源	平方和	自由度	方差	F	方差期望值
A 间	Q_A	$m-1$	$s_A^2 = \dfrac{Q_A}{m-1}$	$F_A = s_A^2 / s_e^2$	$\sigma^2 + \dfrac{n\sum\limits_{i=1}^{n}\alpha_i^2}{m-1}$
区组间	Q_B	$n-1$	$s_B^2 = \dfrac{Q_B}{n-1}$	$F_B = s_B^2 / s_e^2$	$\sigma^2 + \dfrac{m\sum\limits_{j=1}^{m}\beta_j^2}{n-1}$
误差	Q_e	$(m-1)(n-1)$	$s_e^2 = \dfrac{Q_e}{(m-1)(n-1)}$		
总和	Q	$mn-1$			

　　根据给定的显著性水平 α,查 F 分布表确定拒绝与的临界点。若 $F_A > F_\alpha(\nu_A, \nu_e)$ 则拒绝 A 水平间无差异的原假设;反之,则接受原假设。若 $F_B > F_\alpha(\nu_B, \nu_e)$,则拒绝区组间无差异的原假设;反之,则接受原假设。

　　同样,通过对数据结构模型中未知参数的估计,可得出各水平相应的某置信概率的预测区间(置信区间),定出最适水平。

　　根据例 6 – 3 数据表初步计算值如表 6 – 12 所列,算出方差分析所需数据列于表 6 – 14。

表 6 - 14　方差分析表

方差来源	平方和	自由度		方差		F	
压头（区组内）Q_A	0.3519	ν_A	3	s_A^2	0.1173	F_A	9.164 * *
试块（区组间）Q_B	0.7869	ν_B	3	s_B^2	0.2623	F_B	20.421 * *
误差　　Q_e	0.1156	ν_e	9	s_e^2	0.0128	$F_{0.05}(3,9) = 3.86$	
						$F_{0.01}(3,9) = 6.99$	
总和　　Q	1.2544	ν	15				

以上计算结果说明压头性能和试块（区组）影响均高度显著（标以 * *）。若按表 6 - 6a、6 - 6b、6 - 6c 那样不分区组，即不把试块差异影响分离出来，可以得到表 6 - 15 的结果。在已有表 6 - 14 时不必重算，只把区组平方和也当作残差平方和相加（自由度也相加）即可。

表 6 - 15　方差分析表

方差来源	平方和	自由度	方差	F
压头	0.3519	3	0.1173	1.560
误差	0.9025	12	0.0752	
总和	1.2544			

表明无显著差异。显然这样做时产生了第二类错误。

还可算出对 A_1，A_2，A_3 和 A_4 四个压头的效应均值的估计值（样本均值）$\bar{x}_1.$，$\bar{x}_2.$，$\bar{x}_3.$ 和 $\bar{x}_4.$ 分别为 9.575，9.600，9.475 和 9.875。再按式（6 - 22）算出

$$LSD(5\%) = 2.26 \times \sqrt{2 \times 0.0128/4} = 0.181$$

$$LSD(1\%) = 3.25 \times \sqrt{2 \times 0.0128/4} = 0.260$$

画出按样本均值大小排序的图，并画出不超差的均值对下的底线如下：

A_3	A_1	A_2	A_4
9.475	9.575	9.600	9.875

1%　————————————————————

据此可断言，压头 A_4 所得读数将显著高于其他三个压头的读数，或者说相对于其他三个压头，读数间有显著系统误差。

6.3.3　漏估计的估计

随机区组试验要求在区组间各个水平机会均等，体现某种均衡性，才能可靠地分解区间因素的影响。如试验过程中发生失误而丢了数据，就会破坏原来预想的均衡。有时重新组织补充试验会遇到很大困难，或者难以承受经济损失，甚至根本无法实现。例如试验单元已全部消耗完，为不致前功尽弃，需要寻找补救的办法是以统计方法估计一个漏测值。设该值 ξ，并以 $x'_{i.}$，$x'_{.j}$ 和 $x'_{..}$ 分别表示含 ξ 的那个水平，区组和全体数据和中除 ξ 以外的其他数据之和。这时有

$$Q_e = \sum_{i=1}^{m} \sum_{j=1}^{n} (x_{ij} - \bar{x}_{i.} - \bar{x}_{.j} + \bar{x}_{..})^2$$

$$= \sum_{i=1}^{m} \sum_{j=1}^{n} x_{ij}^2 - \frac{1}{n} \sum_{i=1}^{m} x_{i.}^2 - \frac{1}{m} \sum_{j=1}^{n} x_{.j}^2 + \frac{1}{mn} \left(\sum_{i=1}^{m} \sum_{j=1}^{n} x_{ij} \right)^2$$

$$= Q_r + \xi^2 - \frac{1}{n}(x'_{i\cdot} + \xi)^2 - \frac{1}{m}(x'_{\cdot j} + \xi)^2 + \frac{1}{mn}(x'_{\cdot\cdot} + \xi)^2$$

式中的 $Q_r = Q - \xi^2$ 表示不含 ξ 的各项总平方和,由 $dQ_e/d\xi = 0$ 条件可求得 ξ 的最小二乘估计

$$\hat{\xi} = \frac{mx'_{i\cdot} + nx'_{\cdot j} - x'_{\cdot\cdot}}{(m-1)(n-1)} \qquad (6-47)$$

设例 6-3 中(即表 6-12 中)丢失了 $a_3 b_2(x_{32}) = 9.5$ 这个数据,此时可算出 $x'_{3\cdot}, x'_{\cdot 2}$ 和 $x'_{\cdot\cdot}$ 和分别为 28.4,28.3 和 144.6,从而得到

$$\hat{\xi} = (4 \times 28.4 + 4 \times 28.3 - 144.6)/(3 \times 3) = 9.13$$

应当指出,由于数据补漏,残差自由度 ν_e 应相应减 1。

6.3.4　拉丁方单因素试验设计

在上述硬度试验机压头的一致性试验中,如怀疑试块表面硬度并不均匀,如边缘硬,中间软,或一头硬,另一头软等等,则对位置也应设置区组。这样就有了两个区组因素:试块与位置(假定试块位置的倾向性是相同的),此时需要用拉丁方来编排试验方案。

1. 拉丁方

拉丁方是由 n 行 n 列构成的方格,方格内排 $1,2,3,\cdots,n$ 或 A,B,C,$\cdots$,Z 等 n 个数字或拉丁字母。这 n 个数字在每行每列中都各出现一次,而且只出现一次。由于拉丁方行和列的数字的排列顺序不限,拉丁方不是唯一的。下面就是 4×4 拉丁方的三个例子。任两行(列)对换都能构成一个新的拉丁方。一般来说,如果要安排两个区组因素时,就要用拉丁方方法安排试验。巧妙的利用拉丁方方法,可以编排出精彩的试验方案。各种同阶的拉丁方都是等价的。通常将第 1 行和第 1 列都按数字或拉丁字母顺序排列的拉丁方称为标准拉丁方,如图 6-4(a),就是一个标准拉丁方。各种拉丁方看成是由标准拉丁方通过行或列重排序得到的。例如图 6-4(b) 就是由图 6-4(a) 重排其各列构成的(第 2 列与第 5 列对换,第 3 列与第 4 列对换),而图 6-4(c) 是图 6-4(b) 重排其各行构成的。

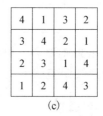

图 6-4　拉丁方试验安排

2×2 拉丁方只有一个标准形式,3×3 拉丁方也只有一个,4×4 拉丁方则有 4 个,更高阶的就更多,但通常只用一个就能变换成众多的各式各样的拉丁方来。

2. 用拉丁方制定试验方案

用拉丁方制定有两个区组因素的单因素试验的具体方法是:在规模合适的拉丁方中随机地选取一种,一般采取以标准拉丁方随机换行并换列的方法可以得到这样的"随机选取的"拉丁方,将其行与列各对应一个区组,方格中的数字或字母则对应控制因素的水平号。换行与换列的过程已如图 6-5 上示意地画出。方格外的随机数及其后括号内数字表示新行序或列序。不加括号的是原行列序号。如有很多同阶的标准拉丁方可选,可以先选一个随机数,取其除以阶

数的余数来挑其中第几个,除尽时取末一个。

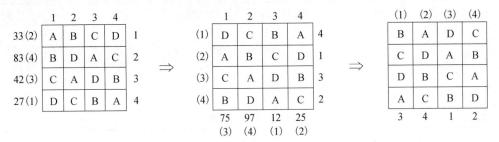

图 6 – 5　拉丁方的随机换行与换列示意图

3. 拉丁方单因素试验的数据处理

这一类型试验的数据统计学模型为

$$\left.\begin{array}{c} x_{ij} = \mu + \beta_i + \gamma_j + \alpha_k + \varepsilon_{ij} \\ \varepsilon_{ij} \sim N(0, \sigma^2) \end{array}\right\} \tag{6－48}$$

式中:μ 是一般平均;β_i 是 i 列区组的效应, $\sum\limits_{i=1}^{n} \beta_i = 0$;γ_j 是 j 行区组效应, $\sum\limits_{j=1}^{n} \gamma_j = 0$;α_k 是水平 A_k 的效应, $\sum\limits_{k=1}^{n} \alpha_k = 0$ 。

拉丁方试验法的方差分析基本方程为

$$Q = Q_R + Q_C + Q_A + Q_e \tag{6－49}$$

式中各项的计算公式为

$$CT = \frac{x_{..}^2}{n^2} \tag{6－50}$$

$$Q = \sum_{i=1}^{n} \sum_{j=1}^{n} x_{ij}^2 - CT , \qquad \nu = n^2 - 1 \tag{6－51}$$

$$Q_C = \frac{1}{n} \sum_{i=1}^{n} x_{i.}^2 - CT , \qquad \nu_B = n - 1 \tag{6－52}$$

$$Q_R = \frac{1}{n} \sum_{j=1}^{n} x_{.j}^2 - CT , \qquad \nu_C = n - 1 \tag{6－53}$$

$$Q_A = \frac{1}{n} \sum_{k=1}^{n} x_{..(k)}^2 - CT , \qquad \nu_A = n - 1 \tag{6－54}$$

$$Q_e = Q - Q_R - Q_C - Q_A , \qquad \nu_e = (n-1)(n-2) \tag{6－55}$$

其方差分析表见表 6 – 16。

表 6 – 16　方差分析表

方差来源	平方和	自由度	方差	F	方差期望值
行间(R)	Q_R	$n-1$	$s_R^2 = \dfrac{Q_R}{n-1}$	$F_R = s_R^2 / s_e^2$	$\sigma^2 + \dfrac{n \sum\limits_{j=1}^{n} \gamma_j^2}{n-1}$
列间(C)	Q_C	$n-1$	$s_C^2 = \dfrac{Q_C}{n-1}$	$F_C = s_C^2 / s_e^2$	$\sigma^2 + \dfrac{n \sum\limits_{i=1}^{n} \beta_i^2}{n-1}$

（续）

方差来源	平方和	自由度	方差	F	方差期望值
A 间	Q_A	$n-1$	$s_A^2 = \dfrac{Q_A}{n-1}$	$F_A = s_A^2/s_e^2$	$\sigma^2 + \dfrac{n\sum\limits_{k=1}^{n}\alpha_k^2}{n-1}$
误差	Q_e	$(n-1)(n-2)$	$s_e^2 = \dfrac{Q_e}{(n-1)(n-2)}$		σ^2
总和	Q	n^2-1			

【例 6 - 4】 比较四种牌号的汽车轮胎 A_1、A_2、A_3、A_4 的磨耗度。

如果一辆车安装一种牌号的轮胎，那么安装 A_1、A_2、A_3、A_4 的车就必须在完全相同的条件下行驶。考虑到车的差异、驾驶员的特点、交通状况等等，这几乎是不可能的。幸好一辆车可以装四只轮胎，所以可以把车作为区组，用随机区组法安排试验。但轮胎的安置位置不同（前轮左、前轮右、后轮左、后轮右）会影响磨耗度，因此应把安装位置也作为区组。随机选择一个 4×4 拉丁方，像表 6 - 17 那样安排试验。行驶一定路程后测定轮胎磨耗量。这时，汽车类型、驾驶员特点、行车路线、行车方式等就无需再加任何限制。设行驶一定路程后测定各个轮胎的磨耗量（单位：mm），得到如表 6 - 17 试验数据。

表 6 - 17　试验安排与试验数据

车号	安装位置			
	前左	前右	后左	后右
1	$A_4 = 10$	$A_1 = 13$	$A_3 = 7$	$A_2 = 3$
2	$A_3 = 8$	$A_4 = 12$	$A_2 = 6$	$A_1 = 12$
3	$A_2 = 13$	$A_3 = 9$	$A_1 = 16$	$A_4 = 16$
4	$A_1 = 17$	$A_4 = 13$	$A_2 = 13$	$A_3 = 9$

进行假设检验和参数估计的思路与前面的方法相同，不再赘述。根据轮胎磨耗量试验的数据，可列表计算，如表 6 - 18 所列。

表 6 - 18　试验数据和求和总表

		水平				列				横向和	
		A_1	A_2	A_3	A_4	C_1	C_2	C_3	C_4	$x_j.$	$x_j^2.$
行	R_1	13	3	7	10	10	13	7	3	33	1089
	R_2	12	6	8	12	8	12	6	12	38	1444
	R_3	16	13	9	16	13	9	16	16	54	2916
	R_4	17	13	9	13	17	13	9	9	52	2704
同水平和	$x..(k)$	58	35	33	51	$x..$ 177	$x_i.$ 48	47	42	40	$x..$ 177	$\sum x_j^2.$ 8153
同水平和的平方	$x^2..(k)$	3364	1225	1089	2601	$\sum x..^2(k)$ 8279	$x_i^2.$ 2304	2209	1764	1600	$\sum x_i^2.$ 7877
平方和 $\sum\limits_{j=1}^{n} x_{ij}^2$						622	563	510	490	$\sum\sum x_{ij}^2 = 2185$	

$$CT = \frac{x^2_{..}}{n^2} = \frac{177^2}{16} = 1958.06$$

$$Q = \sum_{i=1}^{m} \sum_{j=1}^{n} x^2_{ij} - CT = 2185 - 1958.06 = 226.94$$

$$Q_C = \frac{1}{n} \sum_{i=1}^{n} x^2_{i.} - CT = \frac{7877}{4} - 1958.06 = 11.2$$

$$Q_R = \frac{1}{n} \sum_{j=1}^{n} x^2_{.j} - CT = \frac{8153}{4} - 1958.06 = 80.2$$

$$Q_A = \frac{1}{n} \sum_{k=1}^{n} x^2_{..(k)} - CT = \frac{8279}{4} - 1958.06 = 111.6$$

$$Q_e = Q - Q_R - Q_C - Q_A = 23.9$$

列出方差分析表,如表 6 - 19 所示。当 $\alpha = 0.05$,查 F 分布表,得 $F_{0.05}(3,6) = 4.8$,可据此对因素做显著性检验。凡差异显著者,在方差分析表中标以 $*$ 号;差异高度显著者,标以 $**$ 号。

表 6 - 19 方差分析表

方差来源	平方和	自由度	方差	F
汽车间(R)	80.2	3	26.7	6.7*
安装位置间(C)	11.2	3	3.7	0.9
轮胎间(A)	111.6	3	37.2	9.4*
误 差(e)	23.9	6	4.0	$F_{0.05}(3,6) = 4.76$
总 和	226.9	15		$F_{0.01}(3,6) = 9.78$

分析表明不同轮胎的磨耗度有显著差异,汽车因素也有显著影响,但安装位置的影响不显著。

再计算各水平下的样本均值及其 $LSD(\alpha)$,以分出不同牌号轮胎孰优孰劣。根据和 $\bar{x}_{..}(k)$ 值分别为 14.5mm,8.75mm,8.25mm,12.75mm 以及对 $\alpha = 0.05$ 和 0.02 的 $LSD(\alpha)$ 分别为

$$LSD(0.05) = t_{0.025}(6) \sqrt{2 \times 3.98/4} = 2.447 \times 1.41 = 3.45$$

$$LSD(0.02) = t_{0.01}(6) \sqrt{2 \times 3.98/4} = 3.143 \times 1.41 = 4.43$$

从而有

	A_3	A_2	A_4	A_1
	8.25	8.75	12.75	14.5

2% ———————————— ———————————— 5%

结论:有 95% 但不到 98% 的把握认为 A_2,A_3 两种牌号有更好的耐磨性能,还不足判定这两种牌号之间有显著的优劣。

可得 A_K 水平的点估计

$$\bar{x}_{..(1)} = 14.5, \bar{x}_{..(2)} = 8.8, \bar{x}_{..(3)} = 8.2, \bar{x}_{..(4)} = 12.8$$

以及 $\hat{\sigma} = s_e = 2.0$。

选定置信概率 95%,由 t 分布表,$t_{0.025}(6) = 2.45$ 可得轮胎 A_1、A_2、A_3、A_4 效应的预测区

间为

$$A_1 \qquad 14.5 \pm 2.4 = (12.1, 16.9)$$
$$A_2 \qquad 8.8 \pm 2.4 = (6.4, 11.2)$$
$$A_3 \qquad 8.2 \pm 2.4 = (5.8, 10.6)$$
$$A_4 \qquad 12.8 \pm 2.4 = (10.4, 15.2)$$

6.3.5　希腊·拉丁方单因素试验

如果在试验中需要安排两个以上的区组因素,则可以利用正交拉丁方叠合构成的希腊·拉丁方来安排试验(图6-6)。在希腊·拉丁方中,拉丁字母 A、B、C、D 和希腊字母 α、β、γ、δ 在各行各列中都各出现一次,且只出现一次;而它们的可能组合 Aα、Aβ、Aγ……在方格内都各出现一次。如欲安排一个控制因素 A,三个区组因素 R、C、G,则可使控制因素 A 的水平对应拉丁字母,区组因素 R 对应于行,区间因素 C 对应于列,区组因素 G 对应于希腊字母,这时 A 的各个水平受三个区组因素的影响是均等的。具体的实例请参看相关参考文献。

A	B	C	D
B	A	D	C
C	D	A	B
D	C	B	A

α	β	γ	δ
γ	δ	α	β
δ	γ	β	α
β	α	δ	γ

Aα	Bβ	Cγ	Dδ
Bγ	Aδ	Dα	Cβ
Cδ	Dγ	Aβ	Bα
Dβ	Cα	Bδ	Aγ

图6-6　希腊·拉丁方试验安排

6.4　多因素析因试验设计

在生产和科研中经常要分析研究几个因素同时作用时的效应,如:研究机床主轴转速、切削速度、进给速度以及切削深度等与所加工零件表面粗糙度的关系;研究温度、压力、催化剂用量等与化工产品转化率的关系;研究氮、磷、钾肥用量及比例,种子,品种,播种期,日照长度等与作物产量的关系;等等。都需要用到多因素试验的设计。

例如欲考察高空工作时高度和温度对器件工作电流的影响,便是一个双因素试验,若每个因素各取两个水平:高度取海平面和3km高空,温度取25℃和55℃,就组成了一个双因素二水平试验。原则上说因素与水平数是不受限制的,但方案应力求试验次数少些而又使对各因素各水平的考察既全面又机会均等。

可以有两种编排试验方案的思考路线。

一种是将双因素试验化成两个单因素试验来处理。为贯彻重复性原则,每种处理取两次测量,其结果如图6-7(a)所示。这种安排称为简单对比试验,即"一次改变一个因素作试验"。

另一种是对四种可能的因素—水平组合(四种处理各做一次试验,共得四个数据,如图6-7(b)所示。因为在每一水平,每一因素上都已有两个读数,就无需再安排重复测量了。此外还可以分析出交互作用的数据。这种安排称为全面试验,即按因素—水平全部可能组合安排的试验。

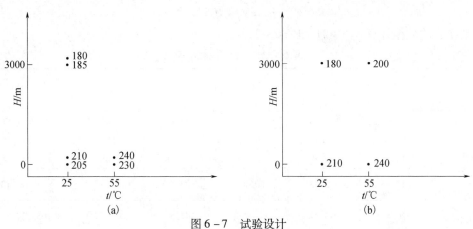

图 6 - 7　试验设计

(a)简单对比试验;(b)全面试验。

比较两方案可以看出,后者优点明显。

(1) 试验效率高,数据能充分利用,可减少试验次数;

(2) 反映情况全面,能得到更多有用信息。

本节将着重介绍双因素多水平析因试验和多因素二水平析因试验。对多因素多水平析因试验不难举一反三推广得出方案和分析方法。

6.4.1　没有重复的二因素试验设计

设计试验中要考虑两个控制因素 A 和 B,下标 i 表示因素 A 的水平,下标 j 表示因素 B 的水平, x_{ij} 表示 $A_i B_j$ 的试验数据,数据结构模型为

$$x_{ij} = \mu + \alpha_i + \beta_j + (\alpha\beta)_{ij} + \varepsilon_{ij} \tag{6-56}$$

式中: μ 表示一般水平; α_i 表示 A 的主效应; β_j 表示 B 的主效应; $(\alpha\beta)_{ij}$ 表示 A 和 B 的交互作用(记作 $A \times B$)的主效应; ε_{ij} 表示误差。由于试验没有重复, $(\alpha\beta)_{ij}$ 和 ε_{ij} 都有下标 ij,因此无法把交互作用的影响和误差的影响区分开,数据结构模型可改写为

$$\left.\begin{array}{l} x_{ij} = \mu + \alpha_i + \beta_j + \varepsilon_{ij} \\ \varepsilon_{ij} \sim N(0, \sigma^2) \end{array}\right\} \tag{6-57}$$

很明显,它与随机区组单因素法数据结构模型相同,因此数据分析处理方法也完全相同。

【例 6 - 5】　某火箭用四种燃料和三种发动机做射程试验。每种燃料与每种发动机的组合各安排一次试验,得火箭的射程如表 6 - 20 所示。试在显著性水平 $\alpha = 0.05$ 下,检验不同燃料和发动机是否对射程有影响。

表 6 - 20　试验数据表(单位:km)

燃料 发动机	A_1	A_2	A_3	A_4
B_1	107.8	91.0	111.4	140.4
B_2	104.1	100.2	131.4	107.8
B_3	121.0	95.6	72.6	90.2

解:为计算简便,对数据做线性变换,令

$$\mu_{ij} = x_{ij} - 105$$

得以下变换后的数据计算表 6 – 21 和表 6 – 22。

表 6 – 21　数据计算表

A_i / B_j	A_1	A_2	A_3	A_4	$u._j$	$u^2._j$
B_1	2.8	−14.0	6.4	35.4	30.6	936.36
B_2	−0.9	−4.8	26.4	2.8	23.5	552.25
B_3	16.0	−9.4	−32.4	−14.8	−40.6	1648.36
$u_i.$	17.9	−28.2	0.4	23.4	$u.. = 13.5$	$\sum_{j=1}^{n} u^2._j = 3136.97$
$u_i^2.$	320.41	795.24	0.16	547.56	$\sum_{i=1}^{m} u_i^2. = 1663.37$	

表 6 – 22　数据的平方

A_i / B_j	A_1	A_2	A_3	A_4	$\sum_{i=1}^{n} u_{ij}^2$
B_1	7.84	196.00	40.96	1253.16	1497.96
B_2	0.81	23.04	696.96	7.84	728.65
B_3	256.00	88.36	1049.76	219.04	1613.16
$\sum_{j=1}^{n} u_{ij}^2$	264.56	307.40	1787.68	1480.04	3839.77

由于作了线性变换以简化计算,此时,除了 CT 项数值变动改为 CT' 表示外,其余各 Q 值均保持不变。

$$CT' = \frac{u^2..}{mn} = \frac{13.5^2}{4 \times 3} = 15.19$$

$$Q = Q' = \sum_{i=1}^{m} \sum_{j=1}^{n} u_{ij}^2 - CT' = 3839.77 - 15.19 = 3824.58$$

$$Q_A = Q'_A = \frac{1}{n} \sum_{i=1}^{m} u_i^2. - CT' = \frac{1663.37}{3} - 15.19 = 539.27$$

$$Q_B = Q'_B = \frac{1}{nm} \sum_{j=1}^{n} u^2._j - CT' = \frac{3136.97}{4} - 15.19 = 769.05$$

$$Q_e = Q'_e = Q' - Q'_A - Q'_B = 2516.26$$

其方差分析表见表 6 – 23。

表 6 – 23　方差分析表

方差来源	平方和	自由度	方差	F
燃料 A	539.27	3	179.76	0.43
发动机 B	769.05	2	384.52	0.92
误差	2516.26	6	419.38	$F_{0.05}(3,6) = 4.76$
总和	3824.58	11		$F_{0.05}(2,6) = 5.14$

从方差分析表可以得出,燃料的差异和发动机的差异对火箭射程的影响都不显著。然而,在方差分析表中有一个反常现象,即残差的方差 s_e^2 意外的很大,显然,这很可能是因为没有重复的二因素试验不能把 $A \times B$ 的交互作用分解出来的后果。因此,没有重复的二因素试验只适用于两个因素间没有交互作用的场合;如果要把交互作用的影响分解出来,必须做重复试验。

6.4.2　等重复二因素试验设计

如对 A_i,B_j 的每种组合重复做 l 次试验,则数据结构模型为

$$
\left.
\begin{aligned}
&x_{ijk} = \mu + \alpha_i + \beta_j + (\alpha\beta)_{ij} + \varepsilon_{ijk} \\
&\varepsilon_{ijk} \sim N(0, \sigma^2) \\
&(i = 1,2,\cdots,m),(j = 1,2,\cdots,n),(k = 1,2,\cdots l)
\end{aligned}
\right\}
\tag{6-58}
$$

式中各符号含义和特性与无重复双因素析因试验模型即式(6-56)相同,不同之处,增加了 k 这个重复角标,重复次数为 l。

按造成数据离散的原因,可将试验数据对总平均 $\bar{x}...$ 偏差分解如下:

$$
x_{ijk} - \bar{x}... = (\bar{x}_{i..} - \bar{x}...) + (\bar{x}_{.j.} - \bar{x}...) + (\bar{x}_{ij.} - \bar{x}_{i..} - \bar{x}_{.j.} + \bar{x}...) + (x_{ijk} - \bar{x}_{ij.}) \tag{6-59}
$$

等式右边各项顺序分别为 A_i 的效应,B_j 的效应,交互作用 $(A \times B)_{ij}$ 的影响和残差。对该偏差平方和进行分解,可以得到这种模型的方差分析基本方程为

$$
Q = Q_A + Q_B + Q_{A \times B} + Q_e \tag{6-60}
$$

$$
CT = \frac{x^2...}{mnl} \tag{6-61}
$$

$$
Q = \sum_{i=1}^{m} \sum_{j=1}^{n} \sum_{k=1}^{l} x_{ijk}^2 - CT, \qquad \nu = mnl - 1 \tag{6-62}
$$

$$
Q_A = \frac{1}{nl} \sum_{i=1}^{m} x_{i.}^2 - CT, \qquad \nu_A = m - 1 \tag{6-63}
$$

$$
Q_B = \frac{1}{ml} \sum_{j=1}^{n} x_{.j.}^2 - CT, \qquad \nu_B = n - 1 \tag{6-64}
$$

$$
Q_e = \sum_{i=1}^{m} \sum_{j=1}^{n} \sum_{k=1}^{l} x_{ijk}^2 - \frac{1}{l} \sum_{i=1}^{m} \sum_{j=1}^{n} x_{ij.}^2, \qquad \nu_e = mn(l-1) \tag{6-65}
$$

$$
Q_{A \times B} = Q - Q_A - Q_B - Q_e, \qquad \nu_{A \times B} = (m-1)(n-1) \tag{6-66}
$$

【例 6-6】　为研究不同的燃料和发动机对火箭射程的影响,每种燃料和发动机的每种组合各发射两发火箭,得到的火箭射程的试验数据如表 6-24 所示。试进行方差分析和显著性试验,并分析何种搭配方式能提高火箭的射程。

表 6-24　试验数据表(单位:km)

燃料　　　　推进器	A_1	A_2	A_3	A_4
B_1	107.8	91.0	111.4	140.4
	97.5	79.3	108.0	132.5

（续）

燃料 推进器	A_1	A_2	A_3	A_4
B_2	104.1	100.2	131.4	107.8
	76.3	93.6	135.6	94.5
B_3	121.0	95.6	72.6	90.2
	112.7	89.7	75.4	76.7

为计算简便，对数据做线性变换，令

$$\mu_{ij} = x_{ij} - 105$$

得以下变换后的数据计算表 6 – 25a 和表 6 – 25b。

表 6 – 25a 数 据 计 算 表

燃料 推进器	u_{ijk}				$u_{ij\cdot}$					
	A_1	A_2	A_3	A_4	A_1	A_2	A_3	A_4	$u_{\cdot j\cdot}$	$u^2_{\cdot j\cdot}$
B_1	2.8 −7.5	−14.0 −25.7	6.4 3.0	35.4 27.5	−4.7	−39.7	9.4	62.9	27.9	778.41
B_2	−0.9 −28.7	−4.8 −11.4	26.4 30.6	2.8 −10.5	−29.6	−16.2	57.0	−7.7	3.5	12.25
B_3	16.0 7.7	−9.4 −15.3	−32.4 −29.6	−14.8 −28.3	23.7	−24.7	−62.0	−43.1	−106.1	11257.21
$u_{i\cdot\cdot}$					−10.6	−80.6	4.4	12.1	$u_{\cdot\cdot\cdot} =$ −74.7	$\sum\limits_{j=1}^{n} u^2_{\cdot j\cdot}$ = 12047.87
$u^2_{i\cdot\cdot}$					112.36	6496.26	19.36	146.41	$\sum\limits_{i=1}^{m} u^2_{i\cdot\cdot}$ = 6774.39	

表6-25b 数据平方和

推进器 燃料	u_{ijk}^2				$\sum_{k=1}^{l} u_{ijk}^2$				$u_{ij\cdot}^2$			
	A_1	A_2	A_3	A_4	A_1	A_2	A_3	A_4	A_1	A_2	A_3	A_4
B_1	7.84 56.25	196.00 660.49	40.06 9.00	1253.16 756.25	64.09	856.49	49.96	2009.41	22.09	1576.09	88.36	3956.41
B_2	0.81 823.69	23.04 129.96	696.96 936.36	7.84 110.25	824.5	153.00	1633.32	118.09	876.16	262.44	3249.00	59.23
B_3	256.00 59.29	88.36 234.09	1049.76 876.16	219.04 800.89	315.29	322.45	1925.92	1019.93	561.69	610.09	3844.00	1857.61
					1203.88	1331.94	3609.20	3147.43	1459.94	2448.62	7181.36	5873.31
					$\sum_{i=1}^{m}\sum_{j=1}^{n}\sum_{k=1}^{l} u_{ijk}^2 = 9292.45$				$\sum_{i=1}^{m}\sum_{j=1}^{n} u_{ij\cdot}^2 = 16963.23$			

$$CT' = \frac{u^2_{...}}{mnl} = \frac{(-74.7)^2}{4 \times 3 \times 2} = 232.50$$

$$Q = Q' = \sum_{i=1}^{m} \sum_{j=1}^{n} \sum_{k=1}^{l} u_{ijk}^2 - CT' = 9292.45 - 232.50 = 9059.95$$

$$Q_A = Q'_A = \frac{1}{nl} \sum_{i=1}^{m} u_{i..}^2 - CT' = \frac{6774.39}{3 \times 2} - 232.50 = 896.58$$

$$Q_B = Q'_B = \frac{1}{ml} \sum_{j=1}^{n} u_{.j.}^2 - CT' = \frac{12047.87}{4 \times 2} - 232.50 = 1273.48$$

$$Q_e = Q'_e = \sum_{i=1}^{m} \sum_{j=1}^{n} \sum_{k=1}^{l} u_{ijk}^2 - \frac{1}{l} \sum_{i=1}^{m} \sum_{j=1}^{n} u_{ij.}^2 = 9292.45 - \frac{16963.23}{2} = 810.84$$

$$Q_{A \times B} = Q'_{A \times B} = Q' - Q'_A - Q'_B - Q'_e = 6079.05$$

由此建立方差分析表如表 6-26 所示。

表 6-26　方差分析表

方差来源	平方和	自由度	方差	F
因素 A	896.58	3	298.86	4.4*
因素 B	1273.48	2	636.74	9.4**
交互作用 A×B	6079.05	6	1013.18	15.0**
误差	810.84	12	67.57	
总和	9059.95	23		

由以上计算,可得等重复二因素试验的方差分析表。查 F 分布表,得 $F_{0.05}(3,12) = 3.49$,$F_{0.05}(2,12) = 3.89$,$F_{0.05}(6,12) = 3.00$,且有 $F_{0.01}(2,12) = 6.93$,$F_{0.01}(6,12) = 4.82$,因而,可以断言,燃料对火箭的射程有明显影响,而发动机和发动机与燃料的交互作用,对火箭的射程影响高度显著,因此,应当考虑燃料和发动机的合理搭配。由试验数据还可得知,A_4 和 B_1 的组合以及 A_3 和 B_2 的组合得到的射程最远。

6.4.3　2^k 析因试验

这是指由各两水平因素组成的全面试验。

1. 2^2 析因试验

就是双因素各两个水平的析因试验。如前述考察温度与高度对器件工作电流的影响的析因试验即为一例。将两因素分别记作 A 与 B,其两个水平可区分为"低"水平与"高水平",分别标以角标 L 与 H。它的四种因素—水平组合也即四种处理是 $A_L B_L$,$A_L B_H$,$A_H B_L$ 以及 $A_H B_H$。讨论析因试验常引入一套可用以进行符号运算的符号系统:以 1 表示低水平,表示因素的小写字母表示高水平,这时四种处理的数据符号则采用其乘积分别记作 $1, b, a, ab$。这种符号比起 6.1 节中所用的 $a_1 b_1, a_1 b_2, a_2 b_1, a_2 b_2$ 符号显然更简便些。表 6-27 和图 6-8 是两种表示形式。

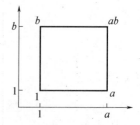

图 6-8　2^2 析因试验

表 6 – 27 2^2 析因试验的数据和统计模型

因素及水平	$B_L(1)$	$B_H(b)$
$A_L(1)$	$1 = \mu - \alpha - \beta + (\alpha\beta)$	$b = \mu - \alpha + \beta - (\alpha\beta)$
$A_H(a)$	$a = \mu + \alpha - \beta - (\alpha\beta)$	$ab = \mu + \alpha + \beta + (\alpha\beta)$

如以对平均值的偏差来定义效应和交互作用,则两个水平的效应等值反号。延用刚介绍的符号来表示时,试验数据的统计学模型为

$$\left.\begin{array}{l} ab = \mu + \alpha + \beta + (\alpha\beta) + \varepsilon_1 \\ a = \mu + \alpha - \beta - (\alpha\beta) + \varepsilon_2 \\ b = \mu - \alpha + \beta - (\alpha\beta) + \varepsilon_3 \\ 1 = \mu - \alpha - \beta + (\alpha\beta) + \varepsilon_4 \end{array}\right\} \qquad (6-67)$$

若略去各 ε_i 时,此式与 6.1 节的描述是一致的。式中 μ 是一般平均,α 是 A 因素的主效应,β 是 B 因素的主效应,$(\alpha\beta)$ 是 A 与 B 的交互作用(以后将其统称为要因)。这个模型还可以表 6 – 28 表示。

图 6 – 28 2^2 析因试验处理 – 要因关系表

处理	一般平均 μ	要因效应		
		a	β	$(\alpha\beta)$
ab	+	+	+	+
a	+	+	–	–
b	+	–	+	–
1	+	–	–	+

由表 6 – 28 可看出:

(1)表的纵列实际上是要因效应的定义式或者说要因效应估计值的计算式,即

$$\left.\begin{array}{l} \hat{\mu} = (ab + a + b + 1)/4 \\ \hat{\alpha} = (ab + a - b - 1)/4 \\ \hat{\beta} = (ab - a + b - 1)/4 \\ \hat{\alpha\beta} = (ab - a - b + 1)/4 \end{array}\right\} \qquad (6-68)$$

结合图 6 – 8,A 的主效应相应于矩形右边两顶点减去左边两顶点;B 的主效应相应于上边两顶点减去下边两顶点,而两者的交互作用相应于右上及左下对角顶点减去左上及右下对角顶点,一般均值对应于四顶点之和。

(2)表的横行实际就表示了式(6 – 67)。

(3)各列要因效应系数之和均为零,因此,求要因效应也就是求对照。

(4)任何两列(包括 μ)的对应系数积之和等于零,因此,要因效应是正交对照。可以根据正交对照的性质,对处理平方和进行分解,从而完成方差分析。

2. 2^3 析因试验

由 2^2 析因试验的讨论可知,求 2^k 析因试验的要因效应的关键是列出相应的处理 – 要因关系表。表 6 – 29 是 2^3 析因试验的处理 – 要因关系表。从表上可以看出其符号有如下规律。

(1)一般平均列全部取正号;

（2）主效应列高水平取正号，低水平取负号；

（3）交互作用列的符号为对应主效应列符号相乘的结果，即同号得正，异号得负。

图 6-29 2^3 析因试验处理 - 要因关系表

处理	一般平均	要因效应						
	μ	α	β	γ	$\alpha\beta$	$\beta\gamma$	$\alpha\gamma$	$\alpha\beta\gamma$
abc	+	+	+	+	+	+	+	+
ab	+	+	+	−	+	−	−	−
ac	+	+	−	+	−	−	+	−
a	+	+	−	−	−	+	−	+
bc	+	−	+	+	−	+	−	−
b	+	−	+	−	−	−	+	+
c	+	−	−	+	+	−	−	+
1	+	−	−	−	+	+	+	−

依照上述规律，不难类推不同 k 值的 2^k 析因试验的处理 - 要因关系表。

【例 6-7】   组织陶资刀具车削金属的功率消耗试验，保持主轴转速（1000r/min），进给量（0.30mm/min）和切削深度（2.54mm）不变，考察因素及其水平如表 6-30 所示。安装测力计以测定切削力的垂直分量，并以记录仪所显示偏移量（mm）作为试验指标，试编制试验方案并分析试验数据。

表 6-30   例 6-7 数据表

因素	水平	1	2
刀具类型（A）		甲	乙
刃倾角（B）		15°	30°
切削类型（C）		连续	间歇

解： 这是一个 3 因素 2 水平试验，其中定性因素两个，定量因素一个，为全面反映情况可采用 2^3 析因试验，共 8 个因素 - 水平组合，即 8 个处理。为分离交互作用与试验误差得出误差的估计，需安排重复试验。考虑控制试验条件（保持主轴转速、进给量和切削深度以及工件材质均匀等）难度较大，故各取 4 次测定，共做 $4 \times 8 = 32$ 次试验。

试验次序按完全随机化原则排定，使随时间变化因素的影响能均衡分配给各个处理，以免形成有利于某些或某种处理的倾向。具体做法可以用投币方法，例如以三枚不同硬币，规定其一面（字面）为 1，另一面（画面）为 2；各硬币（5 分，2 分，1 分）则对应因素 A、B 及 C，每投掷一次决定一个处理，按顺序编排试验安排表，也可用 8 卦或 64 卦的随机选择，骰子单双等任一种办法，取随机数的八余数的二进码也是很好的办法，可由计算机或计算器来产生。

依次实施全部试验，设取得了表 6-31 的试验记录。

表 6 - 31　例 6 - 7 试验记录

陶瓷刀车功率消耗 2^3 析因试验				
		刀具类型(A)		
		A$_1$		A$_2$
		刃倾角(B)		刃倾角(B)
		B$_1$(15°)	B$_2$(30°)	B$_1$(15°)　B$_2$(30°)
切削类型(C)	C$_1$(连续)	29.0 26.5 30.5 27.0	28.5 28.5 30.0 52.5	28.0　29.5 28.5　32.0 28.0　29.0 25.0　28.0
	C$_2$(间歇)	28.0 25.0 26.5 26.5	27.0 29.0 27.5 27.5	24.5　27.5 25.0　28.0 28.0　27.0 26.0　26.0

注:表上文字或数字,与字母实际上都可以只写其中一种,足以反映因素—水平组合即可

为简化计算可作线性变换,在本例中,采用

$$\mu_{ijk} = (x_{ijk} - 28) \times 2$$

编成计算表如表 6 - 32 所示,方差分析表见表 6 - 33。

表 6 - 32　2^3 析因试验计算表

(i) 试验 编号	(j) A (1)	B (2)	C (3)	A×B (4)	A×C (5)	B×C (6)	A×B×C (7)	μ_{ik} $k=$ 1　2　3　4	$\mu_i.$	$\mu_i^2.$	$\sum_k \mu_{ik}^2$
1	+	+	+	+	+	+	+	2　-3　5　-2	2	4	42
2	+	+	-	+	-	-	-	0　-6　-3　-3	-12	144	54
3	+	-	+	-	+	-	-	1　1　4　9	15	225	99
4	+	-	-	-	-	+	+	-2　2　-1　-1	-2	4	10
5	-	+	+	+	-	+	-	0　1　0　-6	-5	25	37
6	-	+	-	-	+	-	+	-7　-6　0　-4	-17	289	101
7	-	-	+	+	+	-	+	3　8　2　0	13	169	77
8	-	-	-	+	+	+	-	-1　0　-2　-4	-7	49	21
μ_{j+}	3	-32	25	-4	-7	-12	-4	$\mu..$	$\mu_i^2.$	$\sum_i$	$\sum_i \sum_k \mu_{ik}^2$
μ_{j-}	-16	19	-38	-9	-6	-1	-9	纵向和	-13	909	441
$\Delta\mu_j = \mu_{j+} - \mu_{j-}$	19	-51	63	5	-1	-11	5				
$Q'_j = \Delta\mu_j^2/(4\times8)$	11.28	81.25	124.03	0.78	0.03	3.78	0.78	$CT' = \mu^2.. \div (4\times8) = 5.28$			

注:1. μ_{j+} 指 j 列中为正的各 i 的 $\mu_i.$ 之和,μ_{j-} 指 j 列中为负的各 i 的 $\mu_i.$ 之和。

2. 由于线性转换乘以倍数2,所以计算平方和时要除以 2^2,否则只写作 Q 即可,本节采用后一种方法,不影响方差分析

$$Q' = \sum_i \sum_k u_{ik}^2 - CT = 441 - 5.28 = 435.72$$

$$Q'_e = \sum_i \sum_k u_{ik}^2 - \sum_k u_{i\cdot}^2 \div k = 441 - 909 \div 4 = 213.75$$

其他各平方和见表末行,涵义易明,不再注释。

表 6 – 33　例 6 – 7 方差分析表

方差来源	平方和 Q'	自由度 f	方差 s^2	方差比
刀具类型 A	11.28	1	11.28	1.267
刀倾角 B	81.28	1	81.28	9.126＊＊
切削类型 C	124.03	1	124.03	13.926＊＊
A×B	0.78	1	0.78	0.088
A×C	0.03	1	0.03	0.003
B×C	3.78	1	3.78	0.424
A×B×C	0.78	1	0.78	0.088
误差	213.75	24	8.91	
总和	435.72	31		
$F_{0.05}(1,24)=4.26$　　$F_{0.01}(1,24)=7.82$				
注:由于线性转换乘以倍数 2,实际方差为表列的 $1/2^2$,不影响方差比计算				

由表可以看出,刃倾角与切削类型对功率消耗有高度显著影响,刀具类型(指被测的两种而言)差异影响及各交互作用影响均不显著,较小的刃倾角和间歇切削方式均能减小功耗。

6.5　正交试验设计

多因素试验设计中经常遇到信息量与试验规模的矛盾。试验者总是希望在试验中多安排一些因素从而尽可能多地取得关于研究对象的信息,并借以排除干扰因素(通称为噪声);另一方面则又希望试验规模不要过大,试验次数要少些,以节省人、财、物力。这两个要求是矛盾的。以 2^k 析因试验为例,随着试验因素数目 k 的增加,试验次数按等比级数递增;而且为分离交互作用与试验误差,还需安排重复试验,从而更使试验次数猛增。

为解决此矛盾,再分析一下无重复析因试验。其中虽然对各因素 – 水平组合均只做一次试验,但由于正交性,实际上每个水平都隐含着重复试验的信息。如在 2^5 析因试验中,每个因素的两个水平都重复了 $2^4 = 16$ 次。无重复析因试验的缺点之一是无法将交互作用与试验误差的影响分离。然而在某些场合并不需要将各交互作用与试验误差全部分离开。从技术角度和专业知识出发,常常可以不考虑某些预知很弱的交互作用。至于 3 因素以上的交互作用,一般很难从机理上予以解释,即使分离出来也未必显著。这样就可能将这些交互作用省去,将其影响归入误差信息。例如表 6 – 34 所示的 2^5 析因试验,不考虑 3 因素以上交互作用时,只需做规模略大于 15 次试验就能满足要求。或者说,用 2^4 试验的规模即足以考察 5 个因素的效应,并无需专门安排重复。如果还能忽略部分 2 因素间的交互作用,则甚至以 2^3 规模来安排与因素试验也未尝不可。这样,如能忽略部分交互作用,析因试验就有潜力可挖掘,减小试验规模,这种做法称为析因试验的部分实施,或称部分析因试验。

表6-34　2^5析因试验的要因自由度

要因	主效应	2 因素交互作用	3 因素交互作用	4 因素交互作用	5 因素交互作用	总和
自由度	5	10	10	5	1	31

上述设想还可以用另一种更直观的方式来表述:若析因试验的全部因素－水平组合中,能选出部分具有典型性的组合(处理)来组织试验,就可在不损失有用信息条件下缩小试验规模。如图6-9所示有27种可能的处理的3^3析因试验中,若选择$A_1B_1C_1$,$A_1B_2C_2$,$A_1B_3C_3$,$A_2B_1C_2$,$A_2B_2C_3$,$A_2B_3C_1$,$A_3B_1C_3$,$A_3B_2C_1$和$A_3B_3C_2$等9个点时,图中9个平面的每个面上均各有三个点,且各每行每列上均能分到一个点,保持了试验方案的均衡。选择的方案既全面反映了情况,又缩小了试验规模(以9次试验代替27次同样完成3^3析因试验)。当然代价是牺牲了对交互作用的考察。

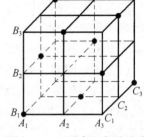

图6-9　三因素三水平试验

根据上述设想形成了一套专门的多因素试验设计方法——正支试验设计法,简称正交设计。

6.5.1　正交表的构成和特点

正交表是一种规格化的表格,是正交设计的基本工具。正交试验既是析因试验的部分实施,所使用的正交表也就是析因试验的处理－要因关系表的变化形式。下面通过将2^3析因试验的处理－要因关系表演化成$L_8(2^7)$正交表的过程加以说明。

表6-35　正交表的演化

试验号	处理		因素符号						列号						
			A	A		A		A	(1)	(2)	(3)	(4)	(5)	(6)	(7)
			B				B	B							
			B	C	C	C		C							
1	abc	$A_1B_1C_1$	+	+	+	+	+	+	+	1	1	1	1	1	1	1
2	ab	$A_1B_1C_2$	+	+	+	−	−	−	−	1	1	1	2	2	2	2
3	ac	$A_1B_2C_1$	+	−	−	+	+	−	−	1	2	2	1	1	2	2
4	a	$A_1B_2C_2$	+	−	−	−	−	+	+	1	2	2	2	2	1	1
5	bc	$A_2B_1C_1$	−	+	−	+	−	+	−	2	1	2	1	2	1	2
6	b	$A_2B_1C_2$	−	+	−	−	+	−	+	2	1	2	2	1	2	1
7	c	$A_2B_2C_1$	−	−	+	+	−	−	+	2	2	1	1	2	2	1
8	1	$A_2B_2C_2$	−	−	+	−	+	+	−	2	2	1	2	1	1	2
									a	b	a	c	a	b	a
		列								b			c	c	b
		名													c
									I	II			III		

注:此表右半部是$L_8(2^7)$正交表

在表 6 – 35 中不难看出，其左半部就是 2^3 析因试验的处理 – 要因关系表，只是作了如下三点更改和补充：

（1）对各个处理加编了试验号；

（2）在处理栏内添补了常规的因素 – 水平组合标记。以大写拉丁字母表示因素，以角标 1 和 2 区分水平，表明了各试验号的试验条件；

（3）在第三栏内将要因符号换成因素符号，因为当前的目标并非要估计要因效应，而是要标明该列和哪个因素相对应。

表 6 – 35 的右半部实际上是第三栏（因素符号栏）的改型，即：

（1）去掉因素符号，改用 1 ~ 7 的列号。

（2）以 1 代替正号，以 2 代替负号。在两水平系列试验设计中，更直观地区分水平。

（3）表下方添加列名栏，便于安排试验因素，但改用小写斜体拉丁字母标记，意味着可作量值符号运算。1，2，4 列，即 a, b, c 列的水平标号和处理栏中因素的水平下角标相同。

（4）表中的七列可分成三组。第 1 列为第 I 组，数字 1 与 2，集中在两组，只更迭一次；2，3 列为第 II 组，数字 1 与 2 两两集中；4 至 7 列为第 III 组，奇偶试验号行数字不同。为满足不同规模的试验需求，编制了不同因素数和水平数的正交表备用，并赋予一定代号。

正交表的代号是 L，表示正交表来源于拉丁方，其他字母表达的含义如下：

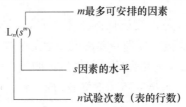

书末附录中列出了最常用的 $L_4(2^3)$，$L_8(2^7)$，$L_9(3^4)$，$L_{16}(2^{15})$ 正交表，一般已足够了。

一份正交表包括主表和两张附表（交互作用表和表头设计表）三张表。下面是 $L_8(2^7)$ 的三张（见表 6 – 36，6 – 37a，6 – 37b）构成一套。

表 6 – 36　$L_8(2^7)$ 正交表

列号　　试验号	1	2	3	4	5	6	7
1	1	1	1	1	1	1	1
2	1	1	1	2	2	2	2
3	1	2	2	1	1	2	2
4	1	2	2	2	2	1	1
5	2	1	2	1	2	1	2
6	2	1	2	2	1	2	1
7	2	2	1	1	2	2	1
8	2	2	1	2	1	1	2
组	I	II		III			

主表中数字代表不同水平。表中的第 2^0、第 2^1、第 2^2 列(即第 1,2,4 等列)称为二分列、四分列、八分列,记作 a 列、b 列、c 列,统称基本列,其余各列为交互作用列,其列名和水平排列可由符号运算得出,在表 6-37a 和表 6-37b 中可以查到。

表 6-37a $L_8(2^7)$ 交互作用表

序号	1	2	3	4	5	6	7
1	(1)	3	2	5	4	7	6
2		(2)	1	6	7	4	5
3			(3)	7	6	5	4
4				(4)	1	2	3
5					(5)	3	2
6						(6)	1
7							(7)

交互作用表的功能是确定任意两列的交互作用列的位置,例如第 2 行和第 4 列的交汇点数字为 6,说明第 6 列是第 2 列(b 列)和第 4 列(c 列)的交互列(bc 列),和表 6-35 上所标列名是一致的。如果主因素列没有放在基本列上这个表上也能找出交互作用列来。将交互作用表中找出的各种可能结果汇集在一起就构成表头设计表。有了此表,就可直接用它来编排试验方案。使用时每个交互作用列出当作一个因素对待(见表 6-37b)。

应当避免强交互作用和主效应在同一到中出现,从而产生混杂现象而无法再将其分开。当然这要主因素起过 3 个时才会发生。

表 6-37b $L_8(2^7)$ 表头设计表

列号因素数	1	2	3	4	5	6	7
3	A	B	$A \times B$	C	$A \times C$	$B \times C$	
4	A	B	$A \times B$ $C \times D$	C	$A \times C$ $B \times D$	$B \times C$ $A \times D$	D
4	A	B $C \times D$	$A \times B$	C $B \times D$	$A \times C$	D $B \times C$	$A \times D$
5	A $D \times E$	B $C \times D$	$A \times B$ $C \times E$	C $B \times D$	$A \times C$ $B \times E$	D $A \times E$ $B \times C$	E $A \times D$

表上列了 4 因素时的两种方案供选择,这种表头设计方案在 5 因素时,可以自己根据表 6-37a 编出来。而表 6-37a,只要将表 6-36 上任两列对应试验号符号相乘,再找到与它们全部对应的列就是该两列所对应的交互作用列。所以当只有主表时,一样可以自行编表。

表 6-38 是 $L_9(3^4)$ 正交互主表,第 1,2 列是基本列,第 3,4 两列是交互作用列,或者说任意两列的另外两列是交互作用列。符号相乘的规则如下:

	1	2
1 ×	1	2
2 ×	2	1

	1	2	3
1 ×	1	2	3
2 ×	2	3	1
3 ×	3	1	2

	1	2	3
1 ×	1	2	3
2 ×	3	1	2
3 ×	2	3	1

表 6 - 38　$L_9(3^4)$ 正交表主表

列号 试验号	1	2	3	4
1	1	1	1	1
2	1	2	2	2
3	1	3	3	3
4	2	1	2	3
5	2	2	3	1
6	2	3	1	2
7	3	1	3	2
8	3	2	1	3
9	3	3	2	1
组	I	II		
列名	a	b	ab	a^2b

每列中 1,2,3 各出现三次；而任何两列,如第 3、4 列构成九对有序数对:11、22、33、23、31、12、32、13、21,每对出现一次;且搭配均匀,水平 3 排在前面的有三次,后跟 1、2、3,水平 2 排在前面的也有三次,也后跟 1、2、3,水平 1 也如此;如果考察第 2、4 列、第 2、3 列或第 1、2 列,情况都一样。这表明试验点分布均匀。

正交表的特点是:

(1) 每列中出现各数字的次数均相同。

(2) 任意两列的同一试验号(同行)出现的序数对,其次数相同,且搭配均匀。如 $L_8(2^7)$ 表中任两列出现组合 (1,1),(1,2),(2,1),(2,2) 均各两次。

由此两特点可引申得到:

(1) 虽然正交试验中每个试验号的试验条件都不一样,但对各因素的每一水平来说又都参加了重复数相同的重复试验,从而可以用来估计试验误差。

(2) 虽然从全局来看,每个正交试验都只能算局部试验,但就任意个因素,却都是全面试验,足以反映任何两因素的不同水平的搭配对于指标的影响,因此能用来分析交互作用。

6.5.2　正交表的使用

使用正交表编排试验方案有两种不同情况。

1. 不考虑各因素间交互作用

如果不需要考虑各因素间的交互作用,那么试验方案设计只需用到主表。把正交表的各列任意地安排一个因素(一列对应一个因素,不能让两个不同因素对应同一列或一个因素重复排入两列,但可以有空列),然后把各列的数字"翻译"成所对应的该因素的水平,这样,每一行的各水平的组合便构成一个试验条件。关键是选择一张规模合适的正交表。选择的原则是:水平数相当;表上可安排最多因素数多于实际需要考察的因素数,留出空列用以估计试验误差。

【例 6 – 8】　考察某化工产品转化率,选定因素和水平如表 6 – 39 所列。试排定正交试验方案。

表 6 – 39　例 6 – 8 要求考察的因素与水平表

因素	水平 1	2	3
A 反应温度 T/℃	80	85	90
B 反应时间 t/min	90	120	150
C 用碱量/%	5	6	7

解:为本题的 3 因素 3 水平试验,应选择 3 水平系列的正交表。由于不需考虑交互作用, $L_9(3^4)$ 正交表已够用,故选用来编排试验方案。

各因素可排放正交表任一列,但每列只能安排一个因素。按正交表 6 – 38 逐项填入整理成表 6 – 40。为了贯彻随机化原则,可为每个试验序号安排一个随机数,然后按随机数顺序排定试验先后。此列排在方案表 6 – 40 之末即可。

表 6 – 40　例 6 – 8 的试验方案

因素 试验号	A 温度 (1)	B 时间 (2)	C(用碱量) (3)	(4)	随机数及 试验顺序
1	1(80℃)	1(90min)	1(5%)	1	14(1)
2	1(80℃)	2(120min)	2(6%)	2	98(9)
3	1(80℃)	3(150min)	3(7%)	3	22(2)
4	2(85℃)	1(90min)	2(6%)	3	42(4)
5	2(85℃)	2(120min)	3(7%)	1	76(7)
6	2(85℃)	3(150min)	1(5%)	2	33(3)
7	3(90℃)	1(90min)	3(7%)	2	43(5)
8	3(90℃)	2(120min)	1(5%)	3	72(6)
9	3(90℃)	3(150min)	2(6%)	1	85(8)

正交表第(4)列是空列,可用来提取试验误差的信息。

2. 需考察某些因素的交互作用

这时不能再随意把因素排入正交表,要注意安排了因素的列不应再有要考察的强交互作用。

【例 6 – 9】　设计一个 4 因素 2 水平试验来考察淬火工艺对零件硬度的影响,选定因素与水平如表 6 – 41 所列。重点要求考察温度与时间的交互作用(即 A×B)。

表 6 – 41　例 6 – 9 要求考察的因素与水平表

因素 水平	A 温度/(T/℃)	B 时间/(t/min)	C 冷却液	D 操作方法
水平 1	800	15	油	D_1
水平 2	820	11	水	D_2

解: 试验中有两个定量因素、两个定性因素,以及一个要考察的交互作用,共 5 个要因。因此选择有 7 列的 $L_8(2^7)$ 正交表来编排试验。

正交表的(1),(2)两列是基本列,安排了因素 A 和 B 后,第 3 列就是 $A \times B$ 的交互作用列,是着重考察的要因,不能再排其他因素,第(4)列(八分列)也是基本列。排入因素 C,可不必考虑会发生混杂,因 $A \times C$ 和 $B \times C$ 在 5、6 两列,故将因素 D 排入第 7 列,该列列名为 abc 列,是前 3 个因素的交互作用列。前已述及,3 因素的交互作用一般甚微,不会干扰因素 D 的主效应,只要因素 D 和前 3 个因素间无强交互作用,就不致干扰排定的因素 A,B,C 的主效应。从表 6 –37b 看,只要 $C \times D$ 交互作用不干扰 $A \times B$ 的交互作用即可。最后排定如表 6 –42 所列。

表 6 –42　例 6 –9 的试验方案

因素 试验号	A (1)	B (2)	A×B (3)	C (4)	(5)	(6)	D (7)	随机数及 试验顺序
1	1(800℃)	1(15min)	1	1(油)	1	1	1(D_1)	70(5)
2	1(800℃)	1(15min)	1	2(水)	2	2	2(D_2)	92(8)
3	1(800℃)	2(11min)	2	1(油)	1	2	2(D_2)	01(1)
4	1(800℃)	2(11min)	2	2(水)	2	1	1(D_1)	52(2)
5	2(820℃)	1(15min)	2	1(油)	2	1	2(D_2)	83(7)
6	2(820℃)	1(15min)	2	2(水)	1	2	1(D_1)	54(3)
7	2(820℃)	2(11min)	1	1(油)	2	2	1(D_1)	78(6)
8	2(820℃)	2(11min)	1	2(水)	1	1	2(D_2)	56(4)

6.5.3　正交试验的数据统计学模型

正交试验是析因试验的部分实施,因此其数据统计学模型可从析因试验的数据统计学模型推演得出。以例 6 –9 的试验方案为例加以说明。重录其正交表头设计如下:

A	B	A×B	C			D
(1)	(2)	(3)	(4)	(5)	(6)	(7)

以 μ 表示一般平均,以 $\alpha,\beta,\gamma,\delta$ 分别表示 A,B,C,D 等 4 因素的主效应,以 $\alpha\beta$ 表示交互作用 $A \times B$,则 8 个处理的试验数据的结构模型分别为

$$\left.\begin{array}{l}x_1 = \mu_1 + \varepsilon_1 = \mu + \alpha + \beta + \alpha\beta + \gamma + \delta + \varepsilon_1 \\ x_2 = \mu_2 + \varepsilon_2 = \mu + \alpha + \beta + \alpha\beta - \gamma - \delta + \varepsilon_2 \\ x_3 = \mu_3 + \varepsilon_3 = \mu + \alpha - \beta - \alpha\beta + \gamma - \delta + \varepsilon_3 \\ x_4 = \mu_4 + \varepsilon_4 = \mu + \alpha - \beta - \alpha\beta - \gamma + \delta + \varepsilon_4 \\ x_5 = \mu_5 + \varepsilon_5 = \mu - \alpha + \beta - \alpha\beta + \gamma - \delta + \varepsilon_5 \\ x_6 = \mu_6 + \varepsilon_6 = \mu - \alpha + \beta - \alpha\beta - \gamma + \delta + \varepsilon_6 \\ x_7 = \mu_7 + \varepsilon_7 = \mu - \alpha - \beta + \alpha\beta + \gamma + \delta + \varepsilon_7 \\ x_8 = \mu_8 + \varepsilon_8 = \mu - \alpha - \beta + \alpha\beta - \gamma - \delta + \varepsilon_8\end{array}\right\} \quad (6-69)$$

这个结构模型和第 4 章所介绍的最小二乘法适用的线性模型形式完全相同,而且结构矩阵 A 还是正交矩阵,正交性由正交表得到保证。$A^T A = 8I_8$,其逆为 $I_8/8$。由此得出各要因的点估

计分别为

$$\hat{u} = \frac{1}{n} \sum_{i=1}^{n} x_i = \bar{x}, n = 8 \qquad (6-70)$$

$$\hat{\alpha} = \frac{1}{8}(x_1 + x_2 + x_3 + x_4 - x_5 - x_6 - x_7 - x_8) = \frac{1}{n}\left(\sum_{a_1} x_i - \sum_{a_2} x_i\right) = \bar{x}_i - \bar{x} \qquad (6-70\text{a})$$

$$\hat{\beta} = \frac{1}{8}(x_1 + x_2 + x_5 + x_6 - x_3 - x_4 - x_7 - x_8) = \frac{1}{n}\left(\sum_{b_1} x_i - \sum_{b_2} x_i\right) = \bar{x}_i - \bar{x} \qquad (6-70\text{b})$$

$$\hat{\gamma} = \frac{1}{8}(x_1 + x_3 + x_5 + x_7 - x_2 - x_4 - x_6 - x_8) = \frac{1}{n}\left(\sum_{c_1} x_i - \sum_{c_2} x_i\right) = \bar{x}_i - \bar{x} \qquad (6-70\text{c})$$

$$\hat{\delta} = \frac{1}{8}(x_1 + x_4 + x_6 + x_7 - x_2 - x_3 - x_5 - x_8) = \frac{1}{n}\left(\sum_{d_1} x_i - \sum_{d_2} x_i\right) = \bar{x}_i - \bar{x} \qquad (6-70\text{d})$$

$$\hat{\alpha}\beta = \frac{1}{8}(x_1 + x_2 + x_7 + x_8 - x_3 - x_4 - x_5 - x_6)$$

$$= \frac{1}{n}\left(\sum_{a_1b_1\text{或}a_2b_2} x_i - \sum_{a_2b_1\text{或}a_1b_2} x_i\right) = \bar{x}_i - \hat{\alpha} - \hat{\beta} - \bar{x} \qquad (6-70\text{e})$$

诸通用公式中的求和号和平均号表示各以注解条件存在的值为项求和及除以项数(项数在本例为 $n/2 = 4$),例如 $\sum_{a_1} x_i$ 就是 a_1 存在时的各项 x_1, x_2, x_3, x_4 之和,而 $\bar{x}_i$ 为其 1/4。

上述结果表明,一般平均可以其数据的总平均值来估计,而各因素的数则应各以其第一水平存在时的数据平均值与其总平均值之差来估计,交互效应则还需减去两主效应的估计值。这些效应估计值的正或负,表明第一水平优于还是差于第二水平的作用。数值则反映优或差的程度。

有了这些估计值,不难估得各种因素 – 水平的组合的效应。以例 6 – 9 中的 $T = 800℃$, $t = 11\text{min}$,水冷和 D_2 操作方式。虽然并未做过试验,但这个因素 – 水平组合是 $A_1B_2C_2D_2$ 仍可通过各估计值得出为

$$\hat{x}_{A_1B_2C_2D_2} = (a_1b_2c_2d_2)_{\text{估计值}} = \hat{\mu} + \hat{\alpha} - \hat{\beta} - \hat{\gamma} - \hat{\delta} - \hat{\alpha}\beta$$

正负号的选择取决于各相应因素,正对应于水平 1,负对应于水平 2,交互作用则根据同号为正,异号为负原则。但是,要注意这些估计位本身是有正有负的。根据上述原则不难得到最优的工艺组合。

与此相仿,3 水平正交试验的效应估计式相应地为

$$\hat{\mu} = \bar{x} = \frac{1}{n} \sum_{i=1}^{n} x_i \qquad (6-71\text{a})$$

$$\bar{\alpha}_i = A_i \div \frac{n}{3} - \bar{x} \qquad (6-71\text{b})$$

$$\bar{\beta}_j = B_j \div \frac{n}{3} - \bar{x} \qquad (6-71\text{c})$$

$$(\hat{\alpha}\beta)_{ij} = (AB)_{ij} \div \left(\frac{n}{9}\right) - \hat{\alpha}_i - \hat{\beta}_j - \bar{x} \qquad (6-71\text{d})$$

其中 $A_i = \sum_{a_i} x_k$ 即因素 A 第 i 个水平存在的试验数据之和,$B_j = \sum_{b_j} x_k$ 即因素 B 第 j 个水平存在的试验数据之和,$(AB)_{ij} = \sum_{a_ib_j} x_k$,即 A_iB_j 组合下的试验数据之和。显然这些数据是 n 个数据中的 1/3 或 1/9,对水平数多于 3 个的情况也可类推。

6.5.4 正交试验的数据处理

正交试验数据处理方法有两种:极差分析法(又称直观分析法)和方差分析法。

1. 极差分析法

极差分析法又称为直观分析法。它根据各因素及水平对试验结果影响的大小,通过直观的综合比较和图形分析得出对试验研究的结论。

【例6-10】 按例6-8方案实施后得出了各试验条件下的转换率,要求对试验结果加以直观分析。

解:计算过程及结果如表6-43所列。(习惯上分析表与正交表行列一致,为省篇幅改用横式表格,实质一样。)

表6-43 极差分析表

列号 j	试验号									x_{j1}	x_{j2}	x_{j3}	$\bar{x}_{j1}$	$\bar{x}_{j2}$	$\bar{x}_{j3}$	R_j
	1	2	3	4	5	6	7	8	9							
A (1)	1	1	1	2	2	2	3	3	3	123	144	183	41	48	61	20
B (2)	1	2	3	1	2	3	1	2	3	141	165	144	47	55	48	8
C (3)	1	2	3	2	3	1	3	1	2	135	171	144	45	57	48	12
(4)																
转化率 $x_i/\%$	31	54	38	53	49	42	57	62	64	$x.. = 450$			$\bar{\mu} = x.. \div 9 = 50$			

表中下标 i 表示试验号, j 代表列号。如 x_{11}, x_{12}, x_{13},即为第一列(A列)的1、2、3 三个水平的三个试验结果之和。对反应温度(A)来说,反应时间(B)和用碱量(C)处于均等状态,因此反应温度的效果具有可比性。比较 x_{11}, x_{12}, x_{13} 的大小,可知反应温度越高,转化率越高。$\bar{x}_{j1}、\bar{x}_{j2}、\bar{x}_{j3}$ 表示综合平均意义下的转化率。最后一行 R_j 为极差,$\bar{x}_{j1}、\bar{x}_{j2}、\bar{x}_{j3}$ 中最大值和最小值之差,表示了因素对指标影响的幅度。为表述清晰,可用图形标识各因素、各水平的平均转化率,见图6-10 所示。显然从图和表上都可看出最佳因素 – 水平组合是 $A_3B_2C_2$ 的工艺条件,即 $T = 90℃, t = 120min$,用碱量6%能有最高的转化率。尽管这次试验中并未在此条件下做过试验,但因正交试验的全面性、代表性和典型性保证该结论是可靠的。进一步的数据计算得到极差和 $\sum R_j = 40$。这表明 $A_3B_2C_2$ 工艺能比最差的 $A_1B_1C_1$ 工艺的转化率31%提高40 个百分点,达到71%。当然,由于试验的数据的结构模型中未考虑交互作用因素,分析结论仍有待实际做一次试验来确证。纵然达不到71%,也可能比试验中最高转化率64%要高。这样就等于以总共9次试验代替了全面实施方案所需的 3^3,即27 次试验,其效益是显然的。

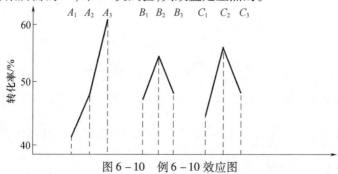

图6-10 例6-10效应图

【**例 6 - 11**】　按例 6 - 9 方案实施后得到了不同淬火工艺下的零件硬度测量值,试做直观分析。

解: 如表 6 - 44 所列,并画出效应图 6 - 11。

表 6 - 44　极差分析表

试验号 i 列号 j	1	2	3	4	5	6	7	8	x_{j1}	x_{j2}	$\bar{x}_{j1}$	$\bar{x}_{j2}$	R_j
A　　(1)	1	1	1	1	2	2	2	2	223	212	55.75	53.00	2.75
B　　(2)	1	1	2	2	1	1	2	2	222	213	55.50	53.25	2.25
A×B　(3)	1	1	2	2	2	2	1	1	208	227	52.00	56.75	4.75
C　　(4)	1	2	1	2	1	2	1	2	208	227	52.00	56.75	4.75
D　　(7)	1	2	2	1	2	1	1	2	213	222	53.25	55.50	2.25
硬度/HRC	50	59	56	58	55	58	47	52			$x.. = 435$	$\bar{x} = 54.375$	

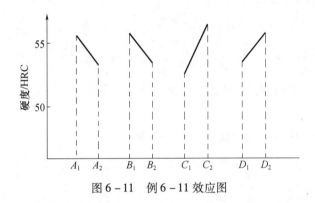

图 6 - 11　例 6 - 11 效应图

为表达清晰,将计算的结果画成图形。各因素影响的主次次序为 C、A×B、A、B、D。但因素 A 与 B 有强交互作用,不能单纯地分析 A 和 B 的主效应,而应列出各种水平组合下的试验数据平均值,如表 6 - 45 所列。

表 6 - 45　A 和 B 不同水平组合下的试验数据平均值

指标 B　　　　　A	A_1	A_2
B_1	54.5	56.5
B_2	57.0	49.5

显然 $A_1 B_2 C_1 D_1$ 组合,即温度 800℃,时间 11min,用水为冷却液,采用操作方法 D_2 为优选工艺。

极差分析法计算量较少,推论形象,但无法估计误差的影响程度,当试验误差较大时,结论可靠性将降低。

2. 方差分析法

方差分析的要点是平方和的分解,将总偏差平方和按影响因素分解的有关公式如下:

总平方和 $\qquad Q = \sum_{i=1}^{n} x_i^2 - CT$ $\qquad$ (6-72a)

列偏差平方和 $\qquad Q_j = U_j - CT$ $\qquad$ (6-72b)

残差平方和 $\qquad Q_e = Q - \sum Q'_j = Q''_j$ $\qquad$ (6-72c)

上述式中修正项 $\qquad CT = \frac{1}{n}\left(\sum_{i=1}^{n} x_i\right)^2$ $\qquad$ (6-72d)

列平方和 $\qquad U_j = \frac{p}{n}\sum_{k=1}^{p} x_{jk}^2$ $\qquad$ (6-72e)

Q'_j 为所考察因素所对应列的偏差平方和，Q''_j 为空列的偏差平方和，p 为水平数。

2 水平列的正交试验有列偏差平方和的简易计算式，可和极差联系起来，为

$$Q_j = \frac{x_{j1}^2 + x_{j2}^2}{n/2} - \frac{(x_{j1} + x_{j2})^2}{n} = \frac{1}{n}(x_{j1} - x_{j2})^2 = R_j^2/n \qquad (6-73)$$

各平方和对应的自由度为

$$\nu = n - 1 \qquad (6-74a)$$

$$\nu_j = p - 1 \qquad (6-74b)$$

$$\nu_e = \nu - \sum \nu'_j = \sum \nu''_j \qquad (6-74c)$$

式中 ν'_j 为所考察因素对应列的自由度，ν''_j 为空列的自由度。对于 2 水平系列正交试验各 ν_j 即等于 1，从而样本方差 $s_j^2 = Q_j$。

第一列的样本方差的期望值为（以 $L_8(2^7)$ 为例）

$$E(s_1^2) = \frac{1}{8}E\left[(x_1 + x_2 + x_3 + x_4 - x_5 - x_6 - x_7 - x_8)^2\right]$$

代入数据结构模型，可得

$$E(s_1^2) = 8\alpha^2 + \sigma^2 > \sigma^2 \qquad (6-75)$$

同样，凡安排了要因的列均有此现象，即其样本方差 s_j^2 不是 σ^2 的无偏估计，除非效应为零。反之未安排要因的空列的样本方差是 σ^2 的无偏估计。与 6.2.3 节中式(6-12)的推论一样，可以构造检验统计量 $F_j = s_j^2/s_e^2$ 来检验所安排的第 j 个要因对试验数据有否显著影响。显然，为了提高的 σ^2 估计的可靠性，应增加 s_e^2 的自由度 ν_e，其办法是多用几个空列合起来计算 s_e^2。这也就是在 6.5.2 节中一再提到过的要使列数略多于要安排的因数的道理。现在仍以例 6-10 和例 6-11 的数据为例作方差分析，例 6-10 的计算过程如表 6-46 所示。

表 6-46 $L_9(3^4)$ 表

列号 j	试验号									u_{j1}	u_{j2}	u_{j3}	u_{j1}^2	u_{j2}^2	u_{j3}^2	Q_j
	1	2	3	4	5	6	7	8	9							
A (1)	1	1	1	2	2	2	3	3	3	−27	−6	33	729	36	1089	618
B (2)	1	2	3	1	2	3	1	2	3	−9	15	−6	81	225	36	114
C (3)										−15	21	−6	225	441	36	234
(4)	1	2	3	2	3	1	3	1	2	−6	3	3	36	9	9	18

（续）

列号 j	试验号									u_{j1}　u_{j2}　u_{j3}	u_{j1}^2　u_{j2}^2　u_{j3}^2　Q_j
	1	2	3	4	5	6	7	8	9		
转化率 $x_i/\%$	31	54	38	53	49	42	57	62	64	横向和	$CT'=0$　$Q=984$
$u_i=x_i-50$	−19	4	−12	3	−1	−8	7	12	14	$\sum_i u_i=0$	
u_i^2	361	16	144	9	1	64	49	144	196	$\sum_i u_i^2=984$	

注意:这时求 Q_j 用的是由式(6–72b)和式(6–72e)结合推出的公式

$$Q_j = \frac{p}{n}\sum_i u_{ji}^2 - CT' \tag{6-76}$$

只是由于 $CT'=0$ 的特殊情况,看起来似乎 Q_j 就是 u_{ji}^2 的平均值了。

方差分析如表 6–47 所示。

表 6–47　方差分析表

方差来源	平方和	自由度	方差	F
因素 A	618	2	309	34.3 *
因素 B	114	2	57	6.3
因素 C	234	2	117	13.0
误差	18	2	9	$F_{0.05}(2,2)=19$
总和	984	8		$F_{0.01}(2,2)=99$

可见,只有因素 A 的影响是显著的。

各水平效应的点估计是

$$\hat{\alpha}_1=-9, \quad \hat{\beta}_1=-3, \quad \hat{\gamma}_1=-5$$

$$\hat{\alpha}_2=-2, \quad \hat{\beta}_2=5, \quad \hat{\gamma}_2=7$$

$$\hat{\alpha}_3=11, \quad \hat{\beta}_3=-2, \quad \hat{\gamma}_3=-2$$

显然 A_3 的效果最好。方差分析已表明因素 B 和 C 的影响均不显著,各估值 $\hat{\beta}_k$ 和 $\hat{\gamma}_k$ 之间差异是试验误差造成的,可以从经济性角度来选择因素 B 和 C 的水平,为省时省料选择 B_1(90min)和 C_1(5% 碱量)构成 $A_3B_1C_1$ 的方案。结论与极差分析有差异,但由于方差分析法更详细地利用了数据中的信息,应该是更合理的。

在此工艺条件下的转化率的点估计是

$$\hat{x}_{A_3B_1C_1} = \hat{\mu} + \hat{\alpha}_3 = 50 + 11 = 61\%$$

若定义有效重复数,记作 n_e,

$$n_e = \frac{处理数}{显著因素自由度之和 + 1} \tag{6-77}$$

在本例中有 $n=9\div(1+2)=3$。

置信限为

$$t_{\alpha/2}(\nu_e)\sqrt{s_e^2/n_e} \tag{6-78}$$

195

对本例,若取95%的置信概率,置信限为

$$t_{0.025}(2)\sqrt{9/3} = 4.30 \times \sqrt{3} = 7.4\%$$

于是,处理 $A_3B_1C_1$ 的转化率的完整表达式为

$$x_{A_3B_1C_1} = (61.0 \pm 7.4)\% \qquad (95\%)$$

例 6-11 的计算过程如表 6-48 所示。

表 6-48　计算过程

列号 j ＼ 试验号 i	1	2	3	4	5	6	7	8	u_{j1}	u_{j2}	$Q_j = R^2/8$
A　　(1)	1	1	1	1	2	2	2	2	3	-8	15.125
B　　(2)	1	1	2	2	1	1	2	2	2	-7	10.125
A×B　(3)	1	1	2	2	2	2	1	1	-12	7	45.125
C　　(4)	1	2	1	2	1	2	1	2	-12	7	45.125
空　行	1	2	1	2	2	1	2	1	-4	-1	1.125
空　行	1	2	2	1	1	2	2	1	-5	0	3.125
D　　(7)	1	2	2	1	2	1	1	2	-7	2	10.125
硬度 x_i/HRC	50	59	56	58	55	58	47	52	$\sum u_i = -5$		$CT' = 3.125$
$u_i = x_i - 55$	-5	4	1	3	0	3	-8	-3	$\sum u_i^2 = 133$		$Q = 129.875$

方差分析表如表 6-49 所示。

表 6-49　方差分析表

方差来源	A	B	C	D	A×B	e	总和
平方和	15.125	10.125	45.125	10.125	45.125	4.25	129.875
自由度	1	1	1	1	1	2	7
方差	15.125	10.125	45.125	10.125	45.125	2.125	
方差比	7.1	4.8	21.2*	4.8	21.2*	$F_{0.05}(1,2) = 18.51$ $F_{0.01}(1,2) = 98.50$	

可见,只有因素 C 和交互作用 A×B 影响显著。和前例同样的经济性考察,虽然 A_1B_2 或 A_2B_1 不会有显著效应上的差异,宁可选择 A_1B_2(较低温度和较短时间),另外采用效果好的水冷,至于操作方式已无关紧要,可根据何种方式更简单省力来定。

方差分析计算稍繁,却补充了直观的极差分析之不足。

现在再专门考察一下 A×B 这个要因,取显著性水平 $\alpha = 0.05$,有最小显著差为

$$LSD(5\%) = t_{0.025}(2)\sqrt{2 \times 2.125/2} = 6.27 \quad (HRC)$$

画出按效应平均值排列的 AB 组合的效应数据

$$\begin{array}{cccc} A_1B_2 & A_2B_1 & A_1B_1 & A_2B_2 \\ 57.0 & 56.0 & 54.5 & 49.5 \end{array}$$

$$(5\%)$$

最后权衡结果,较好的方案是 $A_1B_2C_2D_2$。该工艺条件下淬火零件硬度估计值

$$\hat{x}_{A_1B_2C_2D_2} = \hat{\mu} - \widehat{\alpha\beta} - \hat{\gamma}$$

而
$$\hat{\mu} = 55 - 5/8 = 54.375$$
$$\widehat{\alpha\beta} = (-12 - 7)/8 = -2.375$$
$$\hat{\gamma} = (-12 - 7)/8 = -2.375$$

故
$$\hat{x}_{A_1B_2C_2D_2} = 59.125 \quad (HRC)$$

本试验有效重复数用式(6-77),
$$n_e = 8/(1+2) = 8/3$$

取置信概率95%,置信限为
$$t_{0.025}(2)\sqrt{\frac{3 \times 2.125}{8}} = 3.84 \quad (HRC)$$

故有
$$x_{A_1B_2C_2D_2} = 59.1 \pm 3.9 \quad (HRC) \qquad (95\%)$$

因此,较好的工艺组合方案为 $A_1B_2C_2D_2$,即温度800℃,时间11min,用水为冷却液,且采用操作方式 D_2。与极差分析法得出的结论相一致。

3. 耶茨(F. Yates)算法

正交试验设计计算方法,虽然具有表格化、对比方便等优点,但是当因素增多时,计算工作量仍很大。另外,水平符号的交叉出现,很容易看错。随着计算机技术的发展和普及,要求计算方法便于编制计算程序,因而出现了耶茨简化计算方法。

这是一个估计要因的效应及其方差的快速方法。现仍通过例6-11的数据结合列表形式加以介绍。具体格式见表6-50。

表6-50 例6-11的耶茨算法表 $u_i = x_i - 55$

试验号	处理	数据 u_i	耶茨计算			效应	方差	要因
			(1)	(2)	(3)	(3)÷8	(3)²÷8	
1	abc	-5	-1	3	-5	-0.625	3.125	平均(CT')
2	ab	4	4	-8	-19	-2.375	45.125	C
3	ab	1	3	-11	9	1.125	10.125	B
4	a	3	-11	-8	-5	-0.625	3.125	B×C(空)
5	bc	0	-9	-5	11	1.375	15.125	A
6	b	3	-2	14	-3	-0.375	1.125	A×C(空)
7	c	-8	-3	-7	-19	-2.375	45.125	A×B
8	1	-3	-5	2	-9	-1.125	10.125	A×B×C(D)

将与试验号对应的处理写出(参阅表6-29)将处理式缺少的字母以大写填入要因栏,与abc项对应填为平均,可以看出此顺序正与处理顺序互逆。

将表格中数据自上而下两两分组(本例为4组),各组数字之和顺序填入次列上半列,数字之差(以奇数试验号数据为被减数)顺序填入次列下半列,以这新列重复上述程序,共进行 $r=3$ 次,得三个耶茨计算列。最后一列中的数字除以处理数(2^r)即为相应要因的效应,无要因的第一个为一般平均值,数字的平方除以处理数(2^r)即为相应要因的样本方差,无要因的第一个为修正项 CT(用代换变量时为 CT')。

不难将其与表6-48以及式(6-70)至式(6-70e)比较而看出其正确性与简便性。耶茨计算对多因素2水平正交试验是手工计算的好方法。各方差和加上修正项,即方差列的和等于数据平方和可作为计算无误的一个验证。在表 6 – 48 中这个数是 133。这一方法可以使计算机程序大为简化,计算工作量也减少很多。正交表方差分析法和耶茨计算法的计算工作量分别为 $(2^k - 1)^2$ 和 $2^k n$,其中 k 为因素数。

6.5.5 漏测数据的补缺

要处理正交试验结果,数据必须齐全,否则计算均衡性即被破坏。如有缺漏最好补做试验,取得实测数据。不得已限于客观条件而无法补做时,可用 6.3.3 所述相同的最小二乘原则估计此值补缺。

以例 6 – 10 中第 6 试验号数据漏测为例。该试验是根据 $L_9(3^4)$ 正交表编排的,第 4 列为误差列。由此列可计算出

$$Q_e = Q_4 = \frac{x_{41}^2 + x_{43}^2 + (111 + x)^2}{3} - \frac{(408 + x)^2}{9}$$

由

$$\frac{\partial Q_e}{\partial x} = \frac{2}{3}(111 + x) - \frac{2}{9}(408 + x) = 0$$

得 $x = 38$。

自然,加入了 $\frac{\partial Q_e}{\partial x} = 0$ 的约束条件,Q_e 的自由度将相应地减少 1,而且补偿(缺)多少个漏测数据,总的自由度就要减少多少个,相应地,误差平方和的自由度也要减少多少个。

6.5.6 正交试验设计中的几个具体问题

本节所述的是几种特殊情况的特殊处理,包括有不同水平的正交试验设计、多指标正交试验的数据分析以及重复试验的方差分析。

1. 水平数不同的正交试验设计

有的试验中,一些因素可取较多水平,而另一些因素因条件限制不能多选水平,这就将出现水平属不同的情况。如某试验的因素和水平为

$$A: \quad A_1, A_2, A_3, A_4$$
$$B: \quad B_1, B_2$$
$$C: \quad C_1, C_2$$
$$D: \quad D_1, D_2$$
$$E: \quad E_1, E_2$$

这是一个五因素试验,其中有一个因素是四水平,其余因素都是二水平的。

设计不同水平数的试验有两种方法:一种方法是选用合适的不同水平混合型正交表来安排试验,如上面的试验可选用 $L_8(4 \times 2)$ 正交表。如果没有合适的混合型正交表,也可以在等水平数正交表的基础上用并列法把它改造成合适的混合性正交表。所谓并列法,就是把两列合并组成一组有序数对,同时划去该两列的交互作用列,而将有序数与水平相对应,这时水平数将由 k 扩展成 k^2,便改造成了混合型正交表。另一种方法称为拟水平法,即将各因素的水平一律补齐成相同数目,再选择合适的正交表安排试验。如把上面诸因素的水平补成

$$A:\qquad A_1,A_2,A_3,A_4$$
$$B:\qquad B_1,B_2,B_1,B_2$$
$$C:\qquad C_1,C_2,C_1,C_2$$
$$D:\qquad D_1,D_2,D_1,D_2$$
$$E:\qquad E_1,E_2,E_1,E_2$$

然后用 $L_{16}(4^5)$ 正交表安排试验方案,但这时共需要做 16 次试验。

2. 多指标正交试验的分析方法

在实际问题中,有时衡量试验结果的指标不只一个,这类试验称为多指标试验。可以用综合评分法把多指标综合转化为单指标,再用单指标分析法进行处理。这种办法的关键在于怎样综合评分,下面介绍综合加权评分法。

综合加权评分法的分值计算公式为

$$y_i = b_1 x_{i1} + b_2 x_{i2} + \cdots + b_k x_{ik} = \sum_{t=1}^{k} b_t x_{it} \qquad (6-79)$$

式中:b_t 是分值系数;x_{it} 是第 i 号试验的第 t 个指标;y_i 是第 i 号试验的综合分值。

计算的步骤如下:

(1)确定各试验指标在评分中的权重 P_t。设取权重为 100,按在实际应用中的重要性将这 100 分分配给各试验指标。

(2)找出各试验指标的变化范围,即最大值与最小值之差 d_t。

(3)计算
$$b_t = \frac{P_t}{d_t}$$

(4)计算综合分值 y_i。当各指标间在数值上不处于同一数量级时,为计算方便,可对偏大指标同减某值,然后再计算综合加权分值 y_i。

3. 重复试验的方差分析

设用试验次数为 n 的 p 个水平的正交表设计试验,每个试验号上重复做 q 次试验。这时将有

$$CT = \frac{1}{nq} \Big(\sum_{i=1}^{n} \sum_{l=1}^{q} x_{il} \Big)^2 \qquad (6-80)$$

$$Q = \sum_{i=1}^{n} \sum_{l=1}^{q} x_{il}^2 - CT \qquad (6-81)$$

总自由度 $\nu = nq - 1$,各列的自由度仍为 $\nu_j = p - 1$,而 $\sum_{j=1}^{m} \nu_j = n - 1$。因此,在有重复试验的

场合,$\nu \neq \sum_{j=1}^{m} \nu_j$,且 $Q \neq \sum_{j=1}^{m} Q_j$。它的试验误差的的偏差平方和 Q_e 将由两部分组成:

$$\left. \begin{array}{l} Q_e = Q_{e1} + Q_{e2} \\ \nu_e = \nu_{e1} + \nu_{e2} \end{array} \right\} \qquad (6-82)$$

其中 Q_{e1} 是空列的偏差平方和,ν_{e1} 是它所对应的自由度。而

$$Q_{e2} = \sum_{i=1}^{n} \sum_{l=1}^{q} (x_{il} - \bar{x}_i)^2 = \sum_{i=1}^{n} \sum_{l=1}^{p} x_{il}^2 - \frac{1}{q} \sum_{i=1}^{n} \Big(\sum_{l=1}^{p} x_{il} \Big)^2 \qquad (6-83)$$

$$\nu_{e2} = n(q-1) \qquad (6-84)$$

具体的实例请参看相关的参考书籍。

6.5.7　试验设计的一般步骤

试验设计的一般步骤可归纳如下：

（1）明确试验目的，确定试验指标。

所谓明确试验目的，是要弄清通过试验要解决的主要问题是什么。根据试验目的结合专业知识，确定出试验指标。

（2）选择因素和水平。

根据专业知识和实际经验，找出可能影响指标的一切因素，对它们进行分析和分类。一类是不能作为试验因素的，它们或是不能控制，或是不能测定，将成为误差的来源，对于其中有重要影响者，应尽力设作区组因素；另一类是需要考察其影响效果的试验因素，何者列为试验因素，它们影响的程度大致如何，应当有所分析。

选水平就是确定试验因素的变化范围，主要根据专业知识和试验目的来确定。

（3）确定试验方案。

对于单因素试验，可用完全随机化或随机区组化方法。而多因素试验大多采用正交试验法。

选择正交表时，先看需要的是几个水平的正交表，再看有几个因素（包括要研究的交互作用数），选择能考察上述因素和水平的试验次数最少的正交表。若要划分区组时，区组也应作为一个因素来安排。

排表头时，要求每列只排一个因素或一个交互作用。排好表头，按因素水平表把各水平填入相应字码位置，试验方案便已定妥。

（4）做试验，填数据。

（5）分析试验数据，选出较好的组合方案。或者根据分析结论，定制进一步试验的设想。

习题

6－1　纺织厂的技术人员怀疑做男衬衫用的混纺合成纤维布的拉伸强度和含棉率有关。为此取 5 个含棉率水平：15%，20%，25%，30% 和 35%，每个水平取五个观测值，组织完全随机化单因素试验，请编制试验方案。

6－2　实施题 6－1 的试验方案，得到以下试验结果：

含棉率/%	拉伸强度/MPa				
	1	2	3	4	5
15	0.49	0.49	1.05	0.77	0.63
20	0.84	1.20	0.84	1.27	1.27
25	0.98	1.27	1.27	1.34	1.34
30	1.34	1.76	1.55	1.34	1.62
35	0.49	0.70	0.77	1.05	0.77

问：

（1）根据样本提供的信息，含棉率是不是对布的拉伸强度有影响？

（2）为使合成纤维布有较高的拉伸强度,应当怎样选择含棉率?

（3）估计选定含棉率下合成纤维布的拉伸强度。

（4）能否求出合成纤维布的拉伸强度和含棉率的解析表示式?

6-3　试列出重复数不等的完全随机化单因素试验的方差分析表。

6-4　欲测量四种橡胶的拉伸强度,试验的目的是:(1)确定这四种橡胶的强度,评定优劣;(2)求出试验误差的估计。为此,每种橡胶准备 4 块矩形试样(总共 16 块),测定其纵向拉伸强度。试验过程中发生了一次操作失误,丢失了 A 种橡胶的一个测得值。测量结果如下(单位:MPa):

A	B	C	D
22.13	22.24	22.70	24.44
20.68	22.89	23.51	24.82
22.86	21.82	22.89	24.68
—	21.68	23.24	24.03

处理试验数据并引出结论。

6-5　工厂怀疑采购员购入的不同批次原料中钙的含量有差异。为此,从仓库现存的不同批次原料中随机选择 5 批送化验室分析,对每批次原料做 5 次测量,得到以下数据(单位:%):

1	2	3	4	5
23.46	23.59	23.51	23.28	23.29
23.48	23.46	23.64	23.40	23.46
23.56	23.42	23.46	23.37	23.37
23.39	23.49	23.52	23.46	23.32
23.40	23.50	23.49	23.39	23.38

问:(1)批次间的含钙量有没有差异? (2)试估计各方差分量。

6-6　某工程师拟通过眼睛注视时间试验来研究目标距离对注视时间的影响,选定了 4 个不同距离,约集了 5 名试验对象。由于人与人间可能有差异,决定组织随机区组试验。问:

（1）应当怎样编排试验方案?

（2）若实施试验时得到以下测量数据(单位:s):

距离 ＼ 对象	1	2	3	4	5
1.2m	10	6	6	6	6
1.8m	7	6	6	1	6
2.4m	5	3	3	2	5
3.0m	6	4	4	2	3

试分析上述数据,并引出结论。

6-7　工厂试验四种染料对染后布匹强度的影响。考虑到不同布匹可能引入差异,决定采用随机区组试验,以匹为区组,为此选了 5 匹布。试排出试验方案。

6-8　实施题 6-7 的试验方案,得到以下试验数据(单位:MPa):

染料 匹号	1	2	3	4	5
A	0.503	0.469	0.510	0.490	0.462
B	0.503	0.462	0.517	—	0.483
C	0.517	0.469	0.538	0.503	0.469
D	0.503	0.490	0.517	0.517	0.476

从以上数据中,你能得出哪些结论?

6-9 某工程师研究 A,B,C,D 等四种装配方法对彩电原件装配时间的影响,他选了4名操作工,排出的试验方案和测试结果如下(单位:min):

次序 操作工	1	2	3	4
1	$C = 10$	$D = 14$	$A = 7$	$B = 8$
2	$B = 7$	$C = 18$	$D = 11$	$A = 8$
3	$A = 5$	$B = 10$	$C = 11$	$D = 9$
4	$D = 10$	$A = 10$	$B = 12$	$C = 14$

请:(1)说明安排上述试验方案的方法和理由;(2)分析试验数据,写出结论性意见。

6-10 化工厂研究四种催化剂对化学反应过程反应时间的影响,由于每批原料只够做4次试验,且每次试验约需2h,一工作日只能做4次试验。因此,决定以工作日和原料批次为区组,用拉丁方设计试验,请安排出试验方案。

6-11 原合成树脂成型工艺取成型温度80℃,重合时间25min,催化剂用量1%,但产品强度偏低。因此希望改革工艺条件,提高产品强度。现以成型温度为因素 A,取80℃,90℃,100℃,110℃四个水平,以催化剂用量为因素 B,取0.5%,1.0%,1.5%三个水平组织析因试验,并取两次重复,得以下测量数据(单位:MPa):

催化剂用量	成型温度/℃			
	$A_1(80)$	$A_2(90)$	$A_3(100)$	$A_4(110)$
$B_1(0.5\%)$	2.9/3.1	3.1/3.2	3.3/3.3	3.1/3.4
$B_2(1.0\%)$	3.2/3.3	3.3/3.4	3.4/3.4	3.3/3.2
$B_3(1.5\%)$	3.4/3.4	3.3/3.6	3.3/3.5	3.0/3.2

请(1)分析试验结果,确定最佳工艺条件,并估计产品强度能提高多少? (2)求处理效应的多项式回归。

6-12 写出 2^2 析因试验的处理-要因关系表,并把它演化为相应的正交表。

6-13 在制作靛红的实验室研究阶段中,试验人员用以下因素和水平组织析因试验:

水平 因素	酸度(A)	反应时间(B)	反应温度(C)
1	87%	15min	60℃
2	93%	30min	70℃

测得每 10g 基本材料的收量(单位:g)如下:

处理符号	第一收量	第二收量
$A_1B_1C_1$	6.65	6.55
$A_1B_1C_2$	6.80	6.95
$A_1B_2C_1$	6.58	6.70
$A_1B_2C_2$	6.80	6.73
$A_2B_1C_1$	6.02	6.22
$A_2B_1C_2$	6.68	6.90
$A_2B_2C_1$	6.40	6.70
$A_2B_2C_2$	6.22	6.18

分析试验结果,并引出结论。

6-14 某合成树脂反应中提出以下因素和水平组织强度调查试验。试用 $L_8(2^7)$ 正交表设计试验,并排定试验次序,设可忽略全部交互作用。

因素 水平	添加剂比例(A)	搅拌速度(B)	催化剂比例(C)	原料(D)
1	6%	20r/min	1%	甲
2	5%	15r/min	1.2%	乙

6-15 某农药厂根据生产经验归纳出四个影响农药收率的因素。现拟通过试验选定最佳工艺条件,每个因素取两个水平。

因素 水平	反应温度(A)	反应时间(B)	配比(C)	真空度(D)
1	60℃	2.5h	1.1:1	66.7kPa
2	80℃	3.5h	1.2:1	80.0kPa

用 $L_8(2^7)$ 正交表安排试验,得以下试验结果:

试验号	A (1)	B (2)	C (4)	D (7)	收率 x_i(%)
1	1	1	1	1	86
2	1	1	2	2	95
3	1	2	1	2	91
4	1	2	2	1	94
5	2	1	1	2	91
6	2	1	2	1	96
7	2	2	1	1	83
8	2	2	2	2	88

(1) 根据试验结果选定最佳工艺条件;(2)估计最佳工艺条件下农药的收率。

6-16 实施 $L_8(2^7)$ 表的正交试验,分别得以下数据,试进行方差分析。

试验号	指标
1	14
2	12
3	−30
4	−1
5	7
6	20
7	4
8	4

试验号	指标
1	135
2	125
3	89
4	119
5	135
6	141
7	125
8	123

参考文献

［1］盛骤,谢式千,潘承毅. 概率论与数理统计. 第四版. 北京:高等教育出版社,2008.

［2］宋文爱,等. 工程实验理论基础. 北京:兵器工业出版社,2000.

［3］关颖男,施大德. 试验设计方法入门. 北京:冶金工业出版社,1985.

［4］马希文. 正交设计的数学理论. 北京:人民教育出版社,1981.

［5］Montgomery D C. Design and Analysis of Experiments. 2nd ed. John Wiley &. Sons. Inc,1984.

［6］Petersen R G. Design and Analysis of Experiments. Marcel Dekker. Inc,1985.

附录 A
常用表格

表 A-1 标准正态分布函数数值表

$$\Phi(z) = \int_{-\infty}^{z} \frac{1}{\sqrt{2\pi}} e^{-t^2/2} dt$$

$$\Phi(-z) = 1 - \Phi(z)$$

z	$\Phi(z)$ =0.00	0.01	0.02	0.03	0.04	0.05	0.06	0.07	0.08	0.09
0.0	0.5000	0.5040	0.5080	0.5120	0.5160	0.5199	0.5239	0.5279	0.5319	0.5359
0.1	0.5398	0.5438	0.5478	0.5517	0.5557	0.5596	0.5636	0.5675	0.5714	0.5753
0.2	0.5793	0.5832	0.5871	0.5910	0.5948	0.5987	0.6026	0.6064	0.6103	0.6141
0.3	0.6179	0.6217	0.6255	0.6293	0.6331	0.6368	0.6406	0.6443	0.6480	0.6517
0.4	0.6554	0.6591	0.6628	0.6664	0.670	0.6736	0.6772	0.6808	0.6844	0.6879
0.5	0.6915	0.6950	0.6985	0.7019	0.7054	0.7088	0.7123	0.7157	0.7190	0.7224
0.6	0.7257	0.7291	0.7324	0.7357	0.7389	0.7422	0.7454	0.7486	0.7517	0.7549
0.7	0.7580	0.7611	0.7642	0.7673	0.7703	0.7734	0.7764	0.7794	0.7823	0.7852
0.8	0.7881	0.7910	0.7939	0.7967	0.7995	0.8023	0.8051	0.8078	0.8106	0.8133
0.9	0.8159	0.8186	0.8212	0.8238	0.8264	0.8289	0.8315	0.8340	0.8365	0.8389
1.0	0.8413	0.8438	0.8461	0.8485	0.8508	0.8531	0.8554	0.8577	0.8599	0.8621
1.1	0.8643	0.8665	0.8686	0.8708	0.8729	0.8749	0.8770	0.8790	0.8810	0.8830
1.2	0.8849	0.8869	0.8888	0.8907	0.8925	0.8944	0.8962	0.8980	0.8997	0.9015
1.3	0.9032	0.9049	0.9066	0.9082	0.9099	0.9115	0.9131	0.9147	0.9162	0.9177
1.4	0.9192	0.9207	0.9222	0.9236	0.9251	0.9265	0.9278	0.9292	0.9306	0.9319
1.5	0.9332	0.9345	0.9357	0.9370	0.9382	0.9394	0.9406	0.9418	0.9430	0.9441
1.6	0.9452	0.9463	0.9474	0.9484	0.9495	0.9505	0.9515	0.9525	0.9535	0.9545
1.7	0.9554	0.9564	0.9573	0.9582	0.9591	0.9599	0.9608	0.9616	0.9625	0.9633
1.8	0.9641	0.9648	0.9656	0.9664	0.9671	0.9678	0.9686	0.9693	0.9700	0.9706
1.9	0.9713	0.9719	0.9726	0.9732	0.9738	0.9744	0.9750	0.9756	0.9762	0.9767
2.0	0.9772	0.9778	0.9783	0.9788	0.9793	0.9798	0.9803	0.9808	0.9812	0.9817
2.1	0.9821	0.9826	0.983	0.9834	0.9838	0.9842	0.9846	0.9850	0.9854	0.9857
2.2	0.9861	0.9864	0.9868	0.9871	0.9874	0.9878	0.9881	0.9884	0.9887	0.9890

（续）

z	$\Phi(z)=0.00$	0.01	0.02	0.03	0.04	0.05	0.06	0.07	0.08	0.09
2.3	0.9893	0.9896	0.9898	0.9901	0.9904	0.9906	0.9909	0.9911	0.9913	0.9916
2.4	0.9918	0.9920	0.9922	0.9925	0.9927	0.9929	0.9931	0.9932	0.9934	0.9936
2.5	0.9938	0.9940	0.9941	0.9943	0.9945	0.9946	0.9948	0.9949	0.9951	0.9952
2.6	0.9953	0.9955	0.9956	0.9957	0.9959	0.9960	0.9961	0.9962	0.9963	0.9964
2.7	0.9965	0.9966	0.9967	0.9968	0.9969	0.9970	0.9971	0.9972	0.9973	0.9974
2.8	0.9974	0.9975	0.9976	0.9977	0.9977	0.9978	0.9979	0.9979	0.9980	0.9981
2.9	0.9981	0.9982	0.9982	0.9983	0.9984	0.9984	0.9985	0.9985	0.9986	0.9986
3.0	0.9987	0.9990	0.9993	0.9995	0.9997	0.9998	0.9998	0.9999	0.9999	1.0000

注:本表最后一行自左至右依次是 $\Phi(3.0),\cdots,\Phi(3.9)$ 的值

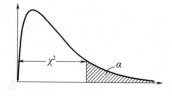

表 A - 2 χ^2 分布表

$$P\{\chi^2(\nu) > \chi_\alpha^2(\nu)\} = \alpha$$

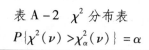

ν	$\alpha=0.995$	0.99	0.975	0.95	0.9	0.1	0.05	0.025	0.01	0.005
1	0.00004	0.00016	0.001	0.004	0.016	2.706	3.841	5.024	6.635	7.879
2	0.01	0.02	0.051	0.103	0.211	4.605	5.991	7.378	9.210	10.597
3	0.072	0.115	0.216	0.352	0.584	6.251	7.815	9.348	11.345	12.838
4	0.207	0.297	0.484	0.711	1.064	7.779	9.488	11.143	13.277	14.86
5	0.412	0.554	0.831	1.145	1.610	9.236	11.07	12.833	15.086	16.750
6	0.676	0.872	1.237	1.635	2.204	10.645	12.592	14.449	16.812	18.548
7	0.989	1.239	1.690	2.167	2.833	12.017	14.067	16.013	18.475	20.278
8	1.344	1.646	2.180	2.733	3.490	13.362	15.507	17.535	20.090	21.955
9	1.735	2.088	2.700	3.325	4.168	14.684	16.919	19.023	21.666	23.589
10	2.156	2.558	3.247	3.94	4.865	15.987	18.307	20.483	23.209	25.188
11	2.603	3.053	3.816	4.575	5.578	17.275	19.675	21.92	24.725	26.757
12	3.074	3.571	4.404	5.226	6.304	18.549	21.026	23.337	26.217	28.300
13	3.565	4.107	5.009	5.892	7.042	19.812	22.362	24.736	27.688	29.819
14	4.075	4.660	5.629	6.571	7.790	21.064	23.685	26.119	29.141	31.319
15	4.601	5.229	6.262	7.261	8.547	22.307	24.996	27.488	30.578	32.801
16	5.142	5.812	6.908	7.962	9.312	23.542	26.296	28.845	32.000	34.267
17	5.697	6.408	7.564	8.672	10.085	24.769	27.587	30.191	33.409	35.718
18	6.265	7.015	8.231	9.39	10.865	25.989	28.869	31.526	34.805	37.156

（续）

ν	$\alpha = 0.995$	0.99	0.975	0.95	0.9	0.1	0.05	0.025	0.01	0.005
19	6.844	7.633	8.907	10.117	11.651	27.204	30.144	32.852	36.191	38.582
20	7.434	8.260	9.591	10.851	12.443	28.412	31.410	34.17	37.566	39.997
21	8.034	8.897	10.283	11.591	13.24	29.615	32.671	35.47936	38.932	41.401
22	8.643	9.542	10.982	12.338	14.042	30.813	33.924	36.781	40.289	42.796
23	9.260	10.196	11.689	13.091	14.848	32.007	35.172	38.076	41.638	44.181
24	9.886	10.856	12.401	13.848	15.659	33.196	36.415	39.364	42.980	45.559
25	10.520	11.524	13.120	14.611	16.473	34.382	37.652	40.646	44.314	46.928
26	11.160	12.198	13.844	15.379	17.292	35.563	38.885	41.923	45.642	48.290
27	11.808	12.879	14.573	16.151	18.114	36.741	40.113	43.194	46.963	49.645
28	12.461	13.565	15.308	16.928	18.939	37.916	41.337	44.461	48.278	50.993
29	13.121	14.257	16.047	17.708	19.768	39.087	42.557	45.722	49.588	52.336
30	13.787	14.954	16.791	18.493	20.599	40.256	43.773	46.979	50.892	53.672
31	14.458	15.655	17.539	19.281	21.434	41.422	44.985	48.232	52.191	55.003
32	15.134	16.362	18.291	20.072	22.271	42.585	46.194	49.480	53.486	56.328
33	15.815	17.074	19.047	20.807	23.110	43.745	47.400	50.725	54.776	57.648
34	16.501	17.789	19.806	21.664	23.952	44.903	48.602	51.966	56.061	58.964
35	17.192	18.509	20.569	22.465	24.797	46.059	49.802	53.203	57.342	60.275
36	17.887	19.233	21.336	23.269	25.613	47.212	50.998	54.437	58.619	61.581
37	18.586	19.960	22.106	24.075	26.492	48.363	52.192	55.668	59.892	62.883
38	19.289	20.691	22.878	24.884	27.343	49.513	53.384	56.896	61.162	64.181
39	19.996	21.426	23.654	25.695	28.196	50.660	54.572	58.120	62.428	65.476
40	20.707	22.164	24.433	26.509	29.051	51.805	55.758	59.342	63.691	66.766
41	21.421	22.906	25.215	27.326	29.907	52.949	53.942	60.561	64.950	68.053
42	22.138	23.650	25.999	28.144	30.765	54.090	58.124	61.777	66.206	69.336
43	22.859	24.398	26.785	28.965	31.625	55.230	59.304	62.990	67.459	70.606
44	23.584	25.143	27.575	29.787	32.487	56.369	60.481	64.201	68.71	71.893
45	24.311	25.901	28.366	30.612	33.350	57.505	61.656	65.410	69.957	73.166

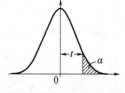

表 A-3 t 分布表

$$P\{t(\nu) > t_\alpha(\nu)\} = \alpha$$

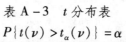

ν	$\alpha = 0.25$	0.2	0.15	0.1	0.05	0.025	0.01	0.005	0.0025	0.001	0.0005
1	1.000	1.376	1.963	3.078	6.314	12.71	31.82	63.66	127.3	318.3	636.6
2	0.816	1.061	1.386	1.886	2.920	4.303	6.965	9.925	14.09	22.33	31.60

（续）

ν	$\alpha=0.25$	0.2	0.15	0.1	0.05	0.025	0.01	0.005	0.0025	0.001	0.0005
3	0.765	0.978	1.250	1.638	2.353	3.182	4.541	5.841	7.453	10.21	12.92
4	0.741	0.941	1.190	1.533	2.132	2.776	3.747	4.604	5.598	7.173	8.610
5	0.727	0.920	1.156	1.476	2.015	2.571	3.365	4.032	4.773	5.893	6.869
6	0.718	0.906	1.134	1.440	1.943	2.447	3.143	3.707	4.317	5.208	5.959
7	0.711	0.896	1.119	1.415	1.895	2.365	2.998	3.499	4.029	4.785	5.408
8	0.706	0.889	1.108	1.397	1.860	2.306	2.896	3.355	3.833	4.501	5.041
9	0.703	0.883	1.100	1.383	1.833	2.262	2.821	3.250	3.690	4.297	4.781
10	0.700	0.879	1.093	1.372	1.812	2.228	2.764	3.169	3.581	4.144	4.587
11	0.697	0.876	1.088	1.363	1.796	2.201	2.718	3.106	3.497	4.025	4.437
12	0.695	0.873	1.083	1.356	1.782	2.179	2.681	3.055	3.428	3.930	4.318
13	0.694	0.870	1.079	1.350	1.771	2.160	2.650	3.012	3.372	3.852	4.221
14	0.692	0.868	1.076	1.345	1.761	2.145	2.624	2.977	3.326	3.787	4.140
15	0.691	0.866	1.074	1.341	1.753	2.131	2.602	2.947	3.286	3.733	4.073
16	0.690	0.865	1.071	1.337	1.746	2.120	2.583	2.921	3.252	3.686	4.015
17	0.689	0.863	1.069	1.333	1.740	2.110	2.567	2.898	3.222	3.646	3.965
18	0.688	0.862	1.067	1.330	1.734	2.101	2.552	2.878	3.197	3.610	3.922
19	0.688	0.861	1.066	1.328	1.729	2.093	2.539	2.861	3.174	3.579	3.883
20	0.687	0.860	1.064	1.325	1.725	2.086	2.528	2.845	3.153	3.552	3.850
21	0.686	0.859	1.063	1.323	1.721	2.080	2.518	2.831	3.135	3.527	3.819
22	0.686	0.858	1.061	1.321	1.717	2.074	2.508	2.819	3.119	3.505	3.792
23	0.685	0.858	1.060	1.319	1.714	2.069	2.500	2.807	3.104	3.485	3.767
24	0.685	0.857	1.059	1.318	1.711	2.064	2.492	2.797	3.091	3.467	3.745
25	0.684	0.856	1.058	1.316	1.708	2.060	2.485	2.787	3.078	3.450	3.725
26	0.684	0.856	1.058	1.315	1.706	2.056	2.479	2.779	3.067	3.435	3.707
27	0.684	0.855	1.057	1.314	1.703	2.052	2.473	2.771	3.057	3.421	3.690
28	0.683	0.855	1.056	1.313	1.701	2.048	2.467	2.763	3.047	3.408	3.674
29	0.683	0.854	1.055	1.311	1.699	2.045	2.462	2.756	3.038	3.396	3.659
30	0.683	0.854	1.055	1.310	1.697	2.042	2.457	2.750	3.030	3.385	3.646
40	0.681	0.851	1.050	1.303	1.684	2.021	2.423	2.704	2.971	3.307	3.551
50	0.679	0.849	1.047	1.299	1.676	2.009	2.403	2.678	2.937	3.261	3.496
60	0.679	0.848	1.045	1.296	1.671	2.000	2.390	2.660	2.915	3.232	3.460
80	0.678	0.846	1.043	1.292	1.664	1.990	2.374	2.639	2.887	3.195	3.416
100	0.677	0.845	1.042	1.290	1.660	1.984	2.364	2.626	2.871	3.174	3.390
120	0.677	0.845	1.041	1.289	1.658	1.980	2.358	2.617	2.860	3.160	3.373
∞	0.674	0.842	1.036	1.282	1.645	1.960	2.326	2.576	2.807	3.090	3.291

表 A-4 F 分布表

$$P\{F(\nu_1,\nu_2) > F_\alpha(\nu_1,\nu_2)\} = \alpha$$

$$\alpha = 0.10$$

ν_2 \ ν_1	1	2	3	4	5	6	7	8	9	10	12	15	20	24	30	40	60	120	∞
1	39.86	49.50	53.59	55.83	57.24	58.20	58.91	59.44	59.86	60.19	60.71	61.22	61.74	62.00	62.26	62.53	62.79	63.06	63.33
2	8.530	9.00	9.16	9.24	9.29	9.33	9.35	9.37	9.38	9.39	9.41	9.42	9.44	9.45	9.46	9.47	9.47	9.48	9.49
3	5.54	5.46	5.39	5.34	5.31	5.28	5.27	5.25	5.24	5.23	5.22	5.20	5.18	5.18	5.17	5.16	5.15	5.14	5.13
4	4.54	4.32	4.19	4.11	4.05	4.01	3.98	3.95	3.94	3.92	3.90	3.87	3.84	3.83	3.82	3.8	3.79	3.78	3.76
5	4.06	3.78	3.62	3.52	3.45	3.40	3.37	3.34	3.32	3.30	3.27	3.24	3.21	3.19	3.17	3.16	3.14	3.12	3.10
6	3.78	3.46	3.29	3.18	3.11	3.05	3.01	2.98	2.96	2.94	2.90	2.87	2.84	2.82	2.80	2.78	2.76	2.74	2.72
7	3.59	3.26	3.07	2.96	2.88	2.83	2.78	2.75	2.72	2.70	2.67	2.63	2.59	2.58	2.56	2.54	2.51	2.49	2.47
8	3.46	3.11	2.92	2.81	2.73	2.67	2.62	2.59	2.56	2.54	2.50	2.46	2.42	2.40	2.38	2.36	2.34	2.32	2.29
9	3.36	3.01	2.81	2.69	2.61	2.55	2.51	2.47	2.44	2.42	2.38	2.34	2.30	2.28	2.25	2.23	2.21	2.18	2.16
10	3.29	2.92	2.73	2.61	2.52	2.46	2.41	2.38	2.35	2.32	2.28	2.24	2.20	2.18	2.16	2.13	2.11	2.08	2.06
11	3.23	2.86	2.66	2.54	2.45	2.39	2.34	2.30	2.27	2.25	2.21	2.17	2.12	2.10	2.08	2.05	2.03	2.00	1.97
12	3.18	2.81	2.61	2.48	2.39	2.33	2.28	2.24	2.21	2.19	2.15	2.10	2.06	2.04	2.01	1.99	1.96	1.93	1.90
13	3.14	2.76	2.56	2.43	2.35	2.28	2.23	2.20	2.16	2.14	2.10	2.05	2.01	1.98	1.96	1.93	1.90	1.88	1.85
14	3.10	2.73	2.52	2.39	2.31	2.24	2.19	2.15	2.12	2.10	2.05	2.01	1.96	1.94	1.91	1.89	1.86	1.83	1.80
15	3.07	2.70	2.49	2.36	2.27	2.21	2.16	2.12	2.09	2.06	2.02	1.97	1.92	1.90	1.87	1.85	1.82	1.79	1.76
16	3.05	2.67	2.46	2.33	2.24	2.18	2.13	2.09	2.06	2.03	1.99	1.94	1.89	1.87	1.84	1.81	1.78	1.75	1.72
17	3.03	2.64	2.44	2.31	2.22	2.15	2.10	2.06	2.03	2.00	1.96	1.91	1.86	1.84	1.81	1.78	1.75	1.72	1.69
18	3.01	2.62	2.42	2.29	2.20	2.13	2.08	2.04	2.00	1.98	1.93	1.89	1.84	1.81	1.78	1.75	1.72	1.69	1.66
19	2.99	2.61	2.40	2.27	2.18	2.11	2.06	2.02	1.98	1.96	1.91	1.86	1.81	1.79	1.76	1.73	1.70	1.67	1.63

续表

$\nu_1 \backslash \nu_2$	1	2	3	4	5	6	7	8	9	10	12	15	20	24	30	40	60	120	∞
20	2.97	2.59	2.38	2.25	2.16	2.09	2.04	2.00	1.96	1.94	1.89	1.84	1.79	1.77	1.74	1.71	1.68	1.64	1.61
21	2.96	2.57	2.36	2.23	2.14	2.08	2.02	1.98	1.95	1.92	1.87	1.83	1.78	1.75	1.72	1.69	1.66	1.62	1.59
22	2.95	2.56	2.35	2.22	2.13	2.06	2.01	1.97	1.93	1.90	1.86	1.81	1.76	1.73	1.70	1.67	1.64	1.60	1.57
23	2.94	2.55	2.34	2.21	2.11	1.05	1.99	1.95	1.92	1.89	1.84	1.80	1.74	1.72	1.69	1.66	1.62	1.59	1.55
24	2.93	2.54	2.33	2.19	2.10	2.04	1.98	1.94	1.91	1.88	1.83	1.78	1.73	1.70	1.67	1.64	1.61	1.57	1.53
25	2.92	2.53	2.32	2.18	2.09	2.02	1.97	1.93	1.89	1.87	1.82	1.77	1.72	1.69	1.66	1.63	1.59	1.56	1.52
26	2.91	2.52	2.31	2.17	2.08	2.01	1.96	1.92	1.88	1.86	1.81	1.76	1.71	1.68	1.65	1.61	1.58	1.54	1.50
27	2.90	2.51	2.30	2.17	2.07	2.00	1.95	1.91	1.87	1.85	1.80	1.75	1.70	1.67	1.64	1.60	1.57	1.53	1.49
28	2.89	2.50	2.29	2.16	2.06	2.00	1.94	1.90	1.87	1.84	1.79	1.74	1.69	1.66	1.63	1.59	1.56	1.52	1.48
29	2.89	2.50	2.28	2.15	2.06	1.99	1.93	1.89	1.86	1.83	1.78	1.73	1.68	1.65	1.62	1.58	1.55	1.51	1.47
30	2.88	2.49	2.28	2.14	2.05	1.98	1.93	1.88	1.85	1.82	1.77	1.72	1.67	1.64	1.61	1.57	1.54	1.50	1.46
40	2.84	2.44	2.23	2.09	2.00	1.93	1.87	1.83	1.79	1.76	1.71	1.66	1.61	1.57	1.54	1.51	1.47	1.42	1.38
60	2.79	2.39	2.18	2.04	1.95	1.87	1.82	1.77	1.74	1.71	1.66	1.60	1.54	1.51	1.48	1.44	1.40	1.35	1.29
120	2.75	2.35	2.13	1.99	1.90	1.82	1.77	1.72	1.68	1.65	1.60	1.55	1.48	1.45	1.41	1.37	1.32	1.26	1.19
∞	2.71	2.30	2.08	1.94	1.85	1.77	1.72	1.67	1.63	1.60	1.55	1.49	1.42	1.38	1.34	1.30	1.24	1.17	1.00

$\alpha = 0.05$

$\nu_1 \backslash \nu_2$	1	2	3	4	5	6	7	8	9	10	12	15	20	24	30	40	60	120	∞
1	161.4	199.5	215.7	224.6	230.2	234	236.8	238.9	240.5	241.9	243.9	245.9	248	249.1	250.1	251.1	252.2	253.3	254.3
2	18.51	19.00	19.16	19.25	19.30	19.33	19.35	19.37	19.38	19.40	19.41	19.43	19.45	19.45	19.46	19.47	19.48	19.49	19.50
3	10.13	9.55	9.28	9.12	9.01	8.94	8.89	8.85	8.81	8.79	8.74	8.70	8.66	8.64	8.62	8.59	8.57	8.55	8.53
4	7.71	6.94	6.59	6.39	6.26	6.16	6.09	6.04	6.00	5.96	5.91	5.86	5.80	5.77	5.75	5.72	5.69	5.66	5.63
5	6.61	5.79	5.41	5.19	5.05	4.95	4.88	4.82	4.77	4.74	4.68	4.62	4.56	4.53	4.50	4.46	4.43	4.40	4.36
6	5.99	5.14	4.76	4.53	4.39	4.28	4.21	4.15	4.10	4.06	4.00	3.94	3.87	3.84	3.81	3.77	3.74	3.70	3.67
7	5.59	4.74	4.35	4.12	3.97	3.87	3.79	3.73	3.68	3.64	3.57	3.51	3.44	3.41	3.38	3.34	3.30	3.27	3.23
8	5.32	4.46	4.07	3.84	3.69	3.58	3.50	3.44	3.39	3.35	3.28	3.22	3.15	3.12	3.08	3.04	3.01	2.97	2.93
9	5.12	4.26	3.86	3.63	3.48	3.37	3.29	3.23	3.18	3.14	3.07	3.01	2.94	2.90	2.86	2.83	2.79	2.75	2.71

续表

$\alpha = 0.05$

ν_1 / ν_2	1	2	3	4	5	6	7	8	9	10	12	15	20	24	30	40	60	120	∞
10	4.96	4.10	3.71	3.48	3.33	3.22	3.14	3.07	3.02	2.98	2.91	2.85	2.77	2.74	2.70	2.66	2.62	2.58	2.54
11	4.84	3.98	3.59	3.36	3.20	3.09	3.01	2.95	2.90	2.85	2.79	2.72	2.65	2.61	2.57	2.53	2.49	2.45	2.40
12	4.75	3.89	3.49	3.26	3.11	3.00	2.91	2.85	2.80	2.75	2.69	2.62	2.54	2.51	2.47	2.43	2.38	2.34	2.30
13	4.67	3.81	3.41	3.18	3.03	2.92	2.83	2.77	2.71	2.67	2.60	2.53	2.46	2.42	2.38	2.34	2.30	2.25	2.21
14	4.60	3.74	3.34	3.11	2.96	2.85	2.76	2.70	2.65	2.60	2.53	2.46	2.39	2.35	2.31	2.27	2.22	2.18	2.13
15	4.54	3.68	3.29	3.06	2.90	2.79	2.71	2.64	2.59	2.54	2.48	2.40	2.33	2.29	2.25	2.20	2.16	2.11	2.07
16	4.49	3.63	3.24	3.01	2.85	2.74	2.66	2.59	2.54	2.49	2.42	2.35	2.28	2.24	2.19	2.15	2.11	2.06	2.01
17	4.45	3.59	3.20	2.96	2.81	2.70	2.61	2.55	2.49	2.45	2.38	2.31	2.23	2.19	2.15	2.10	2.06	2.01	1.96
18	4.41	3.55	3.16	2.93	2.77	2.66	2.58	2.51	2.46	2.41	2.34	2.27	2.19	2.15	2.11	2.06	2.02	1.97	1.92
19	4.38	3.52	3.13	2.90	2.74	2.63	2.54	2.48	2.42	2.38	2.31	2.23	2.16	2.11	2.07	2.03	1.98	1.93	1.88
20	4.35	3.49	3.10	2.87	2.71	2.60	2.51	2.45	2.39	2.35	2.28	2.20	2.12	2.08	2.04	1.99	1.95	1.90	1.84
21	4.32	3.47	3.07	2.84	2.68	2.57	2.49	2.42	2.37	2.32	2.25	2.18	2.10	2.05	2.01	1.96	1.92	1.87	1.81
22	4.30	3.44	3.05	2.82	2.66	2.55	2.46	2.40	2.34	2.30	2.23	2.15	2.07	2.03	1.98	1.94	1.89	1.84	1.78
23	4.28	3.42	3.03	2.80	2.64	2.53	2.44	2.37	2.32	2.27	2.20	2.13	2.05	2.01	1.96	1.91	1.86	1.81	1.76
24	4.26	3.40	3.01	2.78	2.62	2.51	2.42	2.36	2.30	2.25	2.18	2.11	2.03	1.98	1.94	1.89	1.84	1.79	1.73
25	4.24	3.39	2.99	2.76	2.60	2.49	2.40	2.34	2.28	2.24	2.16	2.09	2.01	1.96	1.92	1.87	1.82	1.77	1.71
26	4.23	3.37	2.98	2.74	2.59	2.47	2.39	2.32	2.27	2.22	2.15	2.07	1.99	1.95	1.90	1.85	1.80	1.75	1.69
27	4.21	3.35	2.96	2.73	2.57	2.46	2.37	2.31	2.25	2.20	2.13	2.06	1.97	1.93	1.88	1.84	1.79	1.73	1.67
28	4.20	3.34	2.95	2.71	2.56	2.45	2.36	2.29	2.24	2.19	2.12	2.04	1.96	1.91	1.87	1.82	1.77	1.71	1.65
29	4.18	3.33	2.93	2.70	2.55	2.43	2.35	2.28	2.22	2.18	2.10	2.03	1.94	1.90	1.85	1.81	1.75	1.70	1.64
30	4.17	3.32	2.92	2.69	2.53	2.42	2.33	2.27	2.21	2.16	2.09	2.01	1.93	1.89	1.84	1.79	1.74	1.68	1.62
40	4.08	3.23	2.84	2.61	2.45	2.34	2.25	2.18	2.12	2.08	2.00	1.92	1.84	1.79	1.74	1.69	1.64	1.58	1.51
60	4.00	3.15	2.76	2.53	2.37	2.25	2.17	2.10	2.04	1.99	1.92	1.84	1.75	1.70	1.65	1.59	1.53	1.47	1.39
120	3.92	3.07	2.68	2.45	2.29	2.17	2.09	2.02	1.96	1.91	1.83	1.75	1.66	1.61	1.55	1.50	1.43	1.35	1.25
∞	3.84	3.00	2.60	2.37	2.21	2.10	2.01	1.94	1.88	1.83	1.75	1.67	1.57	1.52	1.46	1.39	1.32	1.22	1.00

续表

$\alpha = 0.025$

ν_1 \ ν_2	1	2	3	4	5	6	7	8	9	10	12	15	20	24	30	40	60	120	∞
1	647.8	799.5	864.2	899.6	921.8	937.1	948.2	956.7	963.3	968.6	976.7	984.9	993.1	997.2	1001	1006	1010	1014	1018
2	38.51	39.00	39.17	39.25	39.30	39.33	39.36	39.37	39.39	39.40	39.41	39.43	39.45	39.46	39.46	39.47	39.48	39.40	39.50
3	17.44	16.04	15.44	15.10	14.88	14.73	14.62	14.54	14.47	14.42	14.34	14.25	14.17	14.12	14.08	14.04	13.99	13.95	13.90
4	12.22	10.65	9.98	9.60	9.36	9.20	9.07	8.98	8.90	8.84	8.75	8.66	8.56	8.51	8.46	8.41	8.36	8.31	8.26
5	10.01	8.43	7.76	7.39	7.15	6.98	6.85	6.76	6.68	6.62	6.52	6.43	6.33	6.28	6.23	6.18	6.12	6.07	6.02
6	8.81	7.26	6.60	6.23	5.99	5.82	5.70	5.60	5.52	5.46	5.37	5.27	5.17	5.12	5.07	5.01	4.96	4.90	4.85
7	8.07	6.54	5.89	5.52	5.29	5.12	4.99	4.90	4.82	4.76	4.67	4.57	4.47	4.42	4.36	4.31	4.25	4.20	4.14
8	7.57	6.06	5.42	5.05	4.82	4.65	4.53	4.43	4.36	4.30	4.20	4.10	4.00	3.95	3.89	3.84	3.78	3.73	3.67
9	7.21	5.71	5.08	4.72	4.48	4.23	4.20	4.10	4.03	3.96	3.87	3.77	3.67	3.61	3.56	3.51	3.45	3.39	3.33
10	6.94	5.46	4.83	4.47	4.24	4.07	3.95	3.85	3.78	3.72	3.62	3.52	3.42	3.37	3.31	3.26	3.20	3.14	3.08
11	6.72	5.26	4.63	4.28	4.04	3.88	3.76	3.66	3.59	3.53	3.43	3.33	3.23	3.17	3.12	3.06	3.00	2.94	2.88
12	6.55	5.10	4.47	4.12	3.89	3.73	3.61	3.51	3.44	3.37	3.28	3.18	3.07	3.02	2.96	2.91	2.85	2.79	2.72
13	6.41	4.97	4.35	4.00	3.77	3.60	3.48	3.39	3.31	3.25	3.15	3.05	2.95	2.89	2.84	2.78	2.72	2.66	2.60
14	6.30	4.86	4.24	3.89	3.66	3.50	3.38	3.29	3.21	3.15	3.05	2.95	2.84	2.79	2.73	2.67	2.61	2.55	2.49
15	6.20	4.77	4.15	3.80	3.58	3.41	3.29	3.20	3.12	3.06	2.96	2.86	2.76	2.70	2.64	2.59	2.52	2.46	2.40
16	6.12	4.69	4.08	3.73	3.50	3.34	3.22	3.12	3.05	2.99	2.89	2.79	2.68	2.63	2.57	2.51	2.45	2.38	2.32
17	6.04	4.62	4.01	3.66	3.44	3.28	3.16	3.06	2.98	2.92	2.82	2.72	2.62	2.56	2.50	2.44	2.38	2.32	2.25
18	5.98	4.56	3.95	3.61	3.38	3.22	3.10	3.01	2.93	2.87	2.77	2.67	2.56	2.50	2.44	2.38	2.32	2.26	2.19
19	5.92	4.51	3.90	3.56	3.33	3.17	3.05	2.96	2.88	2.82	2.72	2.62	2.51	2.45	2.39	2.33	2.27	2.20	2.13
20	5.87	4.46	3.86	3.51	3.29	3.13	3.01	2.91	2.84	2.77	2.68	2.57	2.46	2.41	2.35	2.29	2.22	2.16	2.09
21	5.83	4.42	3.82	3.48	3.25	3.09	2.97	2.87	2.80	2.73	2.64	2.53	2.42	2.37	2.31	2.25	2.18	2.11	2.04
22	5.79	4.38	3.78	3.44	3.22	3.05	2.93	2.84	2.76	2.70	2.60	2.50	2.39	2.33	2.27	2.21	2.14	2.08	2.00
23	5.75	4.35	3.75	3.41	3.18	3.02	2.90	2.81	2.73	2.67	2.57	2.47	2.36	2.30	2.24	2.18	2.11	2.04	1.97
24	5.72	4.32	3.72	3.38	3.15	2.99	2.87	2.78	2.70	2.64	2.54	2.44	2.33	2.27	2.21	2.15	2.08	2.01	1.94

（续）

ν_1 \ ν_2	1	2	3	4	5	6	7	8	9	10	12	15	20	24	30	40	60	120	∞
25	5.69	4.29	3.69	3.35	3.13	2.97	2.85	2.75	2.68	2.61	2.51	2.41	2.30	2.24	2.18	2.12	2.05	1.98	1.91
26	5.66	4.27	3.67	3.33	3.10	2.94	2.82	2.73	2.65	2.59	2.49	2.39	2.28	2.22	2.16	2.09	2.03	1.95	1.88
27	5.63	4.24	3.65	3.31	3.08	2.92	2.80	2.71	2.63	2.57	2.47	2.36	2.25	2.19	2.13	2.07	2.00	1.93	1.85
28	5.61	4.22	3.63	3.29	3.06	2.90	2.78	2.69	2.61	2.55	2.45	2.34	2.23	2.17	2.11	2.05	1.98	1.91	1.83
29	5.59	4.20	3.61	3.27	3.04	2.88	2.76	2.67	2.59	2.53	2.43	2.32	2.21	2.15	2.09	2.03	1.96	1.89	1.81
30	5.57	4.18	3.59	3.25	3.03	2.87	2.75	2.65	2.57	2.51	2.41	2.31	2.20	2.14	2.07	2.01	1.94	1.87	1.79
40	5.42	4.05	3.46	3.13	2.90	2.74	2.62	2.53	2.45	2.35	2.29	2.18	2.07	2.01	1.94	1.88	1.80	1.72	1.64
60	5.29	3.93	3.34	3.01	2.79	2.63	2.51	2.41	2.33	2.27	2.17	2.06	1.94	1.88	1.82	1.74	1.67	1.58	1.48
120	5.15	3.80	3.23	2.89	2.67	2.52	2.39	2.30	2.22	2.16	2.05	1.94	1.82	1.76	1.69	1.61	1.53	1.43	1.31
∞	5.02	3.69	3.12	2.79	2.57	2.41	2.29	2.19	2.11	2.05	1.94	1.83	1.71	1.64	1.57	1.48	1.39	1.27	1.00

$\alpha = 0.01$

ν_1 \ ν_2	1	2	3	4	5	6	7	8	9	10	12	15	20	24	30	40	60	120	∞
1	4052	4999.5	5403	5625	5764	5859	5928	5982	6022	6055	6106	6157	6209	6235	6261	6287	6313	6339	6366
2	98.50	99.00	99.17	99.25	99.30	99.33	99.36	99.37	99.39	99.40	99.42	99.43	99.45	99.46	99.47	99.47	99.48	99.49	99.50
3	34.12	30.82	29.46	28.71	28.24	27.91	27.67	27.49	27.35	27.23	27.05	26.87	26.69	26.60	26.50	26.41	26.32	26.22	26.13
4	21.20	18.00	16.69	15.98	15.52	15.21	14.98	14.80	14.66	14.55	14.37	14.20	14.02	13.93	13.84	13.75	13.65	13.56	13.46
5	16.26	13.27	12.06	11.39	10.97	10.67	10.46	10.29	10.16	10.05	9.89	9.72	9.55	9.47	9.38	9.29	9.20	9.11	9.02
6	13.75	10.93	9.78	9.15	8.75	8.47	8.26	8.10	7.98	7.87	7.72	7.56	7.40	7.31	7.23	7.14	7.06	6.97	6.88
7	12.25	9.55	8.45	7.85	7.46	7.19	6.99	6.84	6.72	6.62	6.47	6.31	6.16	6.07	5.99	5.91	5.82	5.74	5.65
8	11.26	8.65	7.59	7.01	6.63	6.37	6.18	6.03	5.91	5.81	5.67	5.52	5.36	5.28	5.20	5.12	5.03	4.95	4.86
9	10.56	8.02	6.99	6.42	6.06	5.80	5.61	5.47	5.35	5.26	5.11	4.96	4.81	4.73	4.65	4.57	4.48	4.40	4.31

续表

α = 0.01

ν_1 \ ν_2	1	2	3	4	5	6	7	8	9	10	12	15	20	24	30	40	60	120	∞
10	10.04	7.56	6.55	5.99	5.64	5.39	5.20	5.06	4.94	4.85	4.71	4.56	4.41	4.33	4.25	4.17	4.08	4.00	3.91
11	9.65	7.21	6.22	5.67	5.32	5.07	4.89	4.74	4.63	4.54	4.40	4.25	4.10	4.02	3.94	3.86	3.78	3.69	3.60
12	9.33	6.93	5.95	5.41	5.06	4.82	4.64	4.50	4.39	4.30	4.16	4.01	3.86	3.78	3.70	3.62	3.54	3.45	3.36
13	9.07	6.70	5.74	5.21	4.86	4.62	4.44	4.30	4.19	4.10	3.96	3.82	3.66	3.59	3.51	3.43	3.34	3.25	3.17
14	8.86	6.51	5.56	5.04	4.69	4.46	4.28	4.14	4.03	3.94	3.80	3.66	3.51	3.43	3.35	3.27	3.18	3.09	3.00
15	8.68	6.36	5.42	4.89	4.56	4.32	4.14	4.00	3.89	3.80	3.67	3.52	3.37	3.29	3.21	3.13	3.05	2.96	2.87
16	8.53	6.23	5.29	4.77	4.44	4.20	4.03	3.89	3.78	3.69	3.55	3.41	3.26	3.18	3.10	3.02	2.93	2.84	2.75
17	8.4	6.11	5.18	4.67	4.34	4.10	3.93	3.79	3.68	3.59	3.46	3.31	3.16	3.08	3.00	2.92	2.83	2.75	2.65
18	8.29	6.01	5.09	4.58	4.25	4.01	3.94	3.71	3.60	3.51	3.37	3.23	3.08	3.00	2.92	2.84	2.75	2.66	2.57
19	8.18	5.93	5.01	4.50	4.17	3.94	3.77	3.63	3.52	3.43	3.30	3.15	3.00	2.92	2.84	2.76	2.67	2.58	2.49
20	8.10	5.85	4.94	4.43	4.10	3.87	3.70	3.56	3.46	3.37	3.23	3.09	2.94	2.86	2.78	2.69	2.61	2.52	2.42
21	8.02	5.78	4.87	4.37	4.04	3.81	3.64	3.51	3.40	3.31	3.17	3.03	2.88	2.80	2.72	2.64	2.55	2.46	2.36
22	7.95	5.72	4.82	4.31	3.99	3.76	3.59	3.45	3.35	3.26	3.12	2.98	2.83	2.75	2.67	2.58	2.50	2.40	2.31
23	7.88	5.66	4.76	4.26	3.94	3.71	3.54	3.41	3.30	3.21	3.07	2.93	2.78	2.70	2.62	2.54	2.45	2.35	2.26
24	7.82	5.61	4.72	4.22	3.90	3.67	3.50	3.36	3.26	3.17	3.03	2.89	2.74	2.66	2.58	2.49	2.40	2.31	2.21
25	7.77	5.57	4.68	4.18	3.85	3.63	3.46	3.32	3.22	3.13	2.99	2.85	2.70	2.62	2.54	2.45	2.36	2.27	2.17
26	7.72	5.53	4.64	4.14	3.82	3.59	3.42	3.29	3.18	3.09	2.96	2.81	2.66	2.58	2.50	2.42	2.33	2.23	2.13
27	7.68	5.49	4.60	4.11	3.78	3.56	3.39	3.26	3.15	3.06	2.93	2.78	2.63	2.55	2.47	2.38	2.29	2.20	2.10
28	7.64	5.45	4.57	4.07	3.75	3.53	3.36	3.23	3.12	3.03	2.90	2.75	2.60	2.52	2.44	2.35	2.26	2.17	2.06
29	7.60	5.42	4.54	4.04	3.73	3.50	3.33	3.20	3.09	3.00	2.87	2.73	2.57	2.49	2.41	2.33	2.23	2.14	2.03
30	7.56	5.39	4.51	4.02	3.70	3.47	3.30	3.17	3.07	2.98	2.84	2.70	2.55	2.47	2.39	2.30	2.21	2.11	2.01
40	7.31	5.18	4.31	3.83	3.51	3.29	3.12	2.99	2.89	2.80	2.66	2.52	2.37	2.29	2.20	2.11	2.02	1.92	1.80
60	7.08	4.98	4.13	3.65	3.34	3.12	2.95	2.82	2.72	2.63	2.50	2.35	2.20	2.12	2.03	1.94	1.84	1.73	1.60
120	6.85	4.79	3.95	3.48	3.17	2.96	2.79	2.66	2.56	2.47	2.34	2.19	2.03	1.95	1.86	1.76	1.66	1.53	1.38
∞	6.63	4.61	3.78	3.32	3.02	2.80	2.64	2.51	2.41	2.32	2.18	2.04	1.88	1.79	1.70	1.59	1.47	1.32	1.00

表 A-5　随机数表

03 47 43 73 86	36 96 47 36 61	46 98 63 71 62	33 26 16 80 45	60 11 14 10 95
97 74 24 67 62	42 81 14 57 20	42 53 32 37 32	27 07 36 07 51	24 51 79 89 73
16 76 62 27 66	56 40 26 71 07	32 90 79 78 53	13 55 38 58 59	88 97 54 14 10
12 56 85 99 26	96 96 68 27 31	05 03 72 93 15	57 12 10 14 21	88 26 49 81 76
55 49 46 25 64	38 54 82 46 22	31 62 48 09 90	06 18 44 32 53	23 83 01 30 30
16 22 77 94 39	49 54 43 54 82	17 37 93 23 78	87 35 20 96 43	84 26 34 91 64
84 42 17 53 31	57 24 55 06 88	77 04 74 47 67	21 76 33 50 25	83 92 12 06 76
63 01 63 78 59	16 95 55 67 19	98 10 50 71 75	12 86 73 48 07	44 39 52 38 79
33 21 12 34 29	78 64 56 97 82	52 42 07 44 38	15 51 00 13 42	99 66 02 79 54
57 60 86 32 44	09 47 27 96 54	49 17 46 09 62	90 52 84 77 27	08 02 73 43 28
18 18 07 92 45	44 17 16 58 09	79 83 86 19 62	06 76 50 03 10	55 23 64 05 05
26 62 38 97 75	84 16 07 44 99	83 11 46 32 24	20 14 85 88 45	10 93 72 88 71
23 42 40 64 74	82 97 77 77 81	07 45 32 14 08	32 98 94 07 72	93 85 79 10 75
52 36 28 19 95	50 92 26 11 97	00 56 76 31 38	80 22 02 53 53	86 60 42 04 53
37 85 94 35 12	83 39 50 08 30	42 34 07 96 88	54 42 06 87 98	35 85 29 48 39
70 29 17 12 13	40 33 20 38 26	13 89 51 03 74	17 76 37 13 04	07 74 21 19 30
56 62 18 37 35	96 83 50 87 75	97 12 25 93 47	70 33 24 03 54	97 77 46 44 80
99 49 57 22 77	99 42 95 45 72	16 64 36 16 00	04 43 18 66 79	94 77 24 21 90
16 08 15 04 72	33 27 14 34 09	45 59 34 68 49	12 72 07 34 45	99 27 72 95 14
31 16 93 32 43	50 27 89 87 19	20 15 37 00 49	52 85 66 60 44	38 68 88 11 80
68 34 30 13 70	55 74 30 77 40	44 22 78 84 26	04 33 46 09 52	58 07 97 06 57
74 57 25 65 76	49 29 97 68 60	71 91 38 67 54	13 58 18 24 76	15 54 55 95 52
27 42 37 86 53	48 55 90 65 72	96 57 69 36 10	96 46 92 42 45	97 60 49 04 91
00 39 68 29 61	66 37 32 20 30	77 84 57 03 29	10 45 65 04 26	11 04 96 67 24
29 94 98 94 24	68 49 69 10 82	53 75 91 93 30	34 25 20 57 27	40 48 73 51 92
16 90 82 66 59	83 62 64 11 12	67 19 00 71 74	60 47 21 29 68	02 02 37 03 31
11 27 94 75 06	06 09 19 74 66	02 94 37 34 02	76 70 90 30 86	38 45 94 30 38
35 24 10 16 20	33 32 51 26 38	79 78 45 04 91	16 92 53 56 16	02 75 50 95 98
38 23 16 86 38	42 38 97 01 50	87 75 66 81 41	40 01 74 91 62	48 51 84 08 32
31 96 25 91 47	96 44 33 49 13	34 36 82 53 91	00 52 43 48 85	27 55 26 89 62
66 67 40 67 14	64 05 71 95 86	11 05 65 09 68	76 83 20 37 90	57 16 00 11 66
14 90 84 45 11	75 73 88 05 90	52 27 41 14 86	22 98 12 22 08	07 52 74 95 80
68 05 51 18 00	33 96 02 75 19	07 60 62 93 55	59 33 82 43 90	49 37 38 44 59
20 46 78 73 90	97 51 40 14 02	04 02 33 31 08	39 54 16 49 36	47 95 93 13 30
64 19 58 97 79	15 06 15 93 20	01 90 10 75 06	40 78 78 89 62	02 67 74 17 33
05 26 93 70 60	22 35 85 15 13	92 03 51 59 77	59 56 78 06 83	52 91 05 70 74
07 97 10 88 23	09 98 42 99 64	61 71 62 99 15	06 51 29 16 93	58 05 77 09 51
63 71 86 85 85	54 87 66 47 54	73 32 08 11 12	44 95 02 63 16	29 56 24 29 48
26 99 61 64 53	58 37 78 80 70	42 10 50 67 42	32 17 55 86 74	94 44 67 16 94
14 65 52 68 75	87 59 36 22 41	26 78 53 06 55	13 08 27 01 50	15 29 39 39 43
17 53 77 58 71	71 41 61 50 72	12 41 94 96 26	44 95 27 36 99	92 96 74 30 83
90 26 59 21 19	23 52 23 33 12	96 93 02 18 39	07 02 18 36 07	25 99 32 70 23
41 23 52 55 99	31 04 49 69 96	10 47 48 45 88	13 41 43 89 20	97 17 14 49 17
60 20 50 81 69	31 99 73 68 68	35 81 33 03 76	24 30 12 48 60	18 99 10 72 34
91 25 38 05 90	94 58 28 41 36	45 37 59 03 09	90 35 57 29 12	92 62 54 65 60
34 50 57 74 37	98 80 33 00 91	09 77 93 19 82	74 94 80 04 04	45 07 31 66 49
85 22 04 39 43	73 81 53 94 79	33 62 46 86 28	08 31 54 46 31	53 94 13 38 47
09 79 13 77 48	73 82 97 22 21	05 03 27 24 83	72 89 44 05 60	35 80 39 94 88
88 75 80 18 14	22 95 75 42 49	39 32 82 22 49	02 48 07 70 37	16 04 61 67 87
90 96 23 70 00	39 00 03 06 90	55 95 78 38 36	94 37 30 69 32	90 89 00 76 33

表 A－6　常用正交表

（1）A6.1　$L_4(2^3)$

试验号	列　号		
	1	2	3
1	1	1	1
2	1	2	2
3	2	1	2
4	2	2	1
组	1	2	

（2）A6.2　$L_8(2^7)$

试验号	列　号						
	1	2	3	4	5	6	7
1	1	1	1	1	1	1	1
2	1	1	1	2	2	2	2
3	1	2	2	1	1	2	2
4	1	2	2	2	2	1	1
5	2	1	2	1	2	1	2
6	2	1	2	2	1	2	1
7	2	2	1	1	2	2	1
8	2	2	1	2	1	1	2
组	1	2		3			

（3）A6.2a　$L_8(2^7)$的交互作用表

试验号	列　号						
	1	2	3	4	5	6	7
	(1)	3	2	5	4	7	6
		(2)	1	6	7	4	5
			(3)	7	6	5	4
				(4)	1	2	3
					(5)	3	2
						(6)	1
							(7)

（4）A6.2b　$L_8(2^7)$ 的表头设计

因素数	列　号						
	1	2	3	4	5	6	7
3	A	B	A×B	C	A×C	B×C	
4	A	B	A×B C×D	C	A×C B×D	B×C A×D	D
4	A	B C×D	A×B	C B×D	A×C	D B×C	A×D
5	A D×E	B C×D	A×B C×E	C B×D	A×C B×E	D A×E B×C	E A×D
6	A C×D E×F	B C×E D×F	A×B C×F D×E	C B×F A×D	D A×C B×F	E B×C A×F	F A×E B×D
7	A B×D C×E F×G	B A×D C×F E×G	C A×B C×G E×F	D A×E B×F D×G	E A×C B×G D×F	F B×C A×G D×E	G C×D B×E A×F

（5）A6.3　$L_{16}(2^{15})$

试验号	列　号														
	1	2	3	4	5	6	7	8	9	10	11	12	13	14	15
1	1	1	1	1	1	1	1	1	1	1	1	1	1	1	1
2	1	1	1	1	1	1	1	2	2	2	2	2	2	2	2
3	1	1	1	2	2	2	2	1	1	1	1	2	2	2	2
4	1	1	1	2	2	2	2	2	2	2	2	1	1	1	1
5	1	2	2	1	1	2	2	1	1	2	2	1	1	2	2
6	1	2	2	1	1	2	2	2	2	1	1	2	2	1	1
7	1	2	2	2	2	1	1	1	1	2	2	2	2	1	1
8	1	2	2	2	2	1	1	2	2	1	1	1	1	2	2
9	2	1	2	1	2	1	2	1	2	1	2	1	2	1	2
10	2	1	2	1	2	1	2	2	1	2	1	2	1	2	1
11	2	1	2	2	1	2	1	1	2	1	2	2	1	2	1
12	2	1	2	2	1	2	1	2	1	2	1	1	2	1	2
13	2	2	1	1	2	2	1	1	2	2	1	1	2	2	1
14	2	2	1	1	2	2	1	2	1	1	2	2	1	1	2
15	2	2	1	2	1	1	2	1	2	2	1	2	1	1	2
16	2	2	1	2	1	1	2	2	1	1	2	1	2	2	1
组	1	2		3				4							

（6）A6.3a　$L_{16}(2^{15})$ 的交互作用表

试验号	列　号														
	1	2	3	4	5	6	7	8	9	10	11	12	13	14	15
	(1)	3	2	5	4	7	6	9	8	11	10	13	12	15	14
		(2)	1	6	7	4	5	10	11	8	9	14	15	12	13
			(3)	7	6	5	4	11	10	9	8	15	14	13	12
				(4)	1	2	3	12	13	14	15	8	9	10	11
					(5)	3	2	13	12	15	14	9	8	11	10
						(6)	1	14	15	12	13	10	11	8	9
							(7)	15	14	13	12	11	10	9	8
								(8)	1	2	3	4	5	6	7
									(9)	3	2	5	4	7	6
										(10)	1	6	7	4	5
											(11)	7	6	5	4
												(12)	1	2	3
													(13)	3	2
														(14)	1

（7）A6.3b　$L_{16}(2^{15})$ 的表头设计表

试验号	列　号														
	1	2	3	4	5	6	7	8	9	10	11	12	13	14	15
4	A	B	A×B	C	A×C	B×C		D	A×D	B×D		C×D			
5	A	B	A×B	C	A×C	B×C	D×E	D	A×D	B×D	C×E	C×D	B×E	A×E	E
6	A	B	A×B	C	A×C	B×C		D	A×D	B×D	E	C×D	F		C×E
			D×E		D×F	E×F			B×E	A×E		A×F			B×F
								C×F							
7	A	B	A×B	C	A×C	B×C		D	A×D	B×D	E	C×D	F	G	C×E
			D×E		D×F	E×F			B×E	A×E		A×F			B×F
			F×G		E×G	D×F			C×F	C×G		B×G			A×G
8	A	B	A×B	C	A×C	B×C	H	D	A×D	B×D	E	C×D	F	G	C×E
			D×E		D×F	E×F			B×E	A×E		A×F			B×F
			F×G		E×G	D×G			C×F	C×G		B×G			A×G
			C×H		B×H	A×H			G×H	F×H		E×H			D×H

（8）A6.4　$L_9(3^4)$

试验号	列　号			
	1	2	3	4
1	1	1	1	1
2	1	2	2	2

（续）

试验号	列　　号			
	1	2	3	4
3	1	3	3	3
4	2	1	2	3
5	2	2	3	1
6	2	3	1	2
7	3	1	3	2
8	3	2	1	3
9	3	3	2	1
组	1	2		

注：任意二列间的交互作用为另外二列

附录 B
MATLAB

B.1　MATLAB 简介——解决工程与科学实际问题的强大工具

MATLAB 是美国 MathWorks 公司出品的商业数学软件,用于算法开发、数据可视化、数据分析以及数值计算的高级技术计算语言和交互式环境,主要包括 MATLAB 和 Simulink 两大部分。它将数值分析、矩阵计算、科学数据可视化以及非线性动态系统的建模和仿真等诸多强大功能集成在一个易于使用的视窗环境中,代表了当今国际科学计算软件的先进水平。它在数学类科技应用软件中在数值计算方面首屈一指。

MATLAB 可以进行矩阵运算、绘制函数和数据、实现算法、创建用户界面等,主要应用于工程计算、控制设计、信号处理与通信、图像处理、信号检测、金融建模设计与分析、统计分析等领域。

B.2　MATLAB 编程环境和常用语句介绍

图 B-1 给出了 MATLAB 编程环境,其由命令窗口、命令历史、工作空间、当前的路径等组成。

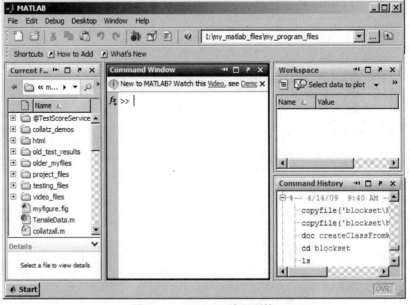

图 B-1　MATLAB 编程环境

B.2.1.　变量与赋值

1. 变量命名

在 MATLAB R2011a 中,变量名是以字母开头,后接字母、数字或下划线的字符序列,最多

63 个字符。在 MATLAB 中,变量名区分字母的大小写。

2. 赋值语句

(1) 变量 = 表达式

(2) 表达式

其中表达式是用运算符将有关运算量连接起来的式子,其结果是一个矩阵。

【例 B-1】 计算表达式的值,并显示计算结果。

在 MATLAB 命令窗口输入命令:

```
x =1 +2i;
y =3 - sqrt(17);
z = (cos(abs(x + y)) - sin(78* pi/180))/(x + abs(y))
```

其中 pi 和 i 都是 MATLAB 预先定义的变量,分别代表代表圆周率 π 和虚数单位。

输出结果是:

```
z = -0.3488 +0.3286i
```

在 MATLAB 工作空间中,还驻留几个由系统本身定义的变量。例如,用 pi 表示圆周率 π 的近似值,用 i,j 表示虚数单位。另外如果没有变量只有表达式,则最终运算结果赋给变量 ans。例如:

```
> > (5* 2 +1.3 -0.8)* 10/25;
ans =4.2000
```

B.2.2　矩阵的建立

1. 直接输入法

最简单的建立矩阵的方法是从键盘直接输入矩阵的元素。具体方法如下:将矩阵的元素用方括号括起来,按矩阵行的顺序输入各元素,同一行的各元素之间用空格或逗号分隔,不同行的元素之间用分号分隔。

```
> >A = [1 2 3 4; 5 6 7 8; 9 1011 12];
A =
    1 2 3 4
    5 6 7 8
    9 10 11 12
```

2. 利用 M 文件建立矩阵

对于比较大且比较复杂的矩阵,可以为它专门建立一个 M 文件。下面通过一个简单例子来说明如何利用 M 文件创建矩阵。

【例 B-2】 利用 M 文件建立 MYMAT 矩阵。

(1) 启动有关编辑程序或 MATLAB 文本编辑器,并输入待建矩阵;

(2) 把输入的内容以纯文本方式存盘(设文件名为 mymatrix. m)。

(3) 在 MATLAB 命令窗口中输入 mymatrix,即运行该 M 文件,就会自动建立一个名为 MYMAT 的矩阵,可供以后使用。

3. 利用冒号表达式建立一个向量。冒号表达式可以产生一个行向量,一般格式是:

```
e1 :e2 :e3
```

其中 e1 为初始值,e2 为步长,e3 为终止值。

4. 建立大矩阵

大矩阵可由方括号中的小矩阵或向量建立起来。

我们可以对矩阵进行各种处理,其中包括矩阵元素值的提取、替换、拆分等功能,也可以对整个矩阵进行运算,如转置、特征值提取等。

B.2.3 特殊矩阵

常用的产生通用特殊矩阵的函数有:

zeros:产生全 0 矩阵(零矩阵)。

ones:产生全 1 矩阵(幺矩阵)。

eye:产生单位矩阵。

rand:产生 0~1 间均匀分布的随机矩阵。

randn:产生均值为 0、方差为 1 的标准正态分布随机矩阵。

B.2.4 算术运算

1. 基本算术运算

MATLAB 的基本算术运算有: + (加)、- (减)、* (乘)、/ (右除)、\ (左除)、^ (乘方)。注意,运算是在矩阵意义下进行的,单个数据的算术运算只是一种特例。

(1)矩阵加减运算

假定有两个矩阵 A 和 B,则可以由 A + B 和 A - B 实现矩阵的加减运算。运算规则是:若 A 和 B 矩阵的维数相同,则可以执行矩阵的加减运算,A 和 B 矩阵的相应元素相加减。如果 A 与 B 的维数不相同,则 MATLAB 将给出错误信息,提示用户两个矩阵的维数不匹配。

(2)矩阵乘法

假定有两个矩阵 A 和 B,若 A 为 m×n 矩阵,B 为 n×p 矩阵,则 C = A * B 为 m×p 矩阵。

(3)矩阵除法

在 MATLAB 中,有两种矩阵除法运算:\ 和 /,分别表示左除和右除。如果 A 矩阵是非奇异方阵,则 A\B 和 B/A 运算可以实现。A\B 等效于 A 的逆左乘 B 矩阵,也就是 inv(A) * B,而 B/A 等效于 A 矩阵的逆右乘 B 矩阵,也就是 B * inv(A)。

对于含有标量的运算,两种除法运算的结果相同,如 3/4 和 4\3 有相同的值,都等于 0.75。又如,设 a = [10.5,25],则 a/5 = 5\a = [2.1000 5.0000]。对于矩阵来说,左除和右除表示两种不同的除数矩阵和被除数矩阵的关系。对于矩阵运算,一般 A\B ≠ B/A。

(4)矩阵的乘方

一个矩阵的乘方运算可以表示成 A^x,要求 A 为方阵,x 为标量。

2. 点运算

在 MATLAB 中,有一种特殊的运算,因为其运算符是在有关算术运算符前面加点,所以叫点运算。点运算符有 .* 、./ 、.\ 和 .^。两矩阵进行点运算是指它们的对应元素进行相关运算,要求两矩阵的维数相同。

3. 关系运算

MATLAB 提供了 6 种关系运算符: < (小于)、< = (小于或等于)、> (大于)、> = (大于或等于)、= = (等于)、~ = (不等于)。它们的含义不难理解,但要注意其书写方法与数学中的不等式符号不尽相同。

关系运算符的运算法则为:

（1）当两个比较量是标量时，直接比较两数的大小。若关系成立，关系表达式结果为1，否则为0。

（2）当参与比较的量是两个维数相同的矩阵时，比较是对两矩阵相同位置的元素按标量关系运算规则逐个进行，并给出元素比较结果。最终的关系运算的结果是一个维数与原矩阵相同的矩阵，它的元素由0或1组成。

（3）当参与比较的一个是标量，而另一个是矩阵时，则把标量与矩阵的每一个元素按标量关系运算规则逐个比较，并给出元素比较结果。最终的关系运算的结果是一个维数与原矩阵相同的矩阵，它的元素由0或1组成。

B.2.5　程序结构语句

任何算法功能都可以通过顺序结构、选择结构和循环结构三种基本程序结构来实现。其中顺序结构是最基本的结构，它依照语句的自然顺序逐条地执行程序的各条语句。如果要根据输入数据的实际情况进行逻辑判断，对不同的结果进行不同的处理，可以使用选择结构。如果需要反复执行某些程序段落，可以使用循环结构。表 B-1 给出了 MATLAB 中各类结构语句的表达形式。

表 B-1　MATLAB 的程序结构语句

条件语句	• **if** 表达式；
	　　　　　　程序模块；
	　End
	• **if** 表达式
	　　　　　　程序模块 **1**
	　　　　else
	　　　　　　程序模块 **2**
	　　　　end
	• if 表达式 1
	　　　程序模块 1
	elseif 表达式 2
	程序模块 2
	…………
	elseif 表达式 n
	程序模块 n
	else
	程序模块 n + 1
	end

	• switch 语句 　　　　**switch** 表达式 　　　　　　**case** 数值 **1** 　　　　　　　　程序模块 **1** 　　　　　　**case** 数值 **2** 　　　　　　　　程序模块 **2** 　　　　　　…… 　　　　　　**otherwise** 　　　　　　　　程序模块 **n** 　　　　**end**
循环语句	• **for i = V**,循环体结构,**end** • while(表达式) 　　　循环结构体 　　end

B.2.6 MATLAB 常用数学函数

MATLAB 提供了许多数学函数,函数的自变量规定为矩阵变量,运算法则是将函数逐项作用于矩阵的元素上,因而运算的结果是一个与自变量同维数的矩阵。函数使用说明如下。

(1)三角函数以弧度为单位计算。

(2)abs 函数可以求实数的绝对值、复数的模、字符串的 ASCII 码值。

(3)用于取整的函数有 fix、floor、ceil、round,要注意它们的区别。

(4)rem 与 mod 函数的区别。rem(x,y)和 mod(x,y)要求 x,y 必须为相同大小的实矩阵或为标量。

常用函数见表 B-2 所示。如何使用这些函数,请使用"Help"来查询。

表 B-2　常用函数表

min(x):向量 x 的元素的最小值	max(x):向量 x 的元素的最大值
diff(x):向量 x 的相邻元素的差	length(x):向量 x 的元素个数
sort(x):对向量 x 的元素进行排序(Sorting)	sum(x):向量 x 的元素总和
norm(x):向量 x 的欧氏(Euclidean)长度	cumsum(x):向量 x 的累计元素总和
prod(x):向量 x 的元素总乘积	dot(x,y):向量 x 和 y 的内积
cumprod(x):向量 x 的累计元素总乘积	cross(x,y):向量 x 和 y 的外积

若对 MATLAB 函数用法有疑问,可随时使用下列关键字来寻求线上支援。

help:用来查询已知命令的用法。例如已知 inv 是用来计算逆矩阵,键入 help inv 即可得知有关 inv 命令的用法。(键入 help help 则显示 help 的用法,请试试看!)

lookfor:用来寻找未知的命令。例如要寻找计算反矩阵的命令,可键入 lookfor inverse,MATLAB 即会列出所有和关键字 inverse 相关的指令。找到所需的命令后,即可用 help 进一步找出其用法。

B.3　数理统计工具箱应用简介

MATLAB 的数理统计工具箱是 MATLAB 工具箱中较为简单的一个,其牵涉的数学知识是大家都很熟悉的数理统计,因此在本书中,仅列出数理统计工具箱的一些函数,这些函数的意义都很明确,使用也很简单,为了进一步简明,下面仅仅给出了与本门课程相关的函数的名称和功能(见表 B-3),没有列出函数的参数以及使用方法,大家只需简单的在 MATLAB 工作空间中输入"help 函数名",便可以得到这些函数详细的使用方法。

表 B-3　数理统计工具箱中函数表

1. 参数估计	2. 累积分布函数
binofit 二项数据参数估计和置信区间	normcdf 正态累积分布函数
mle 最大似然估计	poisscdf 泊松累积分布函数
normlike 正态对数似然函数	raylcdf Reyleigh 累积分布函数
normfit 正态数据参数估计和置信区间	tcdf t 累积分布函数
poissfit 泊松数据参数估计和置信区间	unidcdf 离散均匀分布累积分布函数
unifit 均匀分布数据参数估计	unifcdf 连续均匀分布累积分布函数

（续）

3. 概率密度函数	4. 分布矩函数
chi2pdf χ^2 概率密度函数 fpdf　　　F 概率密度函数 normpdf 正态分布概率密度函数 pdf 指定分布的概率密度函数 poisspdf 泊松分布的概率密度函数 tpdf　　　t 概率密度函数 unidpdf 离散均匀分布概率密度函数 unifpdf 连续均匀分布概率密度函数	chi2stat 计算分布的均值和方差 fstat 计算 F 分布的均值和方差 normstat 计算正态分布的均值和方差 poissstat 计算泊松分布的均值和方差 tstat 计算 t 分布的均值和方差 unidstat 计算离散均匀分布的均值和方差 unifstat 计算连续均匀分布的均值和方差
5. 统计特征函数	6. 统计绘图函数
corrcoef 计算互相关系数 cov 计算协方差矩阵 geomean 计算样本的几何平均值 kurtosis 计算样本的峭度 mad 计算样本数据平均绝对偏差 mean 计算样本的均值 median 计算样本的中位数 moment 计算任意阶的中心矩 prctile 计算样本的百分位数 range 样本的范围 skewness 计算样本的歪度 std 计算样本的标准差 var 计算样本的方差	boxplot 在矩形框内画样本数据 errorbar 在曲线上画误差条 fsurfht 画函数的交互轮廓线 gline 在图中交互式画线 gname 用指定的标志画点 lsline 画最小二乘拟合线 normplot 画正态检验的正态概率图 qqplot 画两样本的分位数 – 分位数图 refcurve 在当前图中加一多项式曲线 refline 在当前坐标中画参考线 surfht 画交互轮廓线
7. 假设检验	8 查表函数
ttest 对单个样本均值进行 t 检验 ttest2 对两样本均值进行 t 检验 ztest 对已知方差的单个样本均值进行 z 检验 vartest2 对两个样本方差进行 F 检验	norminv 计算标准正态分布的上 100α 百分位点 chi2inv 计算 χ^2 分布的上 100α 百分位点 tinv 计算 t 分布的上 100α 百分位点 finv 计算 F 分布的上 100α 百分位点

B. 4　多项式拟合与回归

B. 4. 1　基本的曲线拟合函数的命令

1. 多项式函数拟合：$a = \text{polyfit}(\text{xdata}, \text{ydata}, n)$

其中 n 表示多项式的最高阶数，xdata, ydata 为将要拟合的数据，它是用数组的方式输入。输出参数 a 为拟合多项式的系数

2. 多项式在 x 处的值 y 可用下面程序计算。

$$y = \text{polyval}(a, x)$$

除了上述函数外，MATLAB 提供了能实现多种线性、非线性的曲线拟合 curvetool。启动曲线拟合工具箱具体使用为：》cftool

3. 进入曲线拟合工具箱界面"Curve Fitting tool"，见图 B – 2。

（1）点击"Data"按钮，弹出"Data"窗口；

（2）利用 X data 和 Y data 的下拉菜单读入数据 x, y,可修改数据集名"Data set name",然

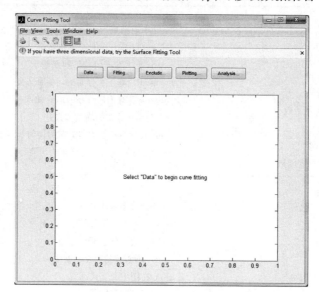

图 B-2　曲线拟合界面

后点击"Create data set"按钮,退出"Data"窗口,返回工具箱界面,这时会自动画出数据集的曲线图;

（3）点击"Fitting"按钮,弹出"Fitting"窗口;

（4）点击"New fit"按钮,可修改拟合项目名称"Fit name",通过"Data set"下拉菜单选择数据集,然后通过下拉菜单"Type of fit"选择拟合曲线的类型,工具箱提供的拟合类型有:

Custom Equations:用户自定义的函数类型。

Exponential:指数逼近,有 2 种类型,$a * \exp(b * x)$、$a * \exp(b * x) + c * \exp(d * x)$。

Fourier:傅里叶逼近,有 7 种类型,基础型是 $a0 + a1 * \cos(x * w) + b1 * \sin(x * w)$。

Gaussian:高斯逼近,有 8 种类型,基础型是 $a1 * \exp(-((x - b1)/c1)^2)$。

Polynomial:多项式逼近,有 9 种类型,linear ~ 、quadratic ~ 、cubic ~ 、4 - 9th degree ~ 。

Power:幂逼近,有 2 种类型,$a * x^b$、$a * x^b + c$。

选择好所需的拟合曲线类型及其子类型,并进行相关设置:

——如果是非自定义的类型,根据实际需要点击"Fit options"按钮,设置拟合算法、修改待估计参数的上下限等参数;

——如果选 Custom Equations,点击"New"按钮,弹出自定义函数等式窗口,有"Linear Equations"线性等式和"General Equations"构造等式两种标签。

（5）类型设置完成后,点击"Apply"按钮,就可以在 Results 框中得到拟合结果,

B. 4. 2　回归分析函数

1. 多元线性分析

多元线性回归在 MATLAB 统计工具箱中使用命令 regress( )实现多元线性回归,调用格式为

$$b = regress(y, x)$$

或

$$【b,bint,r,rint,stats】=regess(y,x,alpha)$$

其中因变量数据向量 y 和自变量数据矩阵 x 按以下排列方式输入对一元线性回归,取 $k=1$ 即可。alpha 为显著性水平(默认值为 0.05),输出向量 b,bint 为回归系数估计值和它们的置信区间,r,rint 为残差及其置信区间,stats 是用于检验回归模型的统计量,有三个数值,第一个是 R2,其中 R 是相关系数,第二个是 F 统计量值,第三个是与统计量 F 对应的概率 P,当 $P<\alpha$ 时拒绝 H0,回归模型成立。

画出残差及其置信区间,用命令

$$rcoplot(r,rint)$$

2. 非线性回归

非线性回归可由命令 nlinfit 来实现,调用格式为

$$[beta,r,j]=nlinfit(x,y,'model',beta0)$$

其中,输人数据 x,y 分别为 n×m 矩阵和 n 维列向量,对一元非线性回归,

　　　　　x 为 n 维列向量

　　　　　model 是事先用 m - 文件定义的非线性函数,

　　　　　beta0 是回归系数的初值,

　　　　　beta 是估计出的回归系数,

　　　　　r 是残差,

　　　　　j 是 Jacobian 矩阵,它们是估计预测误差需要的数据。

预测和预测误差估计用命令

$$[y,delta]=nlpredci('model',x,beta,r,j)$$

3. 逐步回归

逐步回归的命令是 stepwise,它提供了一个交互式画面,通过此工具可以自由地选择变量,进行统计分析。调用格式为

$$stepwise(x,y,inmodel,alpha)$$

其中,x 是自变量数据,y 是因变量数据,分别为 n×m 和 n×1 矩阵,

　　　　inmodel 是矩阵的列数指标(缺省时为全部自变量),

　　　　alpha 为显著性水平(默认值为 0.5)

结果产生三个图形窗口。在 stepwise plot 窗口,虚线表示该变量的拟合系数与 0 无显著差异,实线表示有显著差异,红色线表示从模型中移去的变量,绿色线表明存在模型中的变量,点击一条会改变其状态。在 stepwise Table 窗口中列出一个统计表,包括回归系数及其置信区间,以及模型的统计量剩余标准差(RMSE),相关系数(R - square),F 值和 P 值。

B.5　实例

【例 B-3】　计算数据列的平均值、方差、标准偏差。

```
x=[1 2 3 4 5 6 7 8];
pingjun=mean(x);% 计算平均值
fangcha=var(x);% 计算方差
biaopian=std(x);% 计算标准偏差
```

【例 B-4】　查表的例子。

- p = normcdf(1);

结果为 p = 0.8413;即为随机标量服从标准正态分布,当该变量为 1 时对应的概率值;

- x = norminv([0.025 0.975],0,1);

x =

   −1.9600 1.9600

- p = tcdf(0.6998,10);

p =

  0.7500

- percentile = tinv(0.99,1:6)

percentile =

    31.8205 6.9646 4.5407 3.7469 3.3649 3.1427

- x = finv(0.95,5,10)

x =

  3.3258

- x = chi2inv(0.95,10)

x =

  18.3070

【例 B-5】 拟合的例子(多项式)。

x = [2 4 5 8 9];

y = [2.01 2.98 3.50 5.02 5.07];

p = polyfit(x,y,1)

p = [0.4573 1.1552]

y_估计 = polyval(p,x);

y_估计 = [2.07 2.98 3.44 4.81 5.27]

【例 B-6】 假设检验例子。

- 见第 2 章第 2-15 例子

x = [0.497 0.506 0.518 0.524 0.488 0.511 0.510 0.515 0.512];

[h,p,ci] = ztest(x,0.5,0.015,0.05);

h = 0

p = 0.0719

ci = [0.4992 0.5188];

表明原假设成立。

- 用两种方法测定某废水中 Al^{3+} 的含量,测定结果如下:

第一种方法:0.163,0.175,0.159,0.168,0.169,0.161,0.166,0.179,0.174,0.173;

第二种方法:0.153,0.181,0.165,0.155,0.156,0.161,0.175,0.174,0.164,0.183,0.179;

试问两种测量方法的方差是否有显著差异?

x1 = [0.163 0.175 0.159 0.168 0.169 0.161 0.166 0.179 0.174 0.173];

x2 = [0.153 0.181 0.165 0.155 0.156 0.161 0.175 0.174 0.164 0.183 0.179];

h = vartest2(x1,x2,0.05)

h = 0　表示两种测量方法的方差没有显著差异。

【例 B - 7】　实验设计的例子。

可利用 MATLAB 的函数编写 M 文件来计算 $L_9 3^4$ 和 $L_8 2^7$ 的正交试验数据分析的程序,请参看王岩、隋思涟编著的《试验设计与 MATLAB 数据分析》一书,里面详细地给出了相关的程序和例子。